建筑与市政工程施工现场专业人员职业标准培训教材

施工员岗位知识与专业技能
（装饰方向）

建筑与市政工程施工现场专业人员职业标准培训教材编审委员会　编

主　编　焦　涛　白　梅
副主编　袁新华
主　审　焦振宏

黄河水利出版社
·郑州·

内容提要

本书以住房和城乡建设部人事司2012年8月发布的《建筑与市政工程施工现场专业人员考核评价大纲》为依据编写，讲述了施工组织设计及施工方案、施工进度计划、安全管理、环境与职业健康、装饰工程质量管理、装饰工程成本管理、装饰工程施工机械的基本知识及应用知识。在此基础上以案例分析为切入点，讲述施工组织与专项施工方案、施工图等技术文件、技术交底、施工测量、施工段划分、施工进度及资源计划、装饰工程清单计价、质量控制及技术文件编制、施工安全及技术文件编制、施工质量缺陷和危险源辨识、施工质量和职业健康及安全与环境问题分析、利用专业软件处理工程信息资料等专业技能知识。

本书采用最新技术规范及标准，以建筑装饰工程实际应用为切入点，突出应用性，并有代表性地介绍了装饰工程新技术、新工艺、新的管理措施及其发展方向，实用性强，适用面宽，既可作为装饰施工员培训教材，也可作为装饰工程设计、施工、工程管理及监理等装饰技术人员的参考用书。

图书在版编目(CIP)数据

施工员岗位知识与专业技能. 装饰方向/焦涛，白梅主编；建筑与市政工程施工现场专业人员职业标准培训教材编审委员会编. —郑州：黄河水利出版社，2013. 12

建筑与市政工程施工现场专业人员职业标准培训教材

ISBN 978 - 7 - 5509 - 0674 - 7

Ⅰ. ①施… Ⅱ. ①焦… ②白… ③建… Ⅲ. ①建筑装饰 - 工程施工 - 职业培训 - 教材 Ⅳ. ①TU767

中国版本图书馆CIP数据核字(2013)第311075号

策划编辑：余甫坤 电话：0371 - 66024993 E-mail：yfk7300@126. com

出 版 社：黄河水利出版社 网址：www. yrcp. com

地址：河南省郑州市顺河路黄委会综合楼14层 邮政编码：450003

发行单位：黄河水利出版社

发行部电话：0371 - 66026940、66020550、66028024、66022620(传真)

E-mail：hhslcbs@126. com

承印单位：河南承创印务有限公司

开本：787 mm × 1 092 mm 1/16

印张：17. 75

字数：389千字 印数：1—3 000

版次：2013年12月第1版 印次：2013年12月第1次印刷

定价：44. 00元

建筑与市政工程施工现场专业人员职业标准培训教材
编审委员会

序

为了加强建筑工程施工现场专业人员队伍的建设，规范专业人员的职业能力评价方法，指导专业人员的使用与教育培训，提高其职业素质、专业知识和专业技能水平，住房和城乡建设部颁布了《建筑与市政工程施工现场专业人员职业标准》（JGJ/T 250—2011），并自2012年1月1日起颁布实施。我们根据《建筑与市政工程施工现场专业人员职业标准》（JGJ/T 250—2011）配套的考核评价大纲，组织建设类专业高等院校资深教授、一线教师，以及建筑施工企业的专家共同编写了《建筑与市政工程施工现场专业人员职业标准培训教材》，为2014年全面启动《建筑与市政工程施工现场专业人员职业标准》的贯彻实施工作奠定了一个坚实的基础。

本系列培训教材包括《建筑与市政工程施工现场专业人员职业标准》涉及的土建、装饰、市政、设备4个专业的施工员、质量员、安全员、材料员、资料员5个岗位的内容，教材内容覆盖了考核评价大纲中的各个知识点和能力点。我们在编写过程中始终紧扣《建筑与市政工程施工现场专业人员职业标准》（JGJ/T 250—2011）和考核评价大纲，坚持与施工现场专业人员的定位相结合、与现行的国家标准和行业标准相结合、与建设类职业院校的专业设置相结合、与当前建设行业关键岗位管理人员培训工作现状相结合，力求体现当前建筑与市政行业技术发展水平，注重科学性、针对性、实用性和创新性，避免内容偏深、偏难，理论知识以满足使用为度。对每个专业、岗位，根据其职业工作的需要，注意精选教学内容、优化知识结构，突出能力要求，对知识和技能经过归纳，编写了《通用与基础知识》和《岗位知识与专业技能》，其中施工员和质量员按专业分类，安全员、资料员和材料员为通用专业。本系列教材第一批编写完成19本，以后将根据住房和城乡建设部颁布的其他岗位职业标准和施工现场专业人员的工作需要进行补充完善。

本系列培训教材的使用对象为职业院校建设类相关专业的学生、相关岗位的在职人员和转入相关岗位的从业人员，既可作为建筑与市政工程现场施工人员的考试学习用书，也可供建筑与市政工程的从业人员自学使用，还可供建设类专业职业院校的相关专业师生参考。

本系列培训教材的编撰者大多为建设类专业高等院校、行业协会和施工企业的专家和教师，在此，谨向他们表示衷心的感谢。

在本系列培训教材的编写过程中，虽经反复推敲，仍难免有不妥甚至疏漏之处，恳请广大读者提出宝贵意见，以便再版时补充修改，使其在提升建筑与市政工程施工现场专业人员的素质和能力方面发挥更大的作用。

建筑与市政工程施工现场专业人员职业标准培训教材编审委员会

2013年9月

前　言

本书以住房和城乡建设部人事司2012年8月发布的《建筑与市政工程施工现场专业人员考核评价大纲》为依据编写，讲述了施工组织设计及施工方案、施工进度计划、安全管理、环境与职业健康、装饰工程质量管理、装饰工程成本管理、装饰工程施工机械的基本知识及应用知识。在此基础上以案例分析为切入点，讲述施工组织与专项施工方案、施工图等技术文件、技术交底、施工测量、施工段划分、施工进度及资源计划、装饰工程清单计价、质量控制及技术文件编制、施工安全及技术文件编制、施工质量缺陷和危险源辨识、施工质量和职业健康及安全与环境问题分析、利用专业软件处理工程信息资料等专业技能知识。通过学习，学员既能掌握装饰基本知识，又可熟知应用技能知识，提高职业技能。

本书采用最新技术规范及标准，以建筑装饰工程实际应用为切入点，突出应用性，并有代表性地介绍了装饰工程新技术、新工艺、新的管理措施及其发展方向，实用性强，适用面宽，既可作为装饰施工员培训教材，也可作为装饰工程设计、施工、工程管理及监理等装饰技术人员的参考用书。

本书建议安排120个学时，各培训机构也可根据要求灵活安排。

本书由河南建筑职业技术学院焦涛、中建七局建筑装饰工程有限公司白梅主编，河南建筑职业技术学院袁新华任副主编，河南建筑职业技术学院苗二萍、刘红丹，中建七局建筑装饰工程有限公司焦通以及河南省建设教育协会陈晓燕参与编写。具体编写分工如下：刘红丹编写岗位知识第一章，苗二萍编写岗位知识第二章，袁新华、焦通共同编写岗位知识第三、四、五章，焦涛编写岗位知识第六、七章，白梅、陈晓燕共同编写专业技能部分。全书由焦涛统稿，由中建七局建筑装饰工程有限公司总工程师焦振宏主审。

由于建筑装饰行业发展很快，新材料、新技术、新工艺层出不穷，行业技术标准不断更新，加之我们的水平所限，编写时间仓促，书中难免有不当甚至错误之处，敬请读者批评指正。

编　者

2013年8月

目　录

前　言

第一篇　岗位知识

第一章　施工组织设计及施工方案的内容和编制方法 …………………… (1)
第一节　装饰工程施工组织设计的编制方法 …………………… (1)
第二节　装饰工程施工方案的内容、编制方法 …………………… (9)
本章小结 …………………… (13)
第二章　装饰工程施工进度计划的编制 …………………… (14)
第一节　施工进度计划的类型及其作用 …………………… (14)
第二节　施工进度计划的表达方法 …………………… (15)
第三节　施工进度计划的检查与调整 …………………… (30)
本章小结 …………………… (32)
第三章　安全管理的基本知识 …………………… (33)
第一节　文明施工与现场环境保护的要求 …………………… (33)
第二节　建筑装饰工程施工安全危险源分类及防范的重点 …………………… (38)
第三节　建筑装饰工程施工安全事故的分类与处理 …………………… (41)
本章小结 …………………… (44)
第四章　装饰工程质量管理的基本知识 …………………… (45)
第一节　装饰工程质量管理的概念和特点 …………………… (45)
第二节　装饰工程施工质量控制 …………………… (50)
第三节　装饰施工质量问题的处理方法 …………………… (55)
本章小结 …………………… (57)
第五章　装饰工程成本管理的基本知识 …………………… (58)
第一节　装饰工程成本的组成和影响因素 …………………… (58)
第二节　装饰工程施工成本控制的基本内容和要求 …………………… (60)
第三节　装饰工程施工成本控制的步骤和措施 …………………… (63)
本章小结 …………………… (72)
第六章　常用施工机械机具 …………………… (73)
第一节　垂直运输常用机械机具 …………………… (73)
第二节　装饰施工常用机械机具 …………………… (76)
本章小结 …………………… (85)
第七章　装饰工程施工技术要求 …………………… (86)
第一节　吊顶工程施工技术要求 …………………… (86)
第二节　墙面装饰工程施工技术要求 …………………… (90)

第三节　楼地面装饰工程施工技术要求 …………………………………………………… (97)
第四节　装饰水电工程施工技术要求 ………………………………………………… (102)
本章小结 ………………………………………………………………………………… (104)

第二篇　专业技能

第一章　装饰工程技术技能 ……………………………………………………………… (105)
第一节　装饰工程施工组织设计和专项施工方案编制 ……………………………… (105)
第二节　施工图及其他装饰工程技术文件识读 ……………………………………… (134)
第三节　技术交底及技术交底文件的编写 …………………………………………… (153)
本章小结 ………………………………………………………………………………… (173)
第二章　装饰工程技术技能拓展 ………………………………………………………… (174)
第一节　装饰工程施工测量 …………………………………………………………… (174)
第二节　施工段划分及施工顺序的确定 ……………………………………………… (180)
第三节　施工进度计划及资源需求计划的编制与控制调整 ………………………… (187)
第四节　工程量计算及初步的工程清单计价 ………………………………………… (196)
第五节　质量控制文件编制及质量交底 ……………………………………………… (209)
第六节　职业健康安全与环境技术文件编制及交底概述 …………………………… (218)
第七节　施工质量缺陷和危险源分析概述 …………………………………………… (233)
第八节　装饰施工质量、职业健康安全与环境问题的调查分析概述 ……………… (246)
第九节　施工记录及工程技术资料编制概述 ………………………………………… (249)
第十节　工程信息资料的专业软件处理概述 ………………………………………… (261)
本章小结 ………………………………………………………………………………… (270)
参考文献 ………………………………………………………………………………… (271)

第一篇　岗位知识

第一章　施工组织设计及施工方案的内容和编制方法

【学习目标】

通过本章的学习，了解建筑装饰工程施工组织设计的类型和编制依据，掌握施工组织设计的内容，了解装饰工程施工组织设计的编制方法与程序，掌握装饰工程施工方案的编制原则、内容和编制方法。

第一节　装饰工程施工组织设计的编制方法

现代建筑工程施工的综合特点表现复杂，这对装饰行业也带来了不小的挑战。那么，要想使装饰工程施工全过程有条不紊地进行，以期达到预定的目标，就必须用科学的方法加强施工管理，精心组织施工全过程。装饰工程施工组织设计是装饰工程施工管理的重要组成部分，是施工前就整个施工过程如何进行而作出的全面计划安排，它对统筹装饰工程施工全过程、推动企业技术进步以及优化装饰工程施工管理起到核心作用。

施工组织设计依靠其科学性、先进性来达到控制、指导、高质量地按期完成工程任务的目的，也是企业延伸到生产第一线的经营管理，是企业赢得经济效益和社会效益的重要管理手段之一。施工组织设计编制及实施水平反映了一个装饰施工企业的经营管理水平。

一、装饰工程施工组织设计的类型和编制依据

（一）装饰工程施工组织设计的任务

装饰工程施工组织设计是工程项目施工的战略部署、战术安排，对项目施工起着控制、指导作用，是投标文件技术标的核心。施工组织设计的任务，就是根据建设单位的要求，对施工图纸资料、施工项目现场条件和完成项目施工所需的技术、人力、物力资源量，以及经营管理方式，拟订出最优的施工方案；在技术上、组织上、施工管理运作上，作出全面、合理、科学的安排，保证项目施工优质、高效、经济和安全环保地完成施工任务。

（二）装饰工程施工组织设计的分类

1. 按编制对象的范围分类

根据建筑装饰工程的规模、施工特点以及工程技术的复杂程度等因素，应相应地编制不

同深度及类型的施工组织设计。装饰工程施工组织设计一般可分为装饰工程施工组织总设计、单位工程装饰施工组织设计和分部分项工程装饰施工组织设计三类。

(1)装饰工程施工组织总设计是以一个建设项目或一个建筑群的装饰施工为对象编制的。例如某大型宾馆装饰工程,施工项目包括游泳馆、餐厅、演艺厅等,那么该项目的装饰施工就必须编制装饰工程施工组织总设计。施工组织总设计是对整个建筑装饰施工过程的各项施工活动进行全面规划、统筹安排和战略部署,是全局性施工的技术经济文件。施工组织总设计最主要的作用是为施工单位进行全场性的施工准备和组织人员、物资供应等提供依据。施工组织总设计的主要内容有工程概况、施工部署和施工方案、施工准备工作计划、各项资源需求量计划、施工总进度计划、施工总平面图、技术经济指标分析。

(2)单位工程装饰施工组织设计是以一个单位工程(某一具体建筑物或构筑物)的装饰施工为对象编制的。它具有相对独立性,但在施工工期、各项计划安排、人员组织等方面从属于装饰工程施工组织总设计。例如宾馆的装饰工程,在服从建设项目装饰工程施工组织总设计的同时,应根据幢号施工的特点编制单位工程装饰施工组织设计。它主要是用于直接指导施工全过程的各项施工活动的技术经济文件,是指导施工的具体文件,是施工组织总设计的具体化。由于它是以单位工程为对象编制的,所以可以在施工方法、人员、材料、机械设备、资金、时间、空间等方面进行科学合理的规划,使装饰施工在一定的时间、空间和资源供应条件下,有组织、有计划、有秩序地进行,收到质量好、工期短、资金省、消耗少、成本低的良好效果。单位工程施工组织设计的主要内容有工程概况、施工方案、施工进度计划、施工准备工作计划、各项资源需求量计划、施工总平面图、技术经济指标、安全文明施工措施。

(3)分部分项工程装饰施工组织设计(或称作业计划)主要针对某些较重要的、技术复杂、施工难度大或采用新工艺、新材料、新技术施工的分部分项工程。它用来具体指导这些工程的施工,如某工程施工中古建筑部分的油漆彩画、木、砖、石雕刻分部工程的施工,不可能在单位工程施工组织设计中,将有关详细要求包括进去,而必须在分项工程施工作业设计中,详细拟订各种构造、材料、工艺、操作方法、技术质量标准、保证措施等,这样才能实现施工控制的目标和任务。它的内容具体详细,可操作性强,可直接指导分部分项工程施工的技术计划,包括施工方案、进度计划、技术组织措施等。

装饰工程施工组织总设计是对整个建设项目装饰工程的全局性战略部署,其范围和内容大而概括,属于规划和控制型;单位工程装饰施工组织设计是在装饰工程施工组织总设计的控制下,考虑企业施工计划编制的,针对单位工程,把施工组织总设计的内容具体化,属于实施指导型;分部分项工程装饰施工组织设计是以单位工程装饰施工组织设计为依据编制的,针对特殊的分部分项工程,把单位工程装饰施工组织设计进一步详细化,属于实施操作型。因此,它们之间是同一建设项目不同广度和深度、控制和被控制的关系。它们的目标和编制原则是一致的,主要内容是相通的;不同的是编制的对象和范围、编制的依据、参与编制的人员、编制的时间及所起的作用。

2. 按设计阶段的不同分类

装饰工程施工组织设计按阶段(中标前后的不同)可以分为标前装饰施工组织设计和标后装饰施工组织设计。

(1)标前装饰施工组织设计以投标和签订装饰工程承包合同为服务范围,在标前由经营管理层编制,是对项目各目标实现的组织与技术保证,标前设计的水平是能否中标的关键因素。

(2)标后装饰施工组织设计以施工准备至施工验收阶段为服务范围,是在签约后、开工前,依据标前设计、施工合同、企业施工计划由项目管理层编制的详细的中标后的装饰施工组织设计,用以规划部署整个项目的施工,目的是保证合约和承诺的实现。

标前装饰施工组织设计和标后装饰施工组织设计两者之间有先后次序和单向制约的关系。

(三)装饰工程施工组织设计编制的依据

装饰工程施工组织设计编制的依据主要有:

(1)上级主管部门和建设单位对该工程项目的有关要求。如建设工期要求、工程名称、采用何种先进技术、质量等级、全套施工图纸和对施工的要求等。

(2)施工组织总设计(或大纲)。当单位工程为建筑群体中的一个组成部分时,则该建筑工程的施工组织设计必须按照总设计的有关规定和要求进行编制。

(3)企业的年度施工计划对本工程的安排和规定的各项指标。

(4)工程的预算文件及工程承包的合同。其中包括本工程工程量(分部分项或分段分层的工程量)和预算成本的数据。

(5)地质与气象资料。即勘测设计、气象、城建等部门和施工企业对建设地区或建设地点提供和积累的自然条件与技术经济条件资料。如地形、地质、地上施工障碍物、地下施工障碍物、水准点、气象、交通运输、水源、电源、地下水、暴雨后场地积水情况和排水情况、施工期间的最低和最高气温、雨量等。

(6)材料、构件及半成品等的供应情况。包括主要装饰装修材料、构件、半成品的来源、供应情况、运距及运输条件等。

(7)建设单位提供的条件。如施工用地、水电供应、临时设施等。其中包括水源、电源供应量和水质,以及是否需要单独设置变压器。

(8)劳动力、机械配备情况。

(9)国家的有关规定、规范、规程,各省、市、区的操作规程和定额,工程使用的全套的施工图纸和定额手册。

二、装饰工程施工组织设计的内容

装饰工程施工组织设计是以一个建筑群为编制对象,规划其施工全过程各项活动的经济、技术等全局性的控制性文件。

装饰工程施工组织设计一般包括以下内容:工程概况和施工特点分析、施工部署和主要项目施工方案、主要项目的施工方法、施工总进度计划、全场性的施工准备工作计划、施工资源需求量计划、施工总平面图和各项主要技术经济评价指标。

(一)工程概况

工程概况主要是对拟装饰的建设项目工程的特点、建设项目地区特点、装饰施工环境及施工条件等所作的简洁明了的文字描述。在描述时也可加入拟装饰工程的平面布置图、装饰立面图及表格进行补充说明。通过对建筑结构平立面特点、建设地点特征、施工条件的描述,找出施工中的关键问题,以便为选择施工方案、组织物资供应和配备技术力量提供依据。

1. 建设项目工程的特点

建设项目工程的特点是对装饰工程的主要特征的描述。其主要内容如下:装饰工程的名称、地点、装饰标准；施工总期限及分期分批投入使用的项目和规模，装饰工程施工标准，装饰的面积、层数；工程总的投资额、工作量、生产流程、工艺特点；总体及主要房间的装饰风格；如为改造工程，则说明工程改造的内容；装饰工程中新材料、新技术、新工艺的应用情况；建筑总平面图和各项单位工程设计交图日期以及已完成的装饰设计方案。

2. 建设项目地区的特点

建设项目地区的特点主要包括装饰工程所在地的气候特点、材料和劳动力的供应、生活设施、交通运输情况，可供施工用的现有的建筑、水、电、暖、卫等设施的情况；在施工条件方面，主要反映装饰工程施工企业的施工资质、生产能力、技术装备、管理水平、市场竞争和完成指标的能力。

3. 施工特点

通过分析装饰工程的施工特点，可以把握施工过程中的关键问题，说明建设项目工程施工的重点内容。

(二)施工部署

施工部署的内容包括：

(1)划分施工任务；

(2)安排施工程序和施工顺序；

(3)流水段的划分；

(4)施工准备工作的安排；

(5)施工总体进度计划。

(三)施工方案

施工方案是装饰工程施工组织设计的核心。在装饰工程主要项目施工方案中，要针对装饰工程中的施工工艺流程及施工段的划分，提出原则性的意见。同时，要明确各单位工程中采用的新材料、新工艺、新技术及拟采用的施工方法，以保证工程进度、施工质量、工程成本等目标的实现。

(四)主要项目的施工方法

1. 采用先进的施工机具

在选用机具时，需注意以下几点：

(1)机具的型号和性能既能满足施工的需要，又能发挥其生产效率；

(2)机具配备时应注意与之配套的附件；

(3)施工面小时，应选用综合性机具，施工面大而分散时，则选用独立且易于移动的机具。

2. 采用工业化施工

在选择施工方法时，应尽可能考虑在工厂完成某些饰面、油漆、木制品的加工。按照工厂预制和现场施工相结合的原则，妥善安排装饰构件、成品、半成品的加工和现场安装，以加快施工进度，提高工程质量。

(五)施工总进度计划

施工总进度计划是施工方案在时间上的体现，也是编制各项资源需求量计划的基础。

1. 编制要求

(1)合理安排施工顺序，保证在劳动力、物资以及资源消耗量最少的情况下，按规定工期完成施工任务。

(2)恰当划分工程项目,划分无须过细,只要能突出主要的施工项目即可。

(3)采取合理的施工组织方法,使各项目的施工能连续、均衡地进行。

(4)尽可能均匀分配项目建设资金。

2. 编制内容

编制依据说明,估算各主要项目的实物工程量,确定总工期和各分包项目的施工期限,确定各分包项目开竣工时间和相互搭接关系以及编制施工总进度计划。

装饰工程施工进度计划的表格形式见表 1-1。

表 1-1 装饰工程施工进度计划

序号	单位工程名称	建筑面积(m^2)	建筑指标		设备安装指标	造价(万元)			进度计划							
									第一年				第二年			
			单位	数量		合计	装饰工程	设备安装	一	二	三	四	一	二	三	四

3. 编制步骤

(1)计算所有项目的工程量并填写工程量汇总表;

(2)确定总工期和各分包项目(部位)的工期;

(3)确定各分包项目的开竣工时间和相互搭接关系。

4. 编制方法

完成上述步骤后,即可进行施工总进度计划的编制。

先根据各分包项目的工期与搭接时间,编制初步进度计划;然后按照流水施工与综合平衡的要求,调整施工进度计划;最后绘制施工总进度计划。

施工总进度计划可以用横道图表示,也可以用网络图表示。

(六)施工准备工作计划

施工准备工作计划的内容主要包括以下几个方面:

(1)确定原有建筑或结构的拆改项目及工程拆除改造的方案。

(2)了解和掌握施工图的设计意图和拟采用的新材料、新工艺,并组织进行样板间(墙、顶)施工鉴定及确定鉴定时间。

(3)编制施工组织总设计和研究施工组织总设计中有关主要项目或关键项目的施工技术措施。

(4)确定有关大型临时设施工程,施工用水、用电管线的敷设及敷设时间。

(5)进行技术培训工作。

(6)做好建筑装饰材料、构配件加工、成品半成品加工和施工机具的进场准备。

(七)施工资源需求量计划

1. 劳动力需用量计划

劳动力需用量计划是按照施工准备工作计划、施工进度计划,确定劳动力进场人数的依据。编制时,结合实物工作量套用装饰工程概预算定额或根据经验资料进行计算,便可得到主要工种的劳动力人数。然后根据表 1-2 的格式汇总成劳动力需用量计划。

2. 主要材料、成品、半成品需用量计划

根据工程量汇总表和总进度计划,参考工程项目的档次,结合工程概算或经验资料,算出主要工程装饰材料的用量及施工技术措施用料，并汇总编制主要材料、成品、半成品需用量计划（见表1-3）。

表1-2　劳动力需用量计划

序号	工程名称	施工高峰需用人数	第一年				第二年				现有人数
			一	二	三	四	一	二	三	四	

表1-3　主要材料、成品、半成品需用量计划

工程名称	主要材料						
	石材	涂料	板材	钢材	型材	水泥	…

3. 主要材料、成品、半成品运输量计划

根据当地的运输条件、材料的性质（体积、长宽、重量等）和参考资料，选择运输方式并计算运输量，汇总后编制主要材料、成品、半成品运输量计划（见表1-4）。

表1-4　主要材料、成品、半成品运输量计划

序号	材料名称	单位	数量	运距			运输量	运输方式				备注
				装货点	卸货点	距离		公路	铁路	航空	海运	

4. 主要施工机具需求量计划

根据施工部署和施工方案、施工总进度计划和运输量计划，选定施工机具并计算其需求量，汇总并编制主要施工机具需求量计划，见表1-5。

表1-5　主要施工机具需求量计划

序号	机具设备名称	规格型号	电动机功率	数量				购置价值	使用时间	备注
				单位	需用	现有	不足			

5. 大型临时设施建设计划

本着尽量利用已有工程为施工服务的原则，根据施工部署和施工方案、资源需求量计划以及临时设施参考指标，确定大型临时设施建设计划，见表1-6 。

表1-6　大型临时设施建设计划

序号	项目名称	需用量		利用现有建筑	新建	单价（元/m^2）	造价（万元）	占地（m^2）	修建时间	备注
		单位	数量							

(八)施工总平面图

1.施工总平面图的设计原则

(1)设施布置合理,便于工人的生产和生活,便于施工管理。

(2)合理布置仓库和运输道路,保证运输方便,尽量避免二次搬运。

(3)各种临时管线的长度尽可能短。

(4)充分利用已有的建筑物为施工服务。

(5)满足劳动保护、技术安全和防火要求。

(6)临时设施的布置不能影响工程的施工。

(7)对改造的装饰工程,布置时还需考虑生产经营和施工互不妨碍。

2.施工总平面图的内容

在施工总平面图上,需标明一切拟建的和已建的永久性建筑物、地上地下的管线以及一切临时设施(包括各类加工厂,装饰材料、水、电、暖、卫材料、设备等的仓库和堆场,行政管理和文化生活福利用房,临时给排水管线,供电线路,安全防火设施等)。

3.施工总平面图的设计方法

1)场内、外运输线路的确定

在进行装饰工程施工时,室外水平运输一般已不存在问题,但需考虑运输的时间和运输方式,因为位于大中城市的装饰工程,运输时要受交通管制、环卫要求等方面的制约。室内水平运输一般采用人工运输。垂直运输可利用室内、外电梯或传统的井架解决。

2)仓库的布置

工地仓库是建筑工地储存物质的临时设施,其类型有转运仓库、中心仓库、现场仓库和加工仓库。应尽量利用已有设施做仓库为现场施工服务。施工用仓库应布置在接近使用地点、交通方便的地方,其布置应符合技术和安全的规定。

3)加工场地的布置

加工场地布置时应使材料或构件的总运输费用最低,并使加工场地有良好的生产条件,做到加工生产和现场施工互不干扰。

4)临时生活设施的布置

装饰工程的临时设施应根据工程的具体情况而定,必须布置时,应尽可能采用活动式、装拆式结构或就地取材布置。临时水、电管网的布置由相关水、电专业人员进行。

(九)技术经济指标

在施工组织设计中,技术经济指标是从技术和经济两个方面对设计内容所作的优劣评价。它以施工方案、施工总进度计划、施工总平面图为评价中心,通过定性或定量计算分析来评价施工组织设计的技术可行性和经济合理性。

技术经济指标包括工期指标、质量和安全指标、劳动生产率指标、设备利用率指标、降低成本和节约材料指标等,是提高施工组织设计水平和选择最优施工组织设计方案的重要依据。

三、装饰工程施工组织设计的编制方法与程序

(一)编制方法

(1)确定编制主持人、编制人,召开有关单位参加的交底会,拟订总的施工部署,形成初

步方案；

(2)专业性研究与集中团队智慧相结合；

(3)充分发挥各职能部门的作用，发挥企业的技术、管理素质和优势，听取分包单位的意见和要求；

(4)提出较完整的方案，组织有关人员及各职能部门进行反复讨论、研究、修改，最后形成正式文件，报请上级主管部门和业主。

(二)编制程序

装饰工程施工组织设计的编制程序是指对其组成部分形成的先后次序及相互之间的制约关系的处理。其编制程序如图 1-1 所示，从中可进一步了解装饰工程施工组织设计的内容。

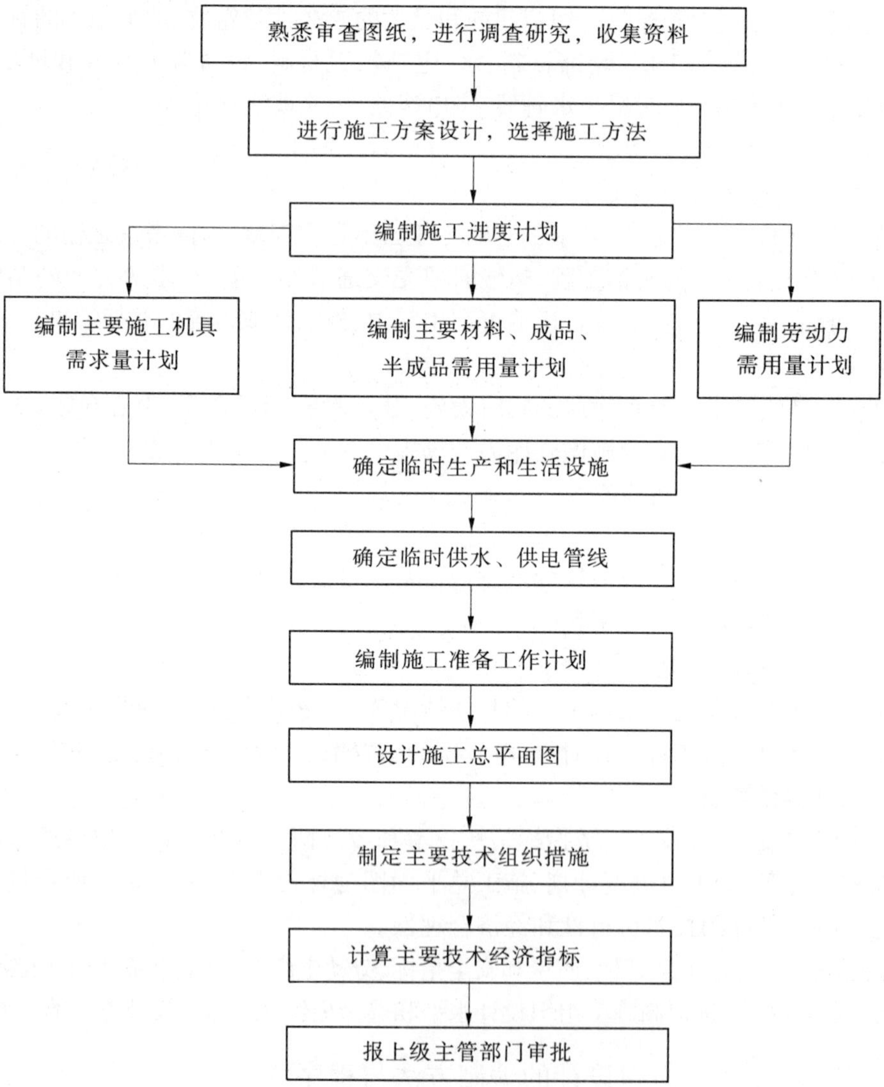

图 1-1　装饰工程施工组织设计的编制程序

第二节　装饰工程施工方案的内容、编制方法

一、编制专项施工方案的原则及规定

(一)编制原则

在编制装饰分部分项工程施工方案时,应根据建筑装饰施工的特点和以往的施工经验,并应遵循以下原则。

1.认真贯彻执行国家的方针政策

在编制装饰工程施工方案时应充分考虑国家有关的方针政策,严格审批制度;严格按基本建设程序办事;严格执行装饰施工程序,严格执行国家制定的各项规范规程。

2.严格遵守施工合同

对规模大、装饰施工工期长的工程,如大型的宾馆饭店改造工程,应根据业主使用要求和合同的规定,合理作出安排,分期分段进行装饰施工,以期早日投入使用,尽量减少因装修或改造可能对业主经营活动所造成的影响。在确定分期分段施工时,应注意每期交上的项目可以独立地发挥作用。

3.合理安排装饰施工程序和顺序

在组织施工时,应合理安排装饰施工程序和顺序,使前后两阶段施工工作交叉搭接进行,避免不必要的重复和返工,加快施工速度,缩短工期。

4.要尽量采用国内外先进施工技术,科学合理地确定施工方案

在装饰工程施工中,采用先进的施工技术是提高劳动生产率、提高工程质量、加快施工进度、降低工程成本的重要途径。在选择施工方案时,要积极采用新材料、新设备、新工艺、新技术,同时应注意结合工程本身的特点,符合装饰设计的效果,满足施工验收规范和操作规程要求,遵守有关防火、环卫及施工安全要求,同时应符合现场实际,使新技术的先进性、适用性和经济性结合在一起。

5.采用流水施工和网络计划技术安排进度计划

在编制施工进度计划时,应从工程实际出发,采用流水施工方法组织均衡施工,减少各项资源的浪费,保证施工连续、均衡、有节奏地进行,合理地使用人力、物力和财力。在编制装饰工程施工进度计划时可选用横道图或利用网络技术,合理安排工序搭接和必要的技术间隙,做好人力、物力的综合平衡。对于那些受季节影响较大的装饰施工项目,如冬季施工、雨期施工,应编制和落实季节性施工措施,以增加全年的施工天数,提高施工的连续性和均衡性。

6.合理安排和布置施工场地

尽量利用原有或就近已有设施,以减少各种临时设施;合理安排现场加工场地,应尽量减少噪声及尘土对正在营业层的影响;电气焊加工现场应注意消防要求;合理安排材料堆放场地,严防丢失、碰撞,防火应作为重点考虑项目。

7.提高装饰装修工业化程度

在装饰工程中,部分材料、项目可相应选择工厂化生产或集中加工成半成品后运往现场,如木线可利用专业厂家制作加工,木门窗、木柜、壁柜、窗帘盒、窗台板及部分隔断板可委

托专业厂家根据设计图制成半成品，或与集中加工相结合现场安装，以提高装配化、工业化程度。

8. 充分利用施工机具

采用先进装饰施工机具，是加快施工速度、提高施工质量的重要途径。在选择施工机具时，除正确选用先进的机具外，还应注意选择与之配套的附件。如云石机的切片分干作业用和湿作业用，风车锯应根据不同的切割对象选择适当的锯片，以达到省工、省料、高质量的目标。

9. 注意降低工程成本，提高经济效益

装饰的目的是达到舒适美观的效果，要求选材讲究、做工精细。材料费一般占工程总造价的60%～70%，在施工中应注意合理选材、合理用材，防止浪费。如胶合板一般规格尺寸为1 220 mm×2 440 mm，如果墙体造型设计高度为1 200 mm左右，其材料的利用率就很高；如设计成1 500 mm左右，则材料利用率就低，浪费大。

10. 坚持质量第一，重视施工安全

在编写装饰工程施工方案的过程中，应充分考虑国家现行有关施工验收规范和操作规程的要求，施工质量应符合质量检验评定标准，从人、机、料、法规、环境等方面制定保证质量的措施，预防和控制影响工程质量的各种因素，确保装饰工程施工质量达到预定目标。在编制装饰工程施工方案时，应注意施工的安全措施，建立健全各项安全管理制度。装饰工程施工的安全用电、防火等应作为重点。

（二）编制基本规定

除遵循上述原则外，在编制专项施工方案时，还应遵守以下规定：

（1）由专业公司独立承包的分项或专项工程，应由该专业公司负责编制施工方案。委托其他专业公司施工的分项或专项工程中的某一部分或重要工序，应由受委托方单独编制施工方案。

（2）分包工程应由分包单位单独编制施工方案。

（3）由多个专业公司共同承担的同一分项或专项工程，可共同编制一个施工方案，也可各自编制施工方案。

（4）某一单位工程中，具有相同工程性质和工作内容的分项或专项工程，可共同编制一个施工方案，也可分别编制施工方案。

（5）作为单位工程施工组织设计的补充，对结构复杂、施工难度大的分部工程应单独编制施工方案。

（6）作为分部工程施工方案的补充，对结构复杂、施工难度大的分项工程或重要工序应单独编制施工方案。

（7）符合Ⅱ类和Ⅲ类方案分类标准的分项或专项工程应单独编制施工方案。

（8）设备安装工程应按设备类型、规格（重量）和结构特性划分方案编制的范围，不得将所有不同类型的设备安装工程合编在一个施工方案中。

（9）建筑工程中的吊装、焊接，安装工程（含钢结构工程）中的脚手架搭设、吊装、焊接、热处理、无损检测、压力试验、调试、试车等工作，可作为一个分项或专项工程或关键工序，根据其结构特征、工程量大小、施工难易程度和重要程度，确定是单独编制专项施工方案，还是作为分项或专项工程施工方案中的一个章节单列编制。

工艺管道安装工程压力试验应单独编制施工方案。

(10)作为施工方案的补充,焊接、热处理和无损检测等工作还应单独编制作业指导书(工艺规程、工艺卡)。

(11)危险性较大的分部分项工程,应单独编制安全专项施工方案。

二、专项施工方案的内容及编制方法

装饰工程专项施工方案的内容有很多,一般包括工程概况、编制依据、施工准备、主要施工方法及技术措施、质量保证措施、成品保护措施、安全文明施工保证措施等。

(一)工程概况

专项施工方案的工程概况是对该专项工程的总说明,也即是对拟装饰的专项工程所作的一个简明扼要、重点突出的文字介绍。不需要详细地介绍整个工程的情况,只需有针对性地对工程名称、工程特点、工程范围、工期等进行简洁的说明。

(二)编制依据

在编制专项施工方案时,需要列出相关的建筑规范、规程及质量标准,以使相关人员在设计方案和施工过程中有可靠的参考。

(三)施工准备

施工准备主要包括作业条件、材料准备和施工机具准备。

1. 作业条件

在进行装饰工程的施工前,主体结构分部工程需经过有关单位如建设、设计、监理、施工单位等共同进行质量验收并签字确认,且要达到本专项工程施工的作业条件,方可施工。如砌块砌筑墙体完成后,至少要沉降两周以上才能进行抹灰,而且抹灰前还要检查基体表面的平整度,以确定其抹灰厚度。这样有利于强化工程管理,保证施工的顺利进行。

2. 材料准备

根据施工图纸计算出所需要的各种材料的数量,并根据施工顺序列出材料进场的日期,在不影响施工用料的原则下,尽量减少施工用地,按照供料计划分期、分批组织材料进场,材料的加工问题要集中解决。

3. 施工机具准备

正确选择施工机具是合理组织施工的关键,同时也能保证施工质量,提高劳动生产率,加快施工进度。在施工方案中,要列出施工中可能用到的主要机具,并尽量使施工机具的配置能随着工期进行动态调整。

(四)主要施工方法和技术措施

施工方法是施工方案的核心内容,具有决定性作用。施工方法要和机具设备的选择相协调,正确地选择施工机具能使施工方法更为先进、合理、经济,施工组织也是在这个基础上进行的。

技术组织是保证选择的施工方案实施的措施。它包括为加快施工进度而采用的合理的施工工艺流程,保证工程质量和施工安全、降低施工成本的各种技术措施。如采用新材料、新工艺、先进技术,建立安全质量保证体系及责任制,编写工序作业指导书,实行标准化作业,采用网络技术编制施工进度等。

（五）质量保证措施

装饰专项工程质量保证措施必须依据国家现行的施工及验收规范，针对工程特点来编制。质量保证措施一般包括以下几个方面：

（1）确保放线、定位正确无误的措施；

（2）确保关键部位施工质量的技术措施，如选择与装饰等级相匹配的施工队伍、做好项目交底、做好深化图纸、合理安排工序搭接等；

（3）保证质量的组织措施，如建立健全质量保证体系、明确责任分工、配备人员培训材料和建立工程报验制等；

（4）保证质量的经济措施，如建立奖罚制度等。

另外，还应根据工程情况，确定和选择质量控制的标准。

（六）成品保护措施

一般来讲，装饰工程所用的材料都比较贵重，所以成品保护工作就显得十分重要。对成品一般采取防护、包裹、覆盖、封闭等保护措施，以及采取合理安排施工工序等措施。

1. 防护

防护就是针对被保护对象的特点，采取各种防护措施。如已经做好装饰的楼梯踏步在未交付使用前采取钉木板保护棱角；对进出口台阶通过搭设脚手板供人通行来保护；对木门口等易碰部位可钉上防护板或槽型板保护等。

2. 包裹

包裹就是将被保护物包裹起来以防损坏或污染。例如，对镶大理石柱可用多层木胶合板包裹捆扎保护；不锈钢墙、柱等金属饰面在未交付使用前其外侧防护薄膜不得撕开并应有防碰撞保护措施；铝合金门窗可用塑料布包扎保护等。

3. 覆盖

覆盖就是用表面覆盖的办法防止堵塞或损伤。如石材地面达到强度后需进行其他施工时其上部可用锯末、苫布等覆盖以防止污染；地毯铺完后上面可加塑料布覆盖以防污损。

4. 封闭

封闭就是采取局部封闭的办法进行保护。例如，房间的石材地面或地砖地面完成后，可将该房间临时封闭，防止人们随意进入而损坏地面。

5. 合理安排施工工序

合理安排施工工序主要是通过合理安排不同工作间的施工先后顺序，以防止后道工序损坏或污染前道工序。

（七）安全文明施工保证措施

（1）安全管理方针：安全第一，预防为主。

（2）针对工程本身的规模和特点，以项目经理为首，形成由现场经理、专业责任工程师、劳务单位等各方面的管理人员组成的安全保证体系。

（3）安全技术交底制：根据安全措施要求和现场实际情况，各级管理人员需亲自逐级进行书面交底。

（4）持证上岗制：施工人员进场，必须经过入场教育，并考试合格后方可上岗。特殊工种必须持有上岗操作证，严禁无证上岗。

（5）现场搭设脚手架应当牢固，施工时临时防护应符合强度要求。

(6)工人在高处施工时必须系好安全带，戴好安全帽。

(7)施工所需的材料、机具必须按审批方案中的施工平面布置图进行摆放。现场堆料要分种类、规格堆放整齐，不准占用公共通道及妨碍交通。

(8)设专人进行现场内及周边道路的清扫、洒水工作，防止尘土飞扬，保持周边空气清洁。

(9)合理调配好劳动力，防止操作人员疲劳作业，严禁酒后操作，以防事故发生。

(10)夜间作业时，作业面应有足够的照明，同时灯光不得照向场外，以免影响道路交通安全及居民休息。

本章小结

1. 建筑装饰工程施工组织设计的类型、编制依据和内容。装饰工程施工组织设计一般包括以下内容：工程概况和施工特点分析、施工部署和主要项目施工方案、主要项目的施工方法、施工总进度计划、全场性的施工准备工作计划、施工资源需求量计划、施工总平面图和各项主要技术经济评价指标。

2. 装饰工程施工方案的编制原则、内容及编制方法。装饰工程专项施工方案的内容一般包括工程概况、编制依据、施工准备、主要施工方法及技术措施、质量保证措施、成品保护措施、安全文明施工保证措施等。

第二章 装饰工程施工进度计划的编制

【学习目标】

通过本章的学习，了解组织施工中三种组织方式的概念、特点，掌握流水施工的基本概念、原理、具体组织方式，熟悉流水施工的主要参数，掌握双代号网络图的绘制规则、绘制方法和基本应用，掌握双代号网络计划的相关概念、时间参数的计算，熟悉单代号网络计划的概念，熟悉网络计划的控制。

第一节 施工进度计划的类型及其作用

一、施工进度计划的类型

建筑装饰工程施工进度计划是建筑装饰工程施工组织设计的重要组成部分，它是按照组织施工的基本原则，在确定施工方案的基础上，根据本施工过程的合理施工顺序及组织施工的原则，用图表(横道图或网络图)的形式表达出来的。在时间和空间上作出安排，达到以最少的人力、物力和财力，在合同规定的工期内保质保量地完成施工任务。

装饰工程的单位工程施工进度计划根据施工项目划分的粗细程度可分为控制性施工进度计划和实施性施工进度计划两类。

(一)控制性施工进度计划

控制性施工进度计划是按分部工程来划分施工项目，控制各分部工程的施工时间及它们之间相互配合、搭接关系的一种进度计划。它主要适用于结构较复杂、规模较大、工期较长而需跨年施工的工程，同时还适用于虽然工程规模不大、结构不复杂，但各种资源(劳动力、材料、机械)没有落实，或者装饰设计的部位、材料等可能发生变化以及其他各种情况。

(二)实施性施工进度计划

实施性施工进度计划是按分项工程或施工过程来划分施工项目，具体确定各施工过程的施工时间及其相互搭接、相互配合的关系的一种进度计划。它适用于任务具体明确、施工条件基本落实、各项资源供应正常、施工工期不太长的工程。

编制控制性施工进度计划的工程，当各分部工程的施工条件基本落实之后，在施工之前还应编制各分部工程的指导性施工进度计划。

二、施工进度计划的作用

施工进度计划是实现项目设定的工期目标，对各项施工过程的施工顺序、起止时间和相互衔接关系所作的统筹策划和安排的。施工进度计划是施工部署在时间上的体现，反映了施工顺序和各个阶段工程进展情况，应均衡协调、科学安排。单位工程施工进度计划应按照施工部署的安排进行编制。

单位工程施工进度计划是施工组织的重要内容，装饰工程施工进度计划的作用表现在：

(1)作为控制工程施工进程和工程竣工期限等各项装饰施工活动的依据；

(2)确定装饰工程各个工序的施工顺序及需要的施工持续时间；

(3)组织协调各个工序之间的衔接、穿插、平行搭接、协作配合等关系；

(4)指导现场施工安排，控制施工进度和确保施工任务按期完成；

(5)为制订各项资源需用量计划和编制施工准备工作计划提供依据；

(6)作为施工企业计划部门编制季、月、旬计划的基础；

(7)反映安装工程与装饰工程的配合关系。

因此，装饰工程施工进度计划的编制有助于装饰企业管理者抓住关键，统筹全局，合理地布置人力、物力，正确地指导施工生产顺利进行；有利于职工明确工作任务和责任，更好地发挥创造精神；有利于各专业的及时配合、协调组织施工。

第二节 施工进度计划的表达方法

建筑装饰工程的流水施工来源于工业生产中的“流水作业”，它是以分工协作为基础进行批量生产的科学的生产组织方法，并随着生产技术和管理水平的发展不断改进和提高。在建筑装饰工程施工中，以分工协作、分段作业为基础的流水施工组织为最科学有效的计划管理方法。它能使生产过程具有连续性和均衡性。由于其施工的技术经济特点，其流水作业的组织方法与一般工业生产的主要差别如下：一般工业生产是工人和机械设备固定，产品流动，而建筑装饰施工是产品固定，工人连同所使用的机械设备流动。

一、横道图进度计划的编制方法

(一)图形表达形式

流水施工常见的图形表达形式有横道图和垂直图表两种，其中较为常见的是横道图。

横道图表达形式如图2-1(a)所示，其左边列出各施工过程的名称，右边对应的位置用水平线段在时间坐标下画出施工进度，各个水平线段的左边端点表示施工过程开始的瞬间，右边端点表示施工过程结束的瞬间，水平线段的长度代表该施工过程在施工面上的持续时间。

垂直图表表达形式如图2-1(b)所示，其水平方向表示施工进度，垂直方向表示各个施工段，各条斜线分别表示各个施工过程的情况。斜线的左下方表示该施工过程开始的时间，斜线的右上方表示该施工过程结束的时间，斜线间的水平距离代表相邻施工过程开工的间隔时间。

(二)流水施工的主要参数

流水施工的主要参数包括工艺参数、空间参数和时间参数。

1. 工艺参数

工艺参数是指用以表达流水施工在施工工艺上开展顺序及其特征的参数。通常，工艺参数包括施工过程数和流水强度。

1)施工过程数

施工过程数是指在组织流水施工时，根据施工组织及计划安排的需要，将装饰工程划分成若干子项，通常用 N 或 n 表示。

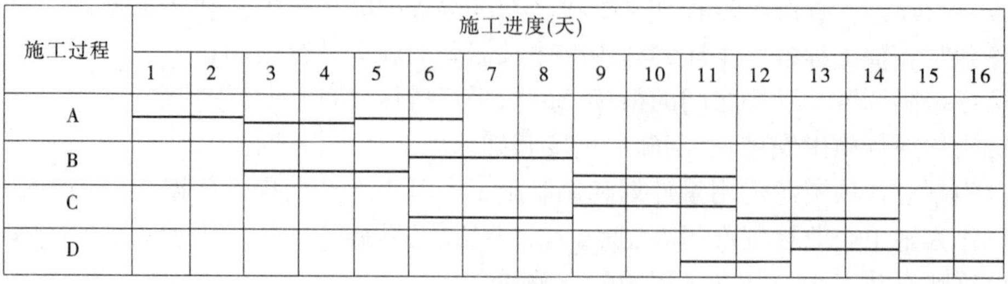

(a)横道图

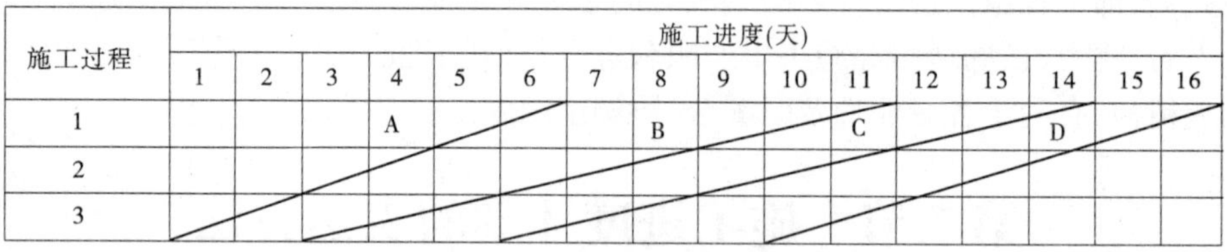

(b)垂直图表

图 2-1　横道图与垂直图表

装饰工程的施工过程通常包括制备类施工过程、运输类施工过程和现场施工类施工过程三类。制备类施工过程是指为了提高建筑装饰工程产品的加工能力而形成的施工过程，如各种预制构件(门、窗等)的制作，装饰材料的工厂加工等，此类施工过程一般不占用施工现场的工作面，不直接影响工期，一般不列入施工进度计划，但当其占用施工现场的工作面时，则必须列入施工进度计划；运输类施工过程是指把建筑装饰材料、制品等运到工地仓库或施工操作地点而形成的施工过程，此类施工过程一般不占用施工现场的工作面，不直接影响工期，因此一般也不列入施工进度计划，但当其占用施工现场的工作面，影响工期时，则必须列入施工进度计划；现场施工类施工过程是指在建筑物上进行最终建筑装饰而形成的施工过程，例如涂料工程、水电安装工程和龙骨安装工程等，此类施工过程占用施工现场的工作面，影响工期，因此必须列入施工进度计划。

施工过程划分的数目多少和粗细程度一般与以下因素有关：

(1)施工进度计划的作用。

对长期计划的建筑群体以及规模大、工期长的跨年度工程，编制施工进度计划时，其施工过程划分得粗一些、综合一些，即编制控制性进度计划，一般可以划分至单位工程，也可以划分至分部工程。对短期计划的单位工程以及工期不长的工程则可以编制实施性进度计划，其施工过程可以划分得细一些、具体一些，一般可划分至分项工程。对于月度作业性计划，有些施工过程还可以分解为工序，如龙骨制作、面板安装等。

(2)施工方案。

对于一些类似的施工工艺，根据施工方案的要求，可以将它们合并为一个施工过程，也可以根据施工的先后分为两个施工过程。例如顶棚涂料工程与墙面涂料工程，可合并为一个施工过程；若先后间断施工，可分为两个施工过程。卧室装修、卫生间装修、办公室装修与会议室装修等不同的装修体系，其施工过程划分及其内容也各不相同。

(3)劳动组织及劳动量大小。

施工过程的划分与施工班组及施工习惯有关。如玻璃安装施工和油漆施工，有些地方和单位采用混合班组，此时应合并为一个施工过程，即玻璃油漆施工过程；有些地方和单位采用单一工种的专业施工班组，此时应划分为两个施工过程，即玻璃安装施工过程和油漆施工过程。施工过程的划分还与工程量的大小有关。对于工程量小的施工过程，当组织流水施工有困难时，可以与其他施工过程合并。

(4)施工的内容和范围。

施工过程的划分与其施工内容和范围有关。例如，直接在施工现场与工程对象上进行的工作内容，可以划入施工过程，而场外施工内容(如预制加工、运输等)可以不划入施工过程。

2)流水强度

流水强度是指某施工过程在单位时间内所完成的工程量。

2. 空间参数

空间参数是指在组织流水施工时，用以表达流水施工在空间上进展状态的参数，包括工作面、施工段和施工层三种。

1)工作面

每个作业的工人或每台施工机械所需工作面的大小，取决于单位时间内完成的工程量和安全施工的要求。施工时，如果没有足够的工作面，一方面会影响工作效率的正常发挥，另一方面也会带来很大的安全隐患，因此必须合理确定工作面。

2)施工段

施工段是指在组织流水施工时，在施工对象平面上划分的劳动量大致相等的区段。施工段数一般用 M 表示。

划分施工段的目的，简单地说，就是为了有效地组织流水施工。如果把一个固定的建筑装饰产品看成一个单体产品，就无法进行流水施工，此时施工现场就会比较混乱。如果将一个体型较大的建筑装饰产品划分为具有若干施工段、施工层的“批量产品”，就为流水施工创造了条件。施工班组完成一个施工段上的施工过程后，到下一个施工段上继续施工，而其后续施工过程的施工班组则可以进入该施工段施工，从而产生连续流水作业的效果。这样就保证了不同的施工班组能在不同的施工段上同时进行施工，既消除了等待、停歇现象，又不相互干扰，同时也缩短了工期。

划分施工段的基本要求如下：

(1)施工段数要适宜，应满足合理组织流水施工的要求。

(2)划分施工段时，以主导施工过程(就是指对工期起控制作用的施工过程)为依据。

(3)施工段的分界尽量与装饰分界线(如材料变化、工艺变化)或结构界限(如变形缝或单元尺寸)相一致，以保证施工质量和建筑装饰的美观性。

(4)同一个施工班组在各个施工段上的劳动量应尽可能大致相等，以保证各施工班组能连续、均衡地施工。

(5)当组织流水施工的装饰工程有层间关系时，为使各施工班组连续工作，每层施工段数应满足：$M \geqslant N$。

当 $M > N$ 时，各施工班组能连续施工，但工作面会出现停歇，这种停歇不一定是不利的，有时还是必要的，如利用间歇的时间做养护、备料、弹线等工作。

当 $M = N$ 时，各施工班组能连续施工，工作面能充分利用，无停歇现象，此时比较理想。

当 $M < N$ 时，各施工班组不能连续施工，工作面能充分利用，无停歇现象。但这是组织

流水施工所不允许的。

$M \geqslant N$ 的这一要求,并不适用于所有流水施工情况。在有的情况下,当 $M < N$ 时,也是可以组织流水施工的。

3)施工层

施工层是为了满足专业工种对操作高度和施工工艺的要求,将拟建装饰工程在竖向上划分成的若干个操作层。施工层的划分,通常按自然层进行,即每一自然层就是一个施工层;但如果自然层的层高过高或施工工艺需要,也可将一个自然层划分为若干个施工层。如室内抹灰、木装饰、油漆、玻璃安装等,可按自然层划分施工层。

3. 时间参数

时间参数是指在组织流水时,用以表达流水施工在时间上进展状态的参数,包括流水节拍、流水步距和工期。

1)流水节拍

流水节拍是指某一施工班组完成某一个施工过程中一个施工段上的工作所消耗的时间。流水节拍是流水施工的主要参数之一,它表明流水施工的速度和节奏性。流水节拍小,其流水速度快,节奏感强;反之,则相反。

确定施工过程流水节拍的方法如下:

(1)经验估算法。

在施工过程中,当遇到新技术、新材料、新工艺等无定额可循时,可采用经验估算法,即根据过去的施工经验并按照实际的施工条件来估算项目的施工持续时间。为了提高估算的准确度,可以先估算出该施工过程流水节拍的最长、最短、正常(最可能)三种时间数据,然后利用加权平均的方法计算出流水节拍。

(2)工期倒排法。

对于一些工期要求较紧的工程,可以采用工期倒排法确定施工过程的流水节拍。

确定流水节拍应考虑以下因素:

(1)施工班组人数要适宜,既要满足最少劳动组合人数的要求,又要满足最小工作面的要求。所谓最少劳动组合人数,就是指某一施工过程进行正常施工所必需的最低限度的班组人数及合理组合。最小工作面是指施工班组为保证安全生产和有效操作所必需的工作面,它决定了最大限度可安排多少劳动力。不能为了缩短工期无限制地增加人数,否则就不能正常发挥施工效率,会出现"窝工"现象。

(2)工作班制要恰当。工作班制的确定与工期有关。当工期要求不紧,工艺上又不要求连续时,可采用一班制;当组织流水施工时,为了满足第二天的连续施工条件,某些施工过程可考虑夜班进行,即可采用两班制;当工期要求紧或工艺上要求连续,或为了提高施工机械使用率时,某些施工过程可考虑采用三班制。

(3)要考虑各种机械台班的产量或效率。

确定一个分部工程的各施工过程的流水节拍时,应先确定其主导施工过程的流水节拍,然后确定其他次要施工过程的流水节拍。

流水节拍值一般取整数,以天(或机械台班数)为计算单位,必要时可考虑保留 0.5 天(或台班)的小数值。

2）流水步距

流式步距是指在流水施工中，相邻的两个施工过程的施工班组先后进入同一个施工段开始施工的最小间隔时间。其大小反映流水施工的紧凑程度，对工期有着很大的影响。一般来讲，在拟建工程的施工段不变的情况下，流水步距越大，工期越长；流水步距越小，则工期越短。影响流水步距的主要因素有前后两个相邻施工过程的流水节拍、施工工艺技术要求、技术间歇与组织间歇时间、施工段数、流水施工的组织方式等。

3）工期

工期是指完成一项工程任务所需的时间。

（三）施工组织的方式

任何一个建筑装饰工程都是由许多的施工过程组成的，而每个施工过程又可以组织一个或多个施工班组进行施工。通常情况下，组织施工可以采用依次施工、平行施工和流水施工三种方式。

1. 依次施工

依次施工又称顺序施工，是指将装饰工程分解成若干施工过程，按照施工过程的顺序（或施工段的顺序），在前一个施工过程完成后，后一个施工过程才开始施工，或在前一个施工段完成后，后一个施工段才开始施工的施工组织方式。依次施工通常有以下两种形式。

1）按施工过程依次施工

按施工过程依次施工是指按施工段的先后顺序，先依次完成每一个施工段内的第一个施工过程，然后依次完成其他施工过程的施工组织方式。其施工进度计划横道图如图 2-2 所示，其横坐标为施工进度，纵坐标为按施工顺序排列的施工过程。施工进度计划横道图下面的图形为劳动力动态曲线图，其横坐标为施工进度，纵坐标为施工人数。

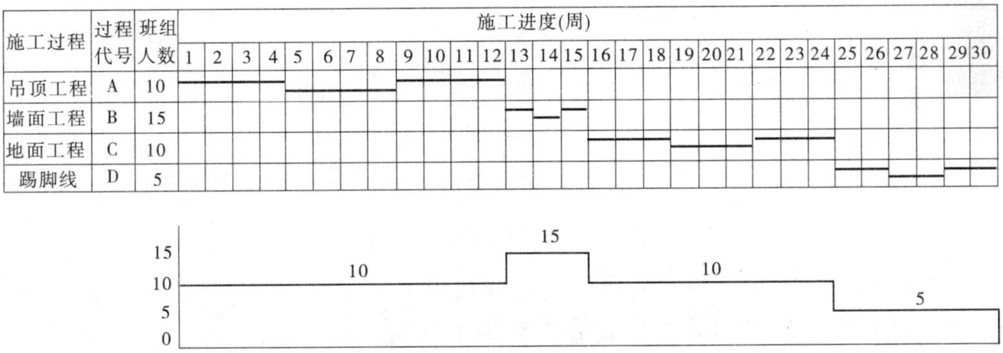

图 2-2 按施工过程依次施工的进度计划

2）按施工段依次施工

按施工段依次施工是指一个施工段内的各施工过程按施工工艺先后顺序完成后，再依次完成其他施工段内各施工过程的施工组织方式。其施工进度计划横道图如图 2-3 所示。

进行计算时，按施工段依次施工的工期与按施工过程依次施工的工期计算公式相同。

从图 2-2 和图 2-3 中可以看出，依次施工的优点是：单位时间内投入的劳动力、机械少，材料供应比较单一，施工管理简单，便于组织与安排。依次施工的缺点是：从事某施工过程时施工班组和材料供应均无法保持连续均衡，会导致工人“窝工”现象，而且还会拖延工程

施工过程	过程代号	班组人数	施工进度(周)																													
			1	2	3	4	5	6	7	8	9	10	11	12	13	14	15	16	17	18	19	20	21	22	23	24	25	26	27	28	29	30
吊顶工程	A	10																														
墙面工程	B	15																														
地面工程	C	10																														
踢脚线	D	5																														

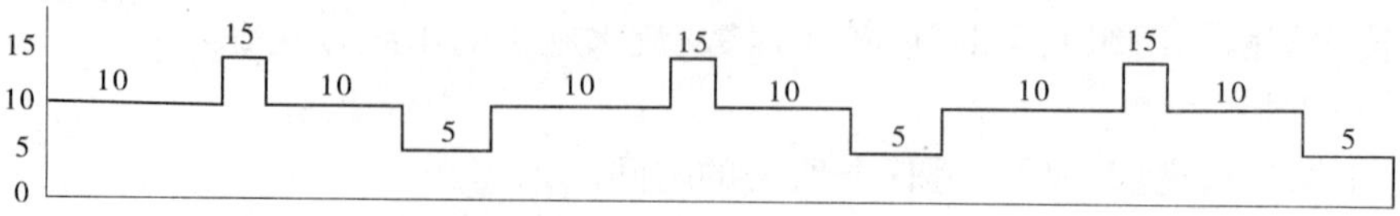

图 2-3　按施工段依次施工的进度计划

工期。

因此，依次施工适用于规模较小、工作面有限的小型装饰工程。

2. 平行施工

平行施工是指装饰工程的所有施工过程的各个施工段同时开工、同时结束的一种施工组织方式。例如，将三幢房屋的装饰工程采用平行施工组织方式，其进度计划横道图如图 2-4 所示。

施工过程	过程代号	班组人数	施工进度(周)									
			1	2	3	4	5	6	7	8	9	10
吊顶工程	A	10										
墙面工程	B	15										
地面工程	C	10										
踢脚线	D	5										

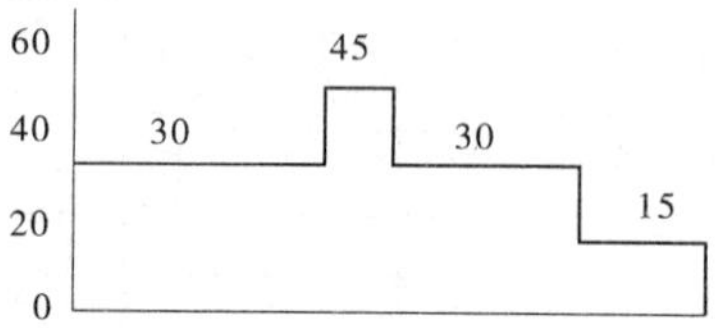

图 2-4　平行施工进度计划

从图 2-4 可以看出，平行施工的特点是充分利用了工作面，完成工程任务的工期较短；但施工班组数成倍增加，机具设备也成倍增加，材料供应集中，临时设备等也会成倍增加，从而造成组织安排和施工现场管理困难，增加了施工管理费用；如果工程规模不大，工程施工任务不多或工期要求不紧，就会因工人转移或窝工造成损失，从而使工程成本增加。

因此，一般情况下，不应采用平行施工，只有工期要求紧的工程，大规模的同类型的建筑群装修工程或分批分期进行施工的工程，才采用平行施工。

3. 流水施工

流水施工是指所有施工过程按一定的时间间隔依次投入施工，各个施工过程陆续开工、陆续竣工，使同一个施工过程的施工班组在各施工段上保持连续均衡地施工，不同施工过程尽可能平行搭接施工的组织方式。例如，将上述三幢房屋的装饰工程采用流水施工，其进度计划横道图如图 2-5 所示。

施工过程	过程代号	班组人数	施工进度(周)																					
			1	2	3	4	5	6	7	8	9	10	11	12	13	14	15	16	17	18	19	20	21	22
吊顶工程	A	10																						
墙面工程	B	15																						
地面工程	C	10																						
踢脚线	D	5																						

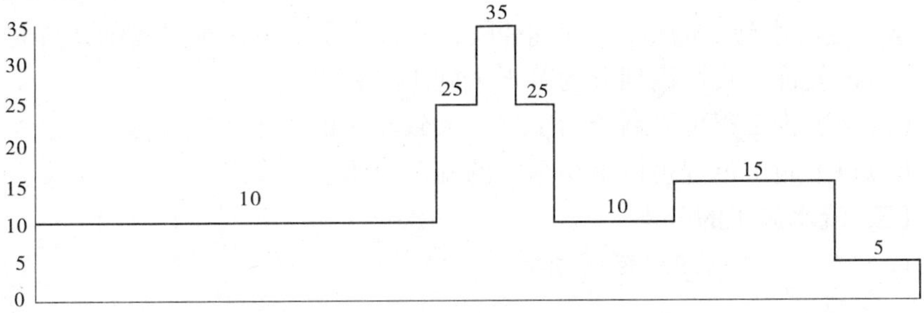

图 2-5　流水施工进度计划

流水施工的工期可以用工期计算公式进行计算。

由图 2-5 可以看出,流水施工的特点是各施工班组的施工、机械设备以及物资资源的消耗具有连续性和均衡性,便于施工现场的管理;各施工过程的施工班组都尽可能平行搭接施工,比较充分地利用了工作面;各施工班组实现了专业化生产;流水施工工期较为合理。

由图 2-3 ~ 图 2-5 的比较可以看出:施工所需的工期,依次施工最长,平行施工最短,流水施工介于两者之间;单位时间内资源需要量,依次施工最少,平行施工最多,流水施工介于两者之间;资源的均衡程度,依次施工最均衡,平行施工最集中,流水施工介于两者之间。

综上所述,在上述三种施工组织方式中,流水施工综合了前两者的优点,在通常情况下,应优先采用流水施工;当资源紧张时,采用依次施工;当工期紧张时,采用平行施工。

(四)流水施工的组织要点与必备条件

1. 流水施工的组织要点

1)划分施工过程

把装饰工程的整个施工过程分解成若干个分部或分项工程(施工过程)。目的是使专业化程度较高的施工班组在较长的时期内进行相同的施工操作,并保证连续均衡施工,有利于提高工人的技术水平和实现有效协作。

2)划分施工段

根据组织流水施工的需要,将装饰工程在平面上和空间上划分成劳动量大致相等的区段。目的是将装饰的单件产品变成多件产品,以便批量生产,从而形成流水作业的前提。没有"批量",就不可能也没有必要组织流水作业。所以,建筑装饰工程组织流水施工的实质就是"分工协作,批量生产"。

3)每个施工过程组织独立的施工班组

在一个流水组中,每个施工过程应尽可能组织独立的施工班组,根据工作内容的不同,可以是专一班组,也可以是混合班组。可以使每个施工班组按施工顺序依次连续、均衡地从一个施工段转移到另一个施工段进行相同的施工。

4)必须安排主导施工过程连续、均衡施工

对于工程量大、工作持续时间较长的施工过程,必须安排在各施工段之间连续施工;对于其他次要施工过程,可考虑与相邻施工过程合并或合理间断施工,以便缩短施工工期。

5)相邻施工过程之间最大限度地安排平行搭接施工

相邻施工过程之间除必要的技术或组织间歇外,应最大限度地安排组织平行搭接施工。

2. 流水施工的必备条件

从上述流水施工的组织要点中可以看出,流水施工必须具备的条件是:

(1)该装饰工程可以划分为若干个施工过程;

(2)该装饰工程可以划分为工程量大致相等的若干个施工段;

(3)每个施工过程可以组织独立的施工班组。

(五)流水施工的分类

1. 按流水施工的组织范围分类

1)分项工程流水

分项工程流水也称细部流水或施工过程流水。它是在一个分项工程内部各施工段之间进行连续作业的流水施工方式,如安装塑钢窗户的具体组织情况。它是组织流水施工中的最小单位。

2)分部工程流水

分部工程流水又称专业流水。它是在一个分部工程内部由各分项工程流水组合而成的流水施工方式。它是分项工程流水的工艺组合,是组织项目工程流水的基础。

3)单位工程流水

单位工程流水又称项目流水。它是在一个单位工程内部由各分部工程流水或各分项工程流水组合而成的流水施工方式。它是分部工程流水的扩大和组合,也可以是分项工程的组合。

4)建筑群流水

建筑群流水又称综合流水,俗称大流水施工。它是在宏观上对建筑群的装饰装修施工进行宏观控制和调配的一种组织方式。

2. 按施工过程的分解程度分类

1)彻底分解流水

彻底分解流水是指将工程的某一分部工程分解成若干个施工过程,而每一个施工过程均为单一工种完成的施工过程,即该施工过程已不能再分解,如批腻子。

2)局部分解流水

局部分解流水是指将工程的某一个分部工程根据实际情况进行划分,有的施工过程已彻底分解,有的施工过程则不彻底分解。而不彻底分解的施工过程是由混合施工班组来完成的,如门窗安装。

(六)流水施工的表达方式

在实际工程施工中,主要用横道图和网络图来表达流水施工的进度计划。

1. 横道图

横道图是以施工过程的名称和顺序为纵坐标、以时间为横坐标而绘制的一系列施工进度水平线,各个水平线分别表示各施工过程在施工段上工作的起止时间和先后顺序。

2. 网络图

网络图是由一系列箭线与节点组成的网状图形。

(七)流水施工的组织方式

建筑装饰工程必须有一定的节拍才能步调和谐、配合恰当。流水施工的节奏感是由节拍来决定的,由于装饰工程的多样性和各分部分项工程的差异较大,要想使所有的流水施工都形成相同的流水节拍是很困难的。因此,对于大多数的装饰工程,各施工过程的流水节拍不一定相同,甚至在同一施工过程的不同施工段上流水节拍也不尽相同。这样就形成了不等节奏的流水施工。

按流水施工的节奏特点,可以分为有节奏流水施工和无节奏流水施工两种。有节奏流水施工又可分为等节奏流水施工和异节奏流水施工,如图 2-6 所示。

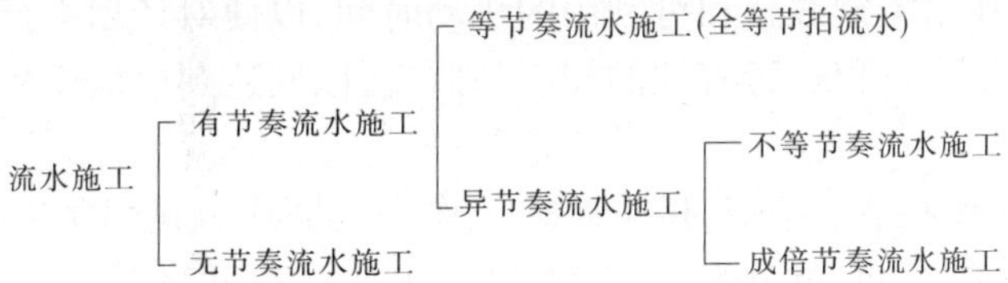

图 2-6 流水施工组织方式分类

1. 有节奏流水施工

有节奏流水施工是指同一个施工过程在各施工段上流水节拍都相等的流水施工组织方式。根据不同施工过程之间的流水节拍是否相等,有节奏流水施工又可分为等节奏流水施工和异节奏流水施工两种。

1) 等节奏流水施工

等节奏流水施工是指同一个施工过程在各个施工段上的流水节拍均相等,不同施工过程的流水节拍也相等的流水施工方式,即各个施工过程上的流水节拍都为常数,因此也称为全等节奏流水施工。

2) 不等节奏流水施工

不等节奏流水施工是指同一个施工过程在各个施工段上的流水节拍均相等,不同施工过程的流水节拍不相等且不成整数倍(或公约数)关系的流水施工方式。

3) 成倍节奏流水施工

成倍节奏流水施工是指同一个施工过程在各个施工段上的流水节拍均相等,不同施工过程的流水节拍不完全相等且成整数倍(或公约数)关系的流水施工方式。各施工过程的施工班组数不一定是一个班组,而是由该施工过程的流水节拍与各施工过程流水节拍的最大公约数的整数倍关系确定的。

2. 无节奏流水施工

无节奏流水施工是指同一个施工过程在各个施工段上的流水节拍不完全相等的一种流水施工组织方式。

1) 无节奏流水施工的特征

(1) 同一个施工过程在各个施工段上的流水节拍不完全相等,不同施工过程之间的流水节拍也不完全相等;

(2) 各施工过程之间的流水步距不完全相等,且差异较大;

(3)施工班组数等于施工过程数。

2)无节奏流水施工的流水步距计算

无节奏流水施工的流水步距的计算方法是“累加数列法”,即“逐段累加,错位相减,差值取大”(这种方法适用于所有流水施工的流水步距的计算)。

二、网络计划的基本概念和识图

(一)网络计划的基本概念

网络计划是关键线路法(CPM)、计划评审技术(PERT)和其他以网络图形式表达的各类计划管理方法的总称。

网络计划的基本原理是:先绘制网络图,来表达各施工过程的逻辑关系和进度;然后,通过时间参数的计算,找出关键线路和可利用的机动时间,以便对计划进行优化;最后,可通过计划反馈的信息,对整个过程进行有效的控制与监督,以期达到以最少的消耗取得最大的经济效益的目的。

网络图是指由箭线和节点组成,用来表达工作先后顺序和逻辑关系的网状图形。按箭线和节点所表达意义的不同,可分为双代号网络图和单代号网络图。

1. 双代号网络图

双代号网络图就是用一条箭线表示一项工作(或工序、施工过程等),工作名称写在箭线上方,工作的持续时间写在箭线的下方,箭尾表示工作的开始,箭头表示工作的结束,在箭线两端分别画出一个圆圈作为节点,并在节点内进行编号,用箭尾节点号码 i 和箭头节点号码 j 作为这项工作的代号,如图 2-7 所示。由于各工种均用两个代号表示,所以叫作双代号网络图(见图 2-8)。用这种网络图表示的计划叫作双代号网络计划。

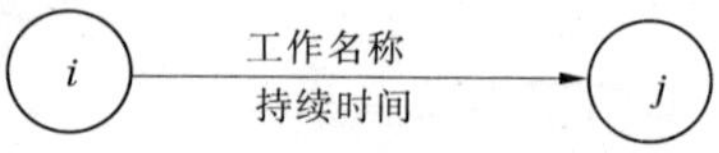

图 2-7 双代号网络图中节点的表示法

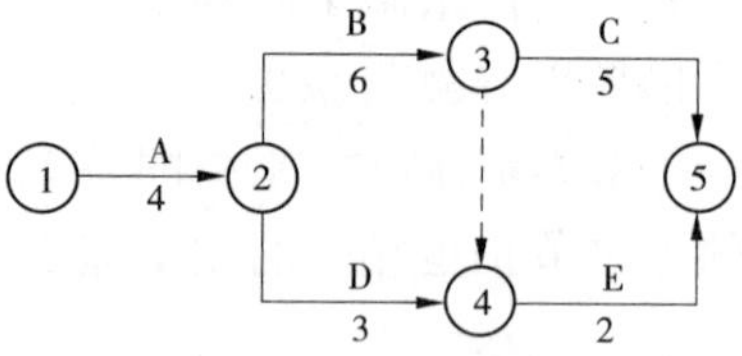

图 2-8 双代号网络图

2. 单代号网络图

单代号网络图是网络计划的另一种表达方法,它是用封闭的图形(一般是圆圈或方框)表示一项工作,将工作名称、工作代号、工作的持续时间标注在圆圈或方框内,箭线仅表示工作之间的逻辑关系和先后顺序,如图 2-9 所示。用这种表示法绘制的网络图称为单代号网络图(见图 2-10)。用这种网络图表示的计划称为单代号网络计划。

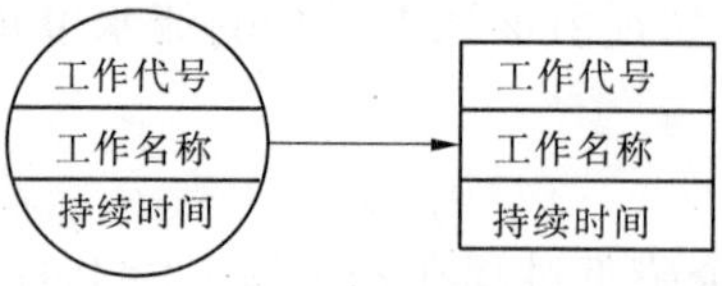

图 2-9 单代号网络图中节点的表示法

3. 网络计划的优缺点

网络计划与横道计划(横道图进度计划)相比具有以下优点和缺点。

1)优点

(1)能够明确地反映出各项工作之间相互依赖、相互制约的逻辑关系;

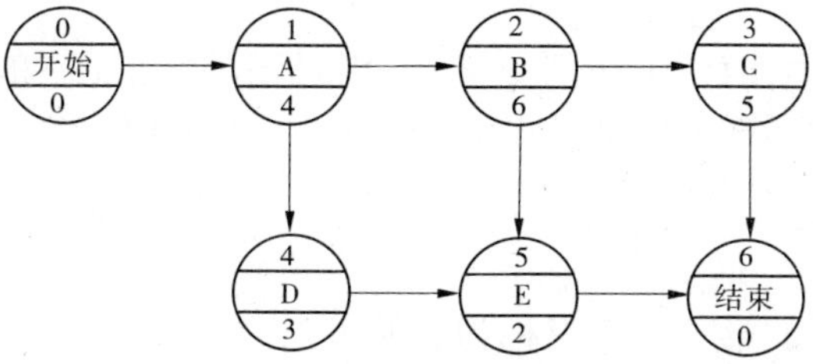

图 2-10　单代号网络图

(2)能够进行时间参数的计算,找出关键工作和关键线路,便于在施工中抓住主要矛盾,确保工程按期完成,避免施工的盲目性;

(3)通过时间参数的计算,可以得出各工作存在的机动时间,更好地调配人力、物力等资源,达到降低成本的目的;

(4)可以利用计算机对复杂的计划进行有目的地调整和优化,实现计划管理的科学化。

2)缺点

(1)表达不直观、不形象,一般施工工人和人员不易看懂;

(2)无法在图中表示各项资源的需用量(有时标的网络计划除外)。

为了解决网络计划以上的不足之处,在实际工程中,可采用有时标的网络计划来弥补。

(二)双代号网络图的绘制

1. 组成双代号网络图的基本要素

双代号网络图由箭线、节点和线路三个基本要素组成。

1)箭线

在双代号网络图中,箭线有实箭线和虚箭线(见图 2-11)两种,两者含义不同。

(a)实箭线　(b)虚箭线

图 2-11　箭线

(1)实箭线。

一个箭线表示一个施工过程或一项工作(工序)。实箭线表示的施工过程可大可小,既可以表示一个工程项目或一个单位工程,又可表示一个分部工程,还可以表示一个分项工程(如地砖、吊顶、抹灰等)。一般而言,每个实箭线表示的施工过程都要消耗一定的时间和资源,如地面工程、抹灰工程、油漆工程等;但也有只消耗时间而不消耗资源的施工过程,如墙面干燥等技术间歇,也须用实箭线表示。

箭线的指向表示工作的前进方向,箭尾表示工作的开始,箭头表示工作的结束。

箭线的长短一般不代表工作的持续时间(有时标的网络计划除外)。

(2)虚箭线。

虚箭线在双代号网络图中表示一项虚拟的工作,目的是使工作之间的逻辑关系得到正确的表示,既不消耗时间,也不消耗资源。它在双代号网络图中起到逻辑的连续或短路的作用。

2）节点

节点是指在网络图中，两项工作的交接点，用封闭的图形（一般用圆圈）表示。在双代号网络图中，节点表示前一个工作的结束或后一个工作的开始的瞬间，代表一个时刻，既不消耗时间，也不消耗资源。

（1）节点的分类。

起始节点：网络图中的第一个节点称为起始节点，代表一项计划的开始。起始节点只有一个。

终点节点：网络图中的最后一个节点称为终点节点（结束节点），代表一项计划的结束。

中间节点：位于起始节点和终点节点之间的所有节点都称为中间节点。中间节点既表示紧前工作结束，又表示紧后工作开始。中间节点有若干个。

（2）节点的编号。

为了便于计算网络计划时间参数和检查网络计划，应对节点进行编号。节点编号的要求和原则为：从左到右，由小到大，每一箭线的箭尾节点编号小于箭头节点编号；节点编号既可以连续，也可以不连续，但不可以重复。

3）线路

（1）线路的定义。

在网络图中，从起始节点开始，沿箭线方向通过一系列箭线和节点，最终到达终点节点的若干条通路，称为线路。一般情况下，一个网络图可以有许多条线路，每条线路都包括多项施工过程，线路上各个施工过程的持续时间之和为线路时间，即完成该线路上所有工作所需要的时间。

（2）关键线路。

线路中各项工作的持续时间之和最长的线路称为关键线路，其他线路称为非关键线路。位于关键线路上的工作为关键工作。位于非关键线路上，除关键工作外的其他工作为非关键工作。在关键线路上没有任何机动时间，线路上任何一项工作拖延时间，都会导致总工期拖延。

一般来讲，在一个网络计划中关键线路至少有一条。关键线路并不是一成不变的。

一般情况下，关键线路和非关键线路可以相互转化。例如，当采用技术组织措施，缩短关键工作的持续时间，或延长非关键线路的持续时间时，关键线路就有可能发生转化。在网络计划中，关键工作的比重不宜过大，这样不利于抓住主要矛盾。

关键线路宜采用双箭线、组箭线或彩色箭线标注，以突出其在网络图中的重要性。

2. 虚箭线的作用

在双代号网络图中，虚箭线不是一项真实的工作，而是为了表达正确的逻辑关系增设的一项“虚拟的工作”。虚箭线的作用主要有连接、区分和断路。

1）连接作用

虚箭线不仅能表达工作之间的逻辑关系，而且能表达不同幢号房屋之间的相互关系。例如，工作A、B、C、D之间的逻辑关系为：工作A完成后可同时进行C、D两项工作，工作B完成后可进行工作D。这个时候必须引入虚箭线才能表达正确的逻辑关系，此时应用虚箭线进行区分，如图2-12所示。

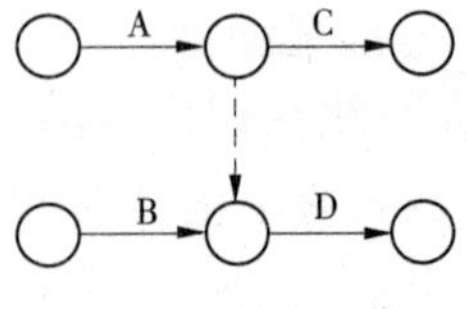

图2-12 虚箭线的作用（1）

2）区分作用

双代号网路计划是用两个代号表示一项工作。如果两项工作用同一个代号，则不能明确表示出该代号表示哪项工作。因此，不同的工作必须用不同的代号，此时应用虚箭线进行区分，如图 2-13 所示。

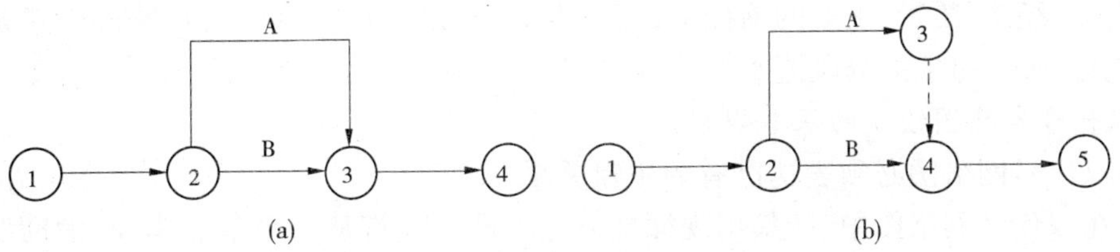

图 2-13　虚箭线的作用(2)

3）断路作用

如图 2-14 所示为某装饰工程地面工程（A）、墙面工程（B）、吊顶（C）三项工程三个施工段的流水施工网络计划。该网络计划中多处无联系的工作出现了联系，即出现了多余关系的连接错误。

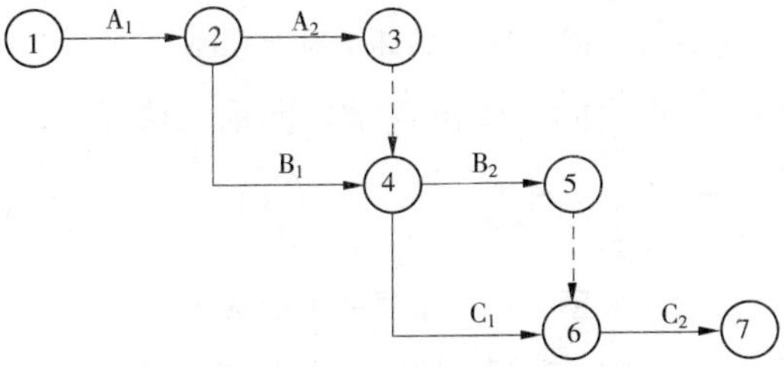

图 2-14　错误的逻辑关系

为了正确表达工作之间的逻辑关系，在出现逻辑错误的节点之间增设新节点（添加虚箭线），切断多余的工作关系，这种方法称为断路法，如图 2-15 所示。

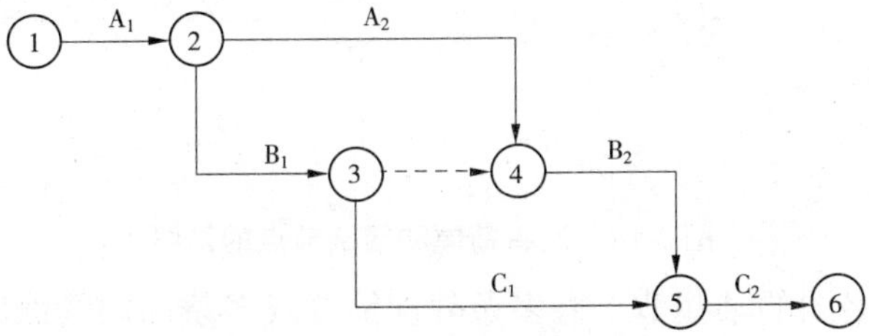

图 2-15　正确的逻辑关系

3. 网络图的逻辑关系

网路图的逻辑关系是指网络计划中所表示的各项工作之间客观存在或主观上安排的先后顺序。这种顺序关系划分为两类：一类是施工工艺关系，即工艺逻辑关系；另一类是施工组织关系，即组织逻辑关系。

1）工艺逻辑关系

工艺逻辑关系是指生产工艺上客观存在的先后顺序关系，或者是非生产性工作之间由工艺程度决定的先后顺序关系。例如，装饰工程中做地面施工时，先做垫层、再做找平、后做面层。工艺逻辑关系是不能随意颠倒的。

2) 组织逻辑关系

组织逻辑关系是指在不违反工艺逻辑关系的前提下,各工作之间主观上安排的先后顺序关系。这种关系不受施工工艺的影响,不是由工程性质本身决定的,而是根据具体情况,在保证安全、经济、质量、工期的前提下,可以人为统筹安排的。例如,建筑群中建筑物开工顺序的先后,施工对象的分段流水作业等。

4. 双代号网络图绘制的基本规则

(1) 双代号网络图必须表达已有的逻辑关系。

(2) 在双代号网络图中,严禁出现循环回路。即不允许从一个节点出发,沿箭线方向再返回到原来的节点,如图 2-16 所示。

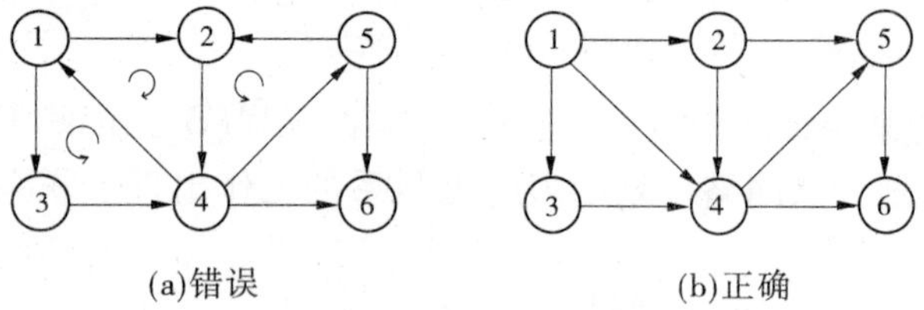

图 2-16　循环关系示意图

(3) 在双代号网络图中,节点之间严禁出现带双向箭头或无箭头的箭线,如图 2-17 所示。

图 2-17　错误的箭线画法

(4) 在双代号网络图中,严禁出现没有箭头节点或没有箭尾节点的箭线,如图 2-18 所示。

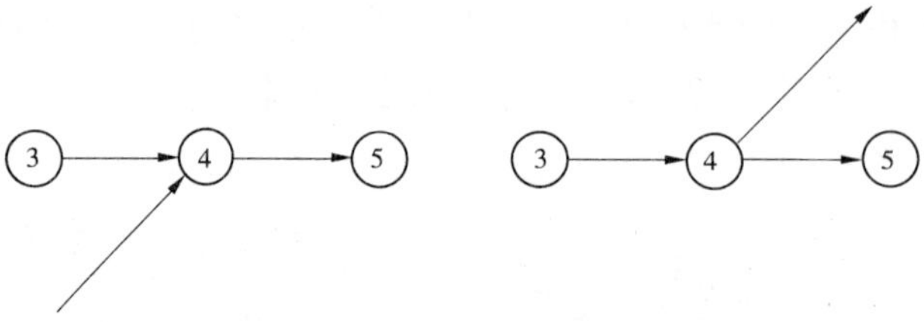

图 2-18　没有箭尾和箭头节点的箭线

(5) 当双代号网络图的某些节点有多条外向箭线或多条内向箭线时,在不违背"一项工作只有一条唯一的箭线和相应的一对节点编号"的规定前提下,可以采用母线法绘图,如图 2-19 所示。

(6) 在双代号网络图中,尽量避免箭线交叉,但无法避免时,可以采用过桥法、断线法或指向法表示,如图 2-20 所示。

(7) 在双代号网络图中,只允许有一个没有内向箭线的起始节点。在只有一个目标的网络图中,只允许有一个没有外向箭线的终点节点(多级目标除外),如图 2-21 所示。

(三) 双代号时标网络计划

1. 时标网络图的概念

时标网络图是在一般网络图中加上时间坐标,工作之间的逻辑关系与原网络图完全相

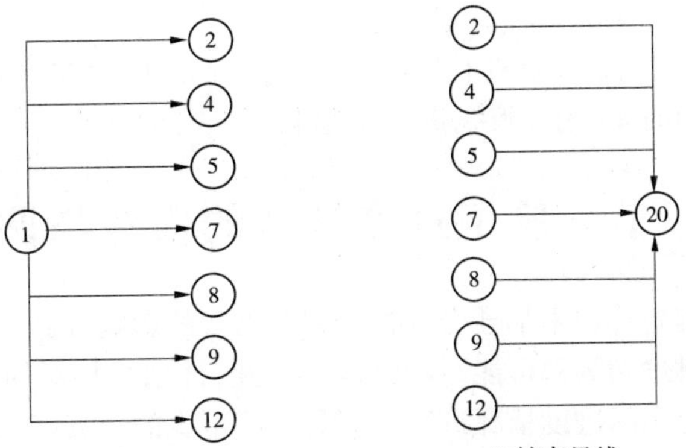

(a)开始母线　　(b)结束母线

图 2-19　母线法绘图

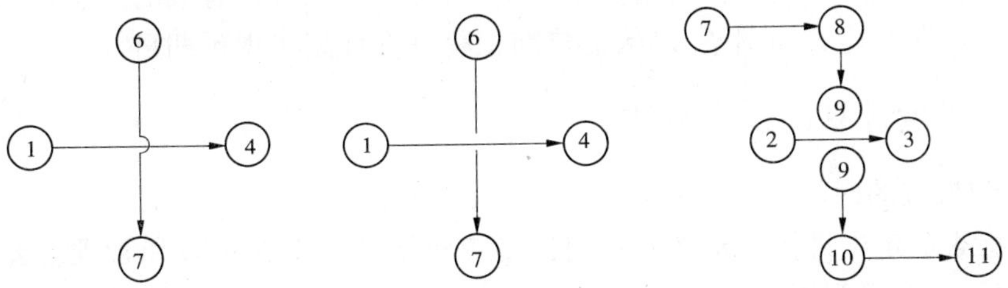

(a)过桥法　　(b)断线法　　(c)指向法

图 2-20　交叉箭线的处理方法

同。它是网络计划和横道计划的有机结合,这样既解决了横道计划中无法表达各施工过程的逻辑关系的问题,又克服了网络计划中时间表示不直观的问题。其中,时间坐标的单位应根据需要在编制网络计划之前确定好,一般可为天、周、月或季等。

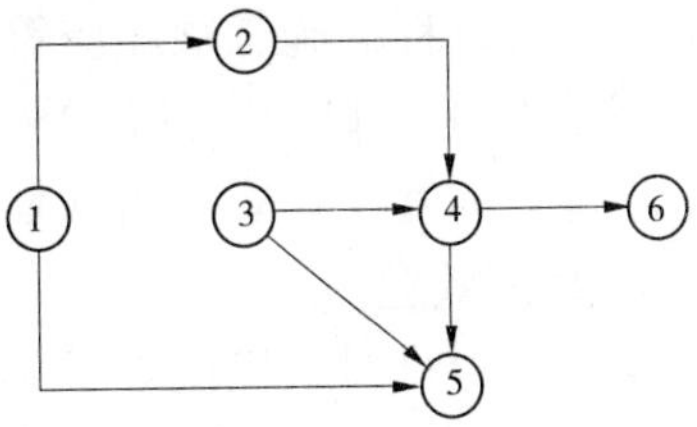

图 2-21　多个起始节点和结束节点示意图

2. 时标网络图的特点

(1)工作的持续时间与箭线的水平投影长度一致;

(2)可以直接显示各工作的开始时间、完成时间与计算工期等时间参数;

(3)可以直接在时标网络计划下方绘制劳动力、材料、机具等资源动态曲线;

(4)受坐标的限制,容易发生闭合回路的错误。

绘图符号:用实箭线代表施工过程;箭线在水平方向的投影长度表示施工过程的持续时间;波浪线代表工作的自由时差;虚箭线代表虚工作。

3. 双代号时标网络计划绘制方法

双代号时标网络计划根据节点参数的不同,可以分为早时标网络计划(按节点最早时间绘制的网络计划)和迟时标网络计划(按节点最迟时间绘制的网络计划)两种。此处只介绍早时标网络计划,其绘制方法如下:

(1)从起始节点开始按节点最早时间,将节点逐个定位在时间坐标的纵轴上;

(2)依次在各节点后面画出箭线的实线部分,箭线的水平投影长度等于该工作的持续

时间;

(3)若每个实箭线与结束节点没有连接起来,即它们之间存在空当,则空当的水平投影长度等于该工作的自由时差,用波浪线将其连起来。

第三节　施工进度计划的检查与调整

任何一项计划在实施过程中都会受到各种客观因素的影响,例如工程变更、天气变化或材料及施工机械不及时进场等都可能影响进度。因此,计划是相对的,变化是绝对的,利用进度计划对施工过程的实际进度情况进行控制是必不可少的。装饰工程施工进度计划的控制是指针对装饰工程施工过程的施工内容、施工程序、持续时间和衔接关系,在进度计划付诸实施过程中,检查实际进度是否按计划要求进行,对出现的偏差情况进行分析,采取进度补救措施或调整修改原计划后再付诸实施。所以,要对计划进行有效的控制,必须在计划执行过程中进行定期的检查和调整,以保证装饰工程进度计划实现预期目标。

一、施工进度计划的检查方法

(一)计划检查的时间与内容

计划的检查应定期进行。检查的周期长短应根据计划工期长短和管理需要而定,一般可以天、周、月、季度等为周期。

计划检查的内容如下:

(1)关键工作的进度是否影响工期。

(2)施工过程的施工顺序应符合装饰工程施工的客观规律。应从技术上、工艺上、组织上检查各个施工项目的安排是否合理。

(3)施工进度计划安排的计划工期,首先应满足上级规定或施工合同的要求,其次应具有较好的经济效益。

(4)劳动力、材料、机械等供应与使用,应避免过分集中,尽量做到均衡。

(二)计划检查的方法

进度计划执行情况的记录工作,一般应当由统计人员或计划人员负责,记录方式包括表格记录和绘图标注两种。下面仅介绍在时标网络计划中应用的以实际进度前锋线标注施工进度的方法。

实际进度前锋线画法如下:

(1)在网络计划的每个记录日期上做实际进度标注,标明按期实现、提前实现、拖延工期三种情况。对按期实现的,将实际进度标注在记录日期垂直线与该施工过程箭线的交点上;对提前实现的,将提前的天数标注在计划箭线上日期的右侧;对拖延工期的,将拖后的天数标注在计划箭线上日期的左侧。

(2)将各箭线的实际进度点连接起来,形成实际进度折线,该线称为实际进度前锋线。若进度前锋点在计划的右侧,表示实际进度比计划提前;若在计划的左侧,表示实际进度比计划拖延;若实际进度前锋点与检查时刻的时间相同,表示实际进度与计划进度一致。

例如,已知某工程网络计划如图 2-22 所示,在第五天末检查网络计划执行情况时,发现 A 已完成,B 工作 1 天,C 工作 2 天,D 还没有开始工作,则绘制的实际进度前锋线如图 2-22

所示。

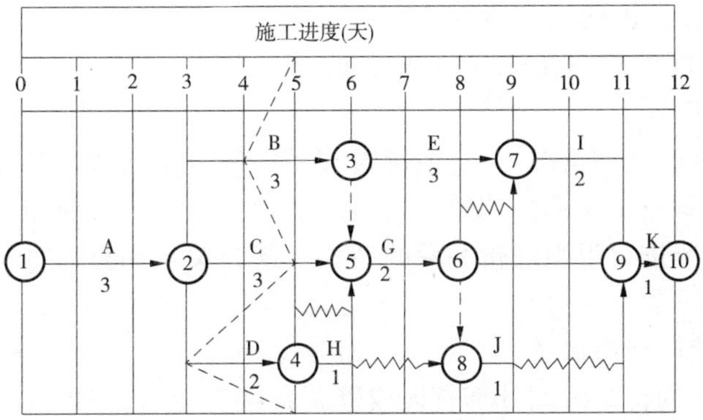

图 2-22　实际进度前锋线

二、进度计划偏差的纠正方法

在进行进度计划检查之后，如果发现实际进度与计划进度有偏差，应在分析其产生原因的基础上采取有效的措施。

（一）进度计划的调整

进度计划的调整是指根据计划实施反馈的信息，对那些没有按原计划实施而产生的偏差采取应变措施，如组织措施、技术措施、合同措施、经济措施等，解决各种矛盾，排除进度障碍，力争继续实行原计划；如果采取一些措施后，还是没办法按原计划实施，应考虑对原计划进行必要的调整或修改。进度计划的调整一般是不可避免的。

（二）进度计划调整的方法

进度计划的调整是一种动态的调整，即在计划实施过程中，随着情况的不断变化进行及时的调整。调整的方法主要包括以下几个方面。

1. 关键线路上关键工作持续时间的调整

（1）当关键线路的实际进度比计划进度提前，且原计划的总工期不变时，应延长那些资源需要量大或直接费用高的后续关键工作的持续时间，从而降低资源需要量或费用；若想要总工期提前完成，则可按实际进度实施没完成的工作，重新计算工期。

（2）当关键线路的实际进度比计划进度拖延时，应在后续未完成的关键工作中选择资源需要量小或直接费用低的工作，缩短其持续时间；选择后续非关键工作中资源需要量大、机动时间长的非关键工作，延长其持续时间，调配资源到与它平行的关键工作，使关键工作时间缩短。

2. 非关键工作时差的调整

非关键工作时差的调整是在其时差范围内进行的。调整的方法如下：

（1）将工作在其最早开始时间与最迟完成时间范围内调整；

（2）延长工作持续时间；

（3）缩短工作持续时间。

3. 工作的增减调整

在计划实行过程中，有时会发现原计划中漏掉了某个工作或某个工作为多余工作，此时就应对原计划的工作进行增减调整，但应符合下列要求：

（1）避免打乱原计划的逻辑关系；

（2）重新计算时间参数，保证计划工期不变。

4. 逻辑关系的调整

在施工方式没有改变的情况下，工艺逻辑关系一般也不会改变。这里所说的逻辑关系的调整，主要是指组织逻辑关系的调整。当组织逻辑关系改变或原组织逻辑关系的技术经济效果欠佳时，则需要进行组织逻辑关系的调整。逻辑关系调整后，应对计划进行修改，重新计算时间参数。

5. 某些工作持续时间的调整

当发现某些工作的持续时间计算有误或资源条件变化时，需重新估算该工作的持续时间。在调整工作时间时不能改变总工期，对非关键工作持续时间的调整应在时差范围内进行，并重新计算时间参数。

上述五种调整方法，应针对实施过程中的实际问题分别选用，并随时检查进度，分析偏差，进行调整。用正确的方法做好计划的调整工作，可使计划更符合工程实际，对计划的正常实施及保证顺利完成施工任务有着重要的意义。

本章小结

1. 施工进度计划的类型与作用。

2. 施工组织的方式，流水施工的组织要点与必备条件，流水施工的表达方式与组织方式。

3. 网络计划的概念与特点，双代号网络图的绘制。

4. 施工进度计划检查的时间、内容与方法，施工进度计划偏差的纠正方法。

第三章　安全管理的基本知识

【学习目标】

通过本章的学习，熟悉文明施工与现场环境保护的要求，熟悉建筑装饰工程施工安全危险源的分类和建筑装饰工程施工安全事故的分类，掌握施工安全危险源的防范重点与施工安全事故的处理。

第一节　文明施工与现场环境保护的要求

一、文明施工的要求

（一）一般规定

为达到安全生产和文明施工规范化、标准化、制度化，依据《中华人民共和国建筑法》、《建筑安全生产监督管理办法》等有关法律法规，建筑装饰工程施工现场文明施工应达到以下要求：

（1）施工现场门口设置“五板二图”。即现场安全生产、消防保卫、环境保护、环境卫生、文明施工制度板，施工现场总平面图、施工现场责任区划分图。

（2）工地内有安全生产、文明施工内容的宣传栏、板或标语。

（3）一般项目有医疗急救设施，较大项目应设医务室及医务人员和设备。

（4）应制定环境卫生、文明施工的各项管理制度，并有除“四害”制度及措施。

（5）有完善的施工组织设计或施工方案。其中有环境卫生、文明施工的措施、要求及相关执行措施与制度。

（6）建立文明施工及环境保护体系，并有具体执行制度及措施。

（7）建立定期对员工进行环保法规等知识培训的制度、体系。

（8）成品、半成品及原材料应严格按施工组织设计中的平面布置图划定的位置堆放，所有材料应堆放整齐，不得侵占市政道路及公用设施。确需临时占用的，应由建设单位提出申请，经有关部门批准，并将批准号的标志悬挂在现场。

（9）施工场地平整、道路畅通、排水设施得当，水电线路整齐，机械设备状况良好、使用合理，施工作业符合消防和安全要求。

（10）装饰工程施工现场周边应设置连接封闭的围挡，在沿街和主次干道施工的围挡高度不低于2 m，其余不低于1.8 m；围挡应采用砖砌围墙或彩钢板，禁止使用彩条布等简易设施搭设围挡。

（11）临时建筑物和构筑物要稳固、安全、整洁，并满足消防要求；临时建筑物要按设计架设用电线路，严禁任意拉线接电。

（12）做好现场场容管理，以及进场材料、机械、安全、技术、消防、卫生、生活等综合协调与管理。

（二）现场环境卫生要求

（1）明确施工现场各区域的卫生责任人。

（2）职工临时食堂必须申领卫生许可证。

（3）施工现场应设置临时厕所，并有水源供冲洗，每日有专人负责清洁；使用原建筑厕所的，也应有专人负责清洁。

（4）建筑垃圾必须集中堆放并及时清运，做到工完场清。

（5）夏季施工应有防暑降温措施，工地应设有茶水桶，做到有盖、加锁和有标志。

（三）施工现场粉尘控制要求

（1）由于其他原因而未做到地面硬化的部位，要定期压实地面和洒水，减少灰尘对周围环境的污染。

（2）禁止在施工现场焚烧有毒、有害和有恶臭气味的物质。

（3）装卸有粉尘的材料时，应洒水湿润和在仓库内进行。

（4）严禁向建筑物外抛掷垃圾。

（四）施工现场噪声控制要求

（1）市区内的装饰项目应采用低噪声的工艺和施工方法。

（2）当施工作业的噪声可能超过建筑施工现场规定的噪声值时，施工单位应在开工前向环保部门申报，核准后方能开工。

（3）市区内禁止中午和夜间进行产生噪声的建筑施工作业，由于施工不能中断的技术原因和其他特殊情况，确需连续施工作业的，应向有关部门申请。

（五）施工现场安全、保卫要求

（1）建立健全安全、保卫制度，落实治安管理责任人。

（2）施工现场的管理人员、作业人员必须统一着装，佩戴工作卡。工作卡上应有本人照片、姓名、所属单位、工种和职务。

（3）建立来访登记制度，闲杂人员不得进入施工现场。

（4）施工现场应营造浓厚的安全生产氛围。

（5）经常对工人进行法纪和文明教育，严禁在施工现场打架斗殴及进行黄、赌、毒等非法活动。

二、施工现场环境保护的措施

（一）组织措施

（1）在施工期间对环境进行保护是业主对施工单位的要求，也是施工单位的职责。应结合工程的具体情况制定本工程《环境保护实施细则》、《环境卫生管理和检查制度》等管理办法，并做好检查记录，以统一和规范全体施工人员的行为。必须将责任落实到人，并保证制度有效运行；同时，对施工现场作业人员进行培训、考核。考核内容应包括环境保护、环境卫生等有关的法律法规。

（2）在市区范围内从事建筑装饰装修施工，必须在项目开工前15日向工程所在地县级以上人民政府环境保护部门申报登记。

（二）防止大气污染措施

（1）清理施工垃圾时使用容器吊运，严禁随意临空抛撒造成扬尘。施工垃圾应及时清运，清运时，适量洒水以减少扬尘。

(2)易飞扬的细颗粒散体材料应尽量在库内存放，如露天存放应苫盖严密。运输和卸运时防止遗撒飞扬。

(3)在施工区禁止用火焚烧有毒、有恶臭物体。

(4)拆除建筑物、构筑物时，应采用隔离、洒水等措施，并应在规定期限内将建筑垃圾及废弃物清理完毕。

(三)防止水污染措施

(1)在办公区、施工区、生活区合理设置排水设施，做到污水不外流，场内无积水。要与项目所在地县级以上人民政府市政管理部门签署污水排放协议，申领《临时排水许可证》。雨水排入市政雨水管网，污水经沉淀处理后二次使用或排入市政污水管网。施工现场泥浆、污水未经处理不得直接排入城市排水设施、河流、湖泊、池塘。

(2)对施工现场100人以上的临时食堂，在污水排放处可设置简易有效的隔油池，定期掏油和杂物，防止污染。

(3)工地临时厕所、化粪池应采取防渗漏措施。中心城市施工现场的临时厕所可采取水冲式厕所，在蹲坑上加盖，并有防蝇、灭鼠措施，防止污染水体和环境。

(四)防止施工噪声污染措施

(1)作业时尽量控制噪声影响，尽可能不用或少用噪声过大的设备。在施工中采取防护等措施，把噪声降低到最低限度。

(2)对强噪声机械(如电锯、电刨、砂轮机等)设置封闭的操作间，以减少噪声的扩散。

(3)在施工现场倡导文明施工，严格控制人为噪声。进入施工现场后，不得高声喊叫、无故甩打料具、乱吹口哨，限制高音喇叭的使用，增强全体施工人员防噪声扰民的自觉意识。

(4)尽量避免夜间施工，确有必要时及时向环保部门办理夜间施工许可证，并向周边居民告示。

(5)因生产工艺要求必须连续作业，或者因特殊需要，确需在当日22时至次日6时期间进行施工的，建设单位和施工单位应当在施工前到工程所在地的区、县建设行政主管部门提出申请，经批准后方可进行施工。建设单位应当会同施工单位做好周边居民工作，并公布施工期限。

(6)应执行《中华人民共和国建筑施工场界噪声限值》(GB 12523—2011)的要求。

(五)建筑物室内环境污染控制措施

(1)对所有进场材料严格按国家标准进行检查，确保合格材料进入工程使用。

(2)对室内用人造木板及饰面人造木板，须有游离甲醛或游离甲醛释放量检测合格报告，并选用E1类人造木板及饰面人造木板。

(3)采用的水性涂料、水性胶粘剂等，其挥发性有机化合物(TVOC)和游离甲醛含量须有检测合格报告，溶剂型涂料、溶剂型胶粘剂确保有总挥发性有机化合物(TVOC)、苯、游离甲苯二异氰酸酯(TDl)(聚氨酯类)含量检测合格报告。

(4)室内装修中使用的木地板及其他木质材料，禁止使用沥青类防腐、防潮处理剂。

(5)室内装修采用的稀释剂和溶剂，不得使用苯、工业苯、石油苯、重质苯及混苯。

(6)不在室内使用有机溶剂洗涤施工用具。

(7)涂料、胶粘剂、水性处理剂、稀释剂和溶剂等使用后，应及时封闭存放，废料应及时清出室内。

(六)有毒有害化学品污染控制措施

(1)施工现场要设置专用的油漆、油料和危险化学品库,仓库地面和墙面要做防渗漏的特殊处理,使用和保管要专人负责。

(2)易燃易爆品应单独设立专用库房。

(七)其他污染控制措施

(1)施工现场环境卫生实行分工包干。制定卫生管理制度,设专职现场自治员两名,建筑垃圾做到集中堆放,生活垃圾设专门垃圾箱,并加盖,每日清运。确保生活区、作业区环境整洁。

(2)合理修建临时厕所,不准随地大小便,厕所内设冲水设施,制定保洁制度。

(3)建筑施工期间对生活垃圾应进行专门收集,并定期将其送往附近的垃圾场进行卫生填埋处置,严禁乱堆乱扔,以免破坏景观,污染环境。

(4)尽量避免或减少施工过程中的光污染。夜间室外照明灯应加设灯罩,透光方向集中在施工范围。电焊作业采取遮挡措施,避免电焊弧光外泄。

三、施工现场环境事故的处理

(一)施工现场环境事故处理原则

根据《中华人民共和国安全生产法》等国家法律法规,以及《国务院办公厅关于加强中央企业安全生产工作的通知》(国办发〔2004〕52 号)的要求,建筑企业应结合企业及项目施工实际情况,及时、妥善处理生产安全、环境事故,规范事故报告,并及时展开调查、处理工作。

(1)各施工企业负责人应对事故调查、统计和报告的正确性负责。

(2)事故的报告、统计、调查和处理必须坚持实事求是、尊重科学和依法办事的原则。任何单位和个人不得拒绝、阻碍、干涉事故报告、统计和调查处理工作。

(3)事故单位对其在生产经营过程中发生的安全、环境事故,必须及时准确地报告、统计和调查处理,并接受上级有关部门的监督检查。

(二)施工现场环境事故分类

根据《突发环境事件信息报告办法》,按照突发事件严重性和紧急程度,突发环境事件分为特别重大(Ⅰ级)、重大(Ⅱ级)、较大(Ⅲ级)和一般(Ⅳ级)四级。

1.特别重大(Ⅰ级)突发环境事件

凡符合下列情形之一的,为特别重大突发环境事件:

(1)因环境污染直接导致 10 人以上死亡或 100 人以上中毒的。

(2)因环境污染需疏散、转移群众 5 万人以上的。

(3)因环境污染造成直接经济损失 1 亿元以上的。

(4)因环境污染造成区域生态功能丧失或国家重点保护物种灭绝的。

(5)因环境污染造成地市级以上城市集中式饮用水水源地取水中断的。

(6)1、2 类放射源失控造成大范围严重辐射污染后果的;核设施发生需要进入场外应急的严重核事故,或事故辐射后果可能影响邻省和境外的,或按照国际核事件分级(INES)标准属于 3 级以上的核事件;我国台湾核设施中发生的按照国际核事件分级(INES)标准属于

4 级以上的核事故;周边国家核设施中发生的按照国际核事件分级(INES)标准属于 4 级以上的核事故。

(7)跨国界突发环境事件。

2. 重大(Ⅱ级)突发环境事件

凡符合下列情形之一的,为重大突发环境事件:

(1)因环境污染直接导致 3 人以上 10 人以下死亡或 50 人以上 100 人以下中毒的。

(2)因环境污染需疏散、转移群众 1 万人以上 5 万人以下的。

(3)因环境污染造成直接经济损失 2 000 万元以上 1 亿元以下的。

(4)因环境污染造成区域生态功能部分丧失或国家重点保护野生动植物种群大批死亡的。

(5)因环境污染造成县级城市集中式饮用水水源地取水中断的。

(6)重金属污染或危险化学品生产、贮运、使用过程中发生爆炸、泄漏等事件,或因倾倒、堆放、丢弃、遗撒危险废物等造成的突发环境事件发生在国家重点流域、国家级自然保护区、风景名胜区或居民聚集区、医院、学校等敏感区域的。

(7)1、2 类放射源丢失、被盗、失控造成环境影响,或核设施和铀矿冶炼设施发生的达到进入场区应急状态标准的,或进口货物严重辐射超标的事件。

(8)跨省(区、市)界突发环境事件。

3. 较大(Ⅲ级)突发环境事件

凡符合下列情形之一的,为较大突发环境事件:

(1)因环境污染直接导致 3 人以下死亡或 10 人以上 50 人以下中毒的。

(2)因环境污染需疏散、转移群众 5 000 人以上 1 万人以下的。

(3)因环境污染造成直接经济损失 500 万元以上 2 000 万元以下的。

(4)因环境污染造成国家重点保护的动植物物种受到破坏的。

(5)因环境污染造成乡镇集中式饮用水水源地取水中断的。

(6)3 类放射源丢失、被盗或失控,造成环境影响的。

(7)跨地市界突发环境事件。

4. 一般(Ⅳ级)突发环境事件

除特别重大突发环境事件、重大突发环境事件、较大突发环境事件以外的突发环境事件,属于一般突发环境事件。

(三)施工现场环境事故处理步骤

施工现场环境事故的处理分为以下几个步骤。

1. 建立应急组织体系

建立应急救援指挥部,明确分工。领导小组负责统一指挥、调动,并根据发生事故的危害程度,采取对应措施和组织实施。同时,向上级和社会有关援助部门(机关)报告请求援助,事后对发生事故的原因组织人员调查,对造成重大损失的相关责任人做出相应的处理。

2. 应急救援和报告

事故发生后,单位负责人应当按照本单位制订的应急救援预案,立即组织救援,采取措施抢救伤员和财产,防止事故扩大。不论事故原因、责任及伤亡人员归属,都必须按照国家和企业的有关规定进行事故报告,不得以任何理由拖延报告、谎报或隐瞒不报。

事故现场有关人员应当立即报告项目经理或本单位负责人，事故发生单位在接到事故报告后，须立即向主管领导和上级主管部门报告，并向当地政府主管部门报告。

环境污染与破坏事故报告内容如下：事故类型、发生时间、地点、发生原因、污染源、主要污染物质、人员受害情况及症状、直接经济损失、肇事人员的情况、事故造成损害的情况、采取的应急措施及结案情况等。

3. 环境事故调查

环境事故调查工作应按照国家环境保护的有关规定执行。

4. 处罚

对环境违法行为按照《环境保护行政处罚办法》和企业有关规定进行处罚。

第二节　建筑装饰工程施工安全危险源分类及防范的重点

一、施工安全危险源的分类

从安全生产角度来讲，施工安全危险源指可能造成人员伤害和疾病、财产损失、作业环境破坏或其他损失的根源或状态，一般划分为两大类，即第一类危险源和第二类危险源。

第一类危险源是指施工生产过程中存在的，可能发生意外释放的能量，如高处作业的势能、带电导体上的电能、电动工具的动能、噪声的声能、电焊时的光能等。在一定条件下，由于没有受到必要的约束，其能量的释放可能导致各类事故。又如作业场所中由于存在有毒物质、腐蚀性物质、放射性物质、有害粉尘、窒息性气体等，当它们直接、间接与人体接触时，将导致人员中毒、死亡、职业病或环境破坏等。

第一类危险源决定了事故后果的严重程度，它具有的能量越多，事故后果越严重。

第二类危险源是指导致能量或危险物质约束或限制措施破坏或失效的各种因素，包括物的不安全状态、人的失误、环境因素。

第二类危险源决定了事故发生的可能性，它出现越频繁，发生事故的可能性越大。施工现场安全工作重点是第二类危险源的控制。

(1)物的不安全状态：是指机械设备、设施、系统、装置、元部件等在运行或使用过程中由于性能（含安全性能）低下而不能实现预定功能（包括安全功能）的现象。发生故障并导致事故发生的危险源主要表现在发生故障、误操作时的防护、保险、信号等装置缺乏、缺陷，以及设备、设施在强度、刚度、稳定性、人机关系上有缺陷两方面。如超载限制或起升高度限位安全装置失效使钢丝绳断裂、重物坠落；安全带及安全网质量低劣为高处坠落事故提供了条件；电线和电气设备绝缘损坏、漏电保护装置失效造成人员触电，短路保护装置失效又造成配电系统的破坏；空气压缩机泄压安全装置故障使压力进一步上升，导致压力容器爆裂；通风装置故障使有毒有害气体侵入作业人员呼吸道等。

(2)人的失误：包括人的不安全行为和管理失误两个方面。

①人的不安全行为是指违反安全规则或安全原则，使事故有可能或有机会发生的行为。如吊索具选用不当、吊物绑挂方式不当使钢丝绳断裂，吊物失稳坠落；误合电源开关使检修

中的线路或电气设备带电，意外启动；故意绕开漏电开关接通电源造成人员触电；起重吊装作业时，吊臂误碰触供电线路引发短路停电等。

②管理失误表现在：对物的管理失误，如技术、设计、结构上有缺陷，作业环境的安排设置不合理，防护用品缺少或有缺陷等；对人的管理失误，如教育、培训、指示、对施工作业任务和施工作业人员的安排等方面的不足或不当；对施工作业程序、操作规程和方法、工艺过程等的管理失误；对安全监控、检查和预防措施等的管理失误；对专项安全施工技术方案等的管理失误；对采购安全物资的管理失误等。

(3)环境因素：人和物存在的环境，即施工生产作业环境中的温度、湿度、噪声、振动、照明或通风换气等方面的问题，会促使人的失误或物的故障发生。如噪声阻碍了工人之间的信息沟通、互相示警而导致事故；油漆通过呼吸道吸入、皮肤吸收、误食等途径进入人体而造成伤害等。

二、施工安全危险源的防范重点的确定

建筑装饰工程施工安全危险源有着自身固有的特点。首先，施工领域广，存在高空作业、机械伤害、触电、化学性爆炸等，是重大危险源最多的行业之一，建筑装饰企业职工千人因工死亡和千人重伤率控制指数也远远高于一般行业。其次，施工程序复杂且不同的建筑形式及其施工具有不同的操作规程，各种功能要求的建筑装饰工程项目都有着各自的特点和施工手段，工程施工中的每道工序、每个阶段都有着一定的操作差异，其中蕴涵的不安全因素也各种各样，并且每时每刻都在发生着变化，同时这些变化还有不规则性的特点。再次，施工单位的整体素质不尽相同，一旦各单位之间不能有效地协调、配合，也可能造成重大危险源。

在建筑装饰工程施工过程中，常见的重大危险源主要有以下几个方面：

(1)物体打击。施工现场的各种物体，包括高空作业时的坠落物，可能造成砸伤、碰伤等伤害。

(2)高处坠落。在高层建筑装饰施工作业中，由于作业人员的失误和防护措施不到位，易发生作业人员的坠落事故。

(3)机械伤害。在装修机械设备作业过程中，由于操作人员违章操作或机械故障未被及时排除，发生绞、碾、碰、轧、挤等事故。

(4)触电伤害。装饰工程施工现场用电不规范，如乱拉乱接，对电闸刀、接线盒、电动机及其传输系统等无可靠的防护，非专业人员进行用电作业等，极易造成安全事故。

(5)作业人员在装饰工程施工现场不能正确使用安全防护用具、用品而发生人身伤害事故。

(6)特种作业人员未经培训无证上岗，对所从事的作业规程似懂非懂，想当然做事而发生安全事故。

(7)易燃易爆及危险品不严格按规章制度搬运、使用和保管而发生安全事故。

以上七个方面的重大危险源是施工企业最常见的，也是重大事故隐患最突出的环节，在施工过程中如不认真识别并采取有效的防范控制措施，就有可能发生重大的安全事故。

在施工过程中，按风险管理措施控制重大危险源是有效地遏制各类事故发生、为建筑装

饰施工企业创造良好的安全环境的必要条件。

对于一个工程施工项目，项目经理是制定控制重大危险源风险的第一责任人，要根据工程项目的特点对施工现场中各类重大危险源进行辨识和评价，现场配备足够的安全管理人员，制定积极有效的风险防范管理措施。在施工过程中，实施定人定期跟踪监督检查，对违反规定的行为及时发现、及时纠正。同时，组织制定施工现场中重大危险源的控制目标，实行安全岗位责任制，逐级签订安全管理责任状，层层分解，责任到人。

企业中从事安全管理工作的专业人员要严格履行自己的职责，正确地掌握和运用管理体系中重大危险源的辨识和风险的评价方法，指导、帮助施工现场及施工人员有效地识别重大危险源，针对不同的重大危险源采取相应的对策，尽量避免重大安全事故的发生。

企业全体动员，人人参与。加强对全体管理人员及施工人员的安全施工宣传教育和培训，尤其是以预防事故为主的重大危险源风险控制的安全教育，真正做到"安全重担大家挑，人人肩上有指标"，使施工现场的全体管理人员和施工人员都能自觉执行所制定的风险控制管理措施，避免施工安全事故的发生，确保施工和工人自身的安全。

案例一

2001年8月2日，某公司在新疆乌鲁木齐市某大学学生公寓楼施工过程中，因使用汽油代替二甲苯作稀释剂，在调配过程中发生爆燃，引燃施工场所内堆放的防水材料(易燃)，造成火灾并产生有毒烟雾，导致5人中毒窒息死亡、1人受伤的重大事故。

通过有关部门进行现场勘察，调查分析，认定此起事故的主要原因是：

(1)施工单位违章操作，擅自在有明火的作业场所使用汽油。在安全管理与安全教育上存在失误，施工区域内存放大量易燃材料，无人制止，也没有必要的安全防范措施，重大安全隐患导致了重大事故。

(2)施工单位对现场的重大危险源——易燃易爆的化学危险品的管理和控制违反了《化学危险品管理条例》的相关规定，未对施工现场中该类重大危险源辨识后制订和编制专项的施工管理方案，未派专人对其进行监督、检查。

本次事故是因为在明火场所使用汽油，这在施工中是严格禁止的。如果该施工单位有较强的安全意识，充分认识到化学危险品这一重大危险源的控制对安全施工的重要性，及早地采取防范措施，加强施工现场的安全管理，现场施工人员按章操作，这起重大伤亡事故是完全可以避免的。事实证明，施工现场重大危险源管理失控是安全事故发生的根源。

案例二

2004年6月9日发生了轰动全国的造成12人死亡、直接财产损失81.9万元的北京京民大厦特大火灾。北京市公安局消防分局对火灾现场勘察后认定，这场火灾的原因是装修施工人员在京民大厦西配楼游泳馆内焊接二层平台的不锈钢扶手时，焊花引燃一层地面上的聚氨酯防水涂料，起火并蔓延成灾。4名责任人分别为北京锐标装饰装潢有限公司法人代表兼总经理张道醇、项目经理朱家龙、焊工队长陈宝东、瓦木油工队长田合朋。在施工现场，张道醇、朱家龙未按相关规定制定安全生产管理制度、设置专职安全员。朱家龙、陈宝东、田合朋在明知防水作业不应与其他工种交叉施工的情况下，强令工人违章冒险作业，致使施工工地发生重大火灾。法院经审理认为，4人存在忽视安全生产规定，轻信事故不会发生的主观心态和客观行为，4人的行为均构成重大责任事故罪，且属于情节特别恶劣。

检察机关同时查证，2001年2月张道醇指使朱家龙伪造建筑装饰企业资质证书、变造注册资本金，取得北京市朝阳区京民大厦装修工程施工资格。2004 年 3 月 15 日张道醇与京民大厦签订游泳馆装修工程合同，他明知朱家龙没有国家颁发的项目经理证书，不具备相应管理资格，仍任命其为项目经理进行施工。检察机关认为，4 名责任人无视安全生产法规，致使工人冒险违章作业，已构成重大责任事故罪。

2005 年 6 月 6 日，北京市朝阳法院宣布，北京京民大厦火灾案直接责任人“重大责任事故罪”罪名成立。判处张道醇、朱家龙有期徒刑 6 年；判处焊工队长陈宝东有期徒刑 5 年；瓦木油工队长田合朋在施工过程中针对存在的安全隐患曾经提醒过朱家龙，尽到了一定的职责，法院对其从轻处罚，判处有期徒刑 3 年。

第三节　建筑装饰工程施工安全事故的分类与处理

一、建筑装饰工程施工安全事故的分类

（一）建筑装饰工程施工安全事故的类别

（1）按照建筑装饰工程施工活动的特点及事故原因和性质，建筑装饰工程施工安全事故可分为 4 类：生产事故、质量事故、技术事故和环境事故。

（2）按事故类别，可分为 14 类：物体打击、车辆伤害、机械伤害、起重伤害、触电、灼烫、火灾、高空坠物、坍塌、透水、爆炸、中毒、窒息、其他伤害。

（3）按事故严重程度，可分为轻伤事故、重伤事故和死亡事故 3 类。

（二）伤亡事故

伤亡事故是指职工在作业过程中发生的人身伤害、急性中毒事故。当前，伤亡事故的统计除职工外，还包括企业雇用的农民工、临时工等。

按照国务院 2007 年 4 月 9 日发布的《生产安全事故报告和调查处理条例》，根据生产安全事故造成的人员伤亡或直接经济损失，把安全事故分为特别重大、重大、较大和一般 4 个等级：

（1）特别重大事故，是指造成 30 人以上死亡，或者 100 人以上重伤，或者 1 亿元以上直接经济损失的事故。

（2）重大事故，是指造成 10 人以上 30 人以下死亡，或者 50 人以上 100 人以下重伤，或者 5 000 万元以上 1 亿元以下直接经济损失的事故。

（3）较大事故，是指造成 3 人以上 10 人以下死亡，或者 10 人以上 50 人以下重伤，或者 1 000 万元以上 5 000 万元以下直接经济损失的事故。

（4）一般事故，是指造成 3 人以下死亡，或者 10 人以下重伤，或者 1 000 万元以下 100 万元以上直接经济损失的事故。

条例中“以上”包括本数，“以下”不包括本数。

施工单位必须在事故发生后及时向建设主管部门汇报，并做好相关的救援工作。

（三）建筑装饰工程最常发生的施工安全事故

物体打击、机械伤害、触电、高空坠物、易燃易爆及危险品不严格按规章制度搬运、使用和保管时发生的安全事故等是建筑装饰工程最常发生的施工安全事故。

二、建筑装饰工程施工安全事故报告和调查处理

按照《企业职工伤亡事故报告和处理规定》，建筑装饰工程施工安全事故报告和调查处理包括以下程序。

（一）施工安全事故报告

1. 轻伤事故的报告

在只有轻伤事故发生的情况下，负伤者或最早发现者，应立即向项目经理报告，由项目经理在事故当日内上报企业负责人或企业安全技术管理部门。所在项目领导必须会同相关人员，对事故原因进行调查，并将调查结果、处理意见和拟订的改进措施报企业负责人、企业安全技术管理部门和工会，同时填写《职工伤亡事故调查报表》送交企业安全技术管理部门，以便统计和存档。

2. 重伤、死亡、重大死亡事故的报告

重伤、死亡、重大死亡事故发生后，负伤者或最早发现者，应立即向安全员及项目领导报告。

项目负责人接到事故通知后，要立即报企业负责人、企业安全技术管理部门和工会。

企业负责人必须以最快的方式报告当地安全生产监督管理部门、企业主管部门、公安部门和工会组织。事故报告内容应包括事故单位、事故发生的时间、事故地点、伤亡情况、事故简要经过及事故原因初步分析和初步损失情况。

企业主管部门、当地安全生产监督管理部门接到重伤、死亡、重大死亡事故的报告后，应立即按照国家有关规定逐级上报。当地安全生产监督管理部门和地方政府对事故情况不得隐瞒不报、谎报或拖延不报。

特别重大事故按照国务院《生产安全事故报告和调查处理条例》执行。

（二）施工安全事故调查组的组成

1. 轻伤事故调查组的组成

对轻伤事故，由项目负责人组织生产、技术、安全、水电、物资、劳务等有关人员组成调查组对事故进行调查。

2. 重伤事故调查组的组成

对重伤事故，由企业负责人组织生产、技术、安全、水电、物资、劳务等有关人员组成调查组对事故进行调查，一般在30天内查明原因，分清责任并结案。

对一次重伤3人（含3人）以上的重伤事故，安全生产监督管理部门应视情况组织调查。

3. 死亡事故调查组的组成

对死亡事故，由企业主管部门会同企业所在地的市（或相当于市一级）安全生产监督管理部门、公安部门和工会组织组成调查组对事故进行调查。县（区）以下企业，市安全生产监督管理部门可视情况委托县（区）安全生产监督管理部门参加事故调查。

4. 重大死亡事故调查组的组成

对重大死亡事故，按照企业隶属关系，由省、自治区、直辖市企业主管部门或国务院有关主管部门会同同级安全生产监督管理部门、公安部门和工会组织组成调查组对事故进行调查。对一次死亡3人以下事故，省安全生产监督管理部门可视情况授权市安全生产监督管

理部门参加事故调查。

(三)施工安全事故调查程序

(1)事故现场保护。

伤亡事故发生后,首先要及时抢救伤员,保护现场,同时迅速逐级上报。特别是对死亡、重大死亡事故,企业必须迅速采取有力措施,抢救伤员和财产,防止事故扩大。如因抢救负伤人员或为防止事故扩大而必须移动现场设备、设施时,现场领导和现场人员要共同负责弄清楚现场情况,作出标记、记明数据,并画出事故的详图。对故意破坏、伪造事故现场者要严肃处理,情节严重的依法追究法律责任。

(2)事故事实材料收集。

①物证收集,包括破损部件、碎片、残留物、致害物及具体位置。

②与事故鉴定有关的材料收集。

③事故发生的有关事实资料收集。

④人证收集。

(3)拍摄事故现场。

(4)绘制事故示意图。

(5)技术鉴定与模拟实验。

(6)完成《职工伤亡事故调查报告书》,并填写《职工伤亡事故调查报表》。

(四)施工安全事故处理

(1)对事故的处理,必须坚持事故原因不清不放过、事故责任者和群众没有受到教育不放过、没有防范措施不放过、对事故的有关领导和责任者不查处不放过的"四不放过"原则进行。

①真实、客观地查清事故原因。

②公正、实事求是地查明事故的性质和责任。

③严肃认真地制定并落实预防类似事故重复发生的防范措施。

(2)对事故责任者,要根据事故情节及造成后果的严重程度,分别给予经济处罚、行政处分,对触犯刑律的依法追究其刑事责任。

①经济处罚:按公司《安全生产奖惩制度》的规定执行。

②行政处分:分为警告、记过、记大过、降级、撤职、开除等。

(3)对有下列情形之一的事故责任者,应给予处罚或处分,对触犯刑律的,移交司法机关依法追究其刑事责任。

①玩忽职守,违反安全生产责任制,违章指挥、作业,违反劳动纪律而造成事故的。

②扣压、拖延执行《事故隐患通知书》造成事故的。

③对新工人或新调换岗位的工人不按规定进行安全培训、考核而造成事故的。

④组织临时性任务,不制定安全措施,也不对职工进行安全教育而造成事故的。

⑤分配有职业禁忌症人员到作业岗位工作而造成事故的。

⑥因生产(施工)场地环境不良而造成事故的。

⑦因不按规定发放和使用劳动保护用品而发生事故的。

本章小结

1. 文明施工的要求,施工现场环境保护的措施,施工现场环境事故的处理。
2. 施工安全危险源的分类,施工安全危险源的防范重点的确定。
3. 建筑装饰工程施工安全事故的分类、安全事故报告和调查处理。

第四章　装饰工程质量管理的基本知识

【学习目标】

通过本章的学习，了解装饰工程质量管理的特点与原则，熟悉施工质量控制的基本内容和要求，熟悉施工过程质量控制的基本程序、方法及质量控制点的确定，掌握装饰施工质量问题的分类与处理方法。

第一节　装饰工程质量管理的概念和特点

一、装饰工程质量管理的特点和基本方法

(一)特点

工程质量管理是指围绕着工程项目的质量管理目标进行的策划、组织、控制、协调、监督等一系列管理活动。

工程质量管理的工作核心是保证工程达到相应的技术要求，工作的依据是相应的技术规范和标准，工作的效果取决于工程符合设计质量要求的程度，工作的目的是提高工程质量，使用户和企业都满意。

关注工程管理过程，了解工程管理内容是工程管理实践中管理者必备的素质。建筑装饰工程项目由于自身特点，如生产周期短，美化与实用功能结合性强，工艺、工序繁多，综合协调性强，设计与施工配合密度高等，管理工作更趋于复杂。其质量管理具有以下特点。

1. 影响质量的因素多

建筑装饰工程建设项目分部、分项及生产环节多，对施工工艺和施工方法的要求高。这一特点决定了质量管理的影响因素多。

2. 质量波动大

建筑装饰工程项目建设人力资源组织复杂，施工企业往往采用租赁的方式雇用民工从事简单、劳动强度大、施工环境恶劣的工作。因此，培训和督促的工作量大。同时，由于民工的流动性大，在装饰工程进度上存在许多不确定性。此外，民工的安全意识和质量意识淡薄，也给工程质量的控制带来一些困难。

3. 质量的隐蔽性

由于技术环节多、工期较短，而且多工种交叉作业，增大了进度控制上的难度，同时也增加了质量的隐蔽性。

4. 终检的局限性

建筑装饰工程项目建设必须一次达到质量要求。工序间是一环套一环，如果建成后发现某一环节存在质量问题，不可能像一些工业产品那样拆卸、解体、更换配件，更不能实行“包换”或“退款”，因此质量控制就显得极其重要。

5. 评价方法的特殊性

一个企业的建设项目都有其单体的独特性，质量管理的统计方法和分析工具不能完全套用，因而质量管理的评价方法有其特殊性，客观上也给质量改进带来困难。

（二）基本方法

质量管理的基本方法是PDCA循环。这种循环是能使任何一项活动有效进行的合乎逻辑的工作程序，是现场质量保证体系运行的基本方式，是一种科学有效的质量管理方法。

PDCA循环包括四个阶段和八大步骤，如图4-1和图4-2所示。

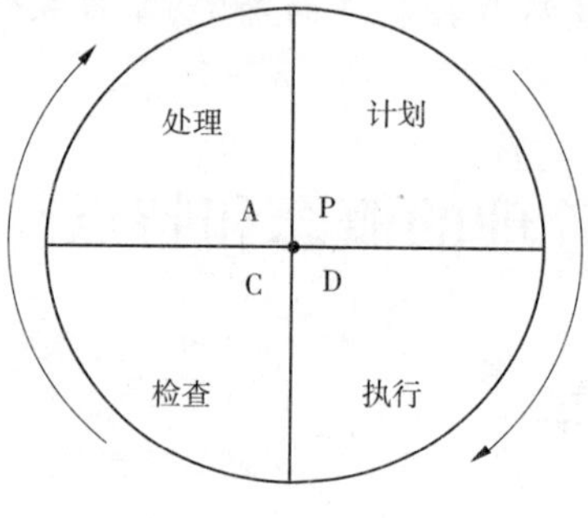

图4-1 PDCA循环的四个阶段

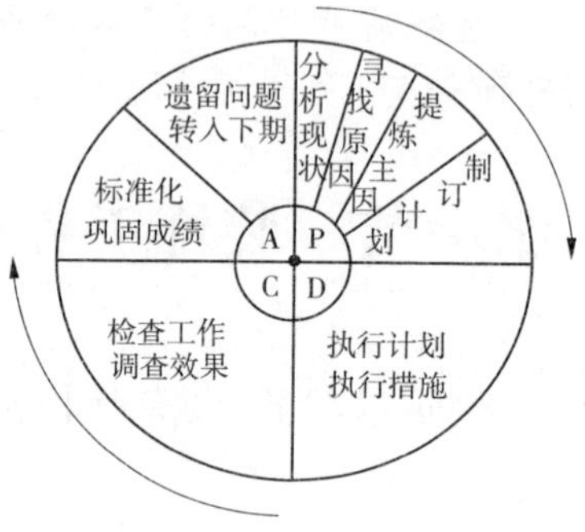

图4-2 PDCA循环的八大步骤

1. 计划阶段

在进行PDCA循环的时候，首先要进行的工作是计划，包括制订质量目标、活动计划、管理项目和措施方案。计划阶段需要检查企业目前的工作效率、追踪流程和收集流程中出现的问题点，根据收集到的资料，进行分析并制订初步的解决方案，提交公司高层批准。

计划阶段包括四个工作步骤。

（1）分析现状：通过对现状的分析，找出存在的主要质量问题，并尽可能用数字说明；

（2）寻找原因：在所收集到的资料的基础上，分析产生质量问题的各种原因或影响因素；

（3）提炼主因：从各种原因中找出影响质量的主要原因；

（4）制订计划：针对影响质量的主要原因，制订技术组织措施方案，并具体落实到执行者。

2. 执行阶段

在执行阶段，要将制订的计划和措施具体组织实施和执行。

3. 检查阶段

检查就是将执行的结果与预定目标进行对比，检查计划执行情况，看是否达到了预期的效果。按照检查的结果，来验证生产的运作是否按照原来的标准规范进行，或者原来的标准规范是否合理等。

生产按照标准规范运作后，应分析所得到的检查结果，看标准化本身是否存在偏移。如果发生偏移现象，应重新计划，重新执行。这样，通过暂时性生产对策的实施，检验方案的有效性，进而保留有效的部分。检查阶段可以使用的工具主要有排列图、直方图和控制图。

4. 处理阶段

在处理阶段，应对总结的检查结果进行处理，对成功的经验加以肯定，并予以标准化或制定作业指导书，便于以后工作时遵循；对失败的教训也要总结，以免重现。对没有解决的问题，应提到下一个 PDCA 循环中去解决。

处理阶段包括两方面的内容：

(1)总结经验，进行标准化。总结经验教训，把成功的经验肯定下来，制定成标准；把差错记录在案，作为借鉴，防止今后再度发生。

(2)转入下一个 PCDA 循环。

二、装饰施工质量的影响因素及质量管理原则

(一)装饰施工质量的影响因素

影响建筑装饰施工质量的因素包括人、材料、机具、方法、环境等五方面。对这五个方面的因素严加控制，是保证建筑装饰施工质量的关键。

1. 人的因素

人是直接参与装饰施工项目建设的决策者、组织者和实施者，建筑装饰企业实行经营资质管理和各类专业人员持证上岗制度是保证人员素质的重要管理措施，除加强人员职业道德教育、专业技术培训、健全岗位责任制、改善作业条件及建立健全公平合理的激励机制外，还要根据项目自身特点，从确保工程质量出发，本着适才适用的原则，安排人员。

项目经理及技术负责人是施工项目的决策者、管理者、组织者和责任者，他们的知识结构、工程实践经验、组织管理能力等素质水平对施工质量起到决定作用；对其进行资格认证及考核也是施工质量的保证。

技术人员及作业人员的成熟度、专业的配置，是项目质量管理的关键要素之一。应严禁无技术资质的人员上岗。

2. 材料的因素

材料是装饰工程施工的物质条件，是工程质量的基础。施工企业应掌握材料信息、合理供应和使用材料，应把好材料实验、检验等环节，并做好现场材料的堆放。

3. 机具的因素

要依据不同的工艺特点和技术要求，选配合适的机具设备；要正确使用、保养和管理机具设备；建立健全操作制度、岗位制度、交接制度、技术保养制度、安全使用制度、机具设备检查制度，确保机具得到最佳使用。

4. 方法的因素

施工所采用的技术方案、工艺流程、组织措施、检测手段、施工组织设计等必须结合项目实际，全面分析，综合考虑，力求方案技术合理、工艺先进、措施得当、操作方便。因此，大力推广新工艺、新方法、新技术，不断提高工艺技术水平，是保证工程质量稳定提高的重要途径。

5. 环境的因素

应根据项目特点控制影响质量的环境因素，尤其是施工现场，应建立文明施工环境，保持材料堆放有序，场所整洁，施工程序井井有条。加强环境管理，改进作业环境，把握技术环境，辅以必要的措施，是控制环境对质量影响的重要保证。

(二)建筑装饰工程质量管理原则

(1)以业主为关注点，组织依存于顾客；

(2)领导作用,领导者建立组织统一的宗旨及方向;

(3)全员参与;

(4)过程方法,将活动及相关资源作为过程进行管理;

(5)管理的系统方法;

(6)持续改进,它是组织的一个永恒目标;

(7)基于事实的决策方法;

(8)与供方互利的关系。

(三)质量管理常用的统计方法

1. 调查表法

调查表法又称统计调查分析法,是利用收集和整理数据用的统计表,对数据进行整理,并可粗略地进行原因分析。常用的统计表有工序分布统计表、缺陷位置统计表、不良项目统计表、不良因素统计表等。

2. 分层法

分层法又称分类法,是将调查收集的原始数据,根据不同的目的和要求,按某一性质进行分组、整理的分析方法。

3. 排列图法

排列图法又称主次因素分析图法或巴列特图法,排列图由两个纵坐标、一个横坐标、几个直方图和一条曲线组成,利用排列图寻找影响质量主次因素的方法叫排列图法。

4. 直方图法

直方图法又称频数分布直方图法,是将收集到的质量数据进行分组整理,绘制成频数分布直方图,用以描述质量分布状态的一种分析方法。根据频数分布直方图,可掌握产品质量的波动情况,了解质量特征的分布规律,以便对质量状况进行分析判断。

5. 因果分析图法

因果分析图法又称特性要因图法,是用因果分析图来整理分析质量问题(结果)与其产生原因之间关系的有效工具。

6. 控制图法

控制图又称管理图,是在直角坐标系内画有控制界限,描述生产过程中产品质量波动状态的图形。利用控制图区分质量波动原因,判断生产工序是否处于稳定状态的方法即为控制图法。

7. 散布图法

散布图又称相关图,在质量管理中它是用来显示两种质量数据之间关系的一种图形。质量数据之间的关系多属相关关系。一般有三种类型:一是质量特性和影响因素之间的关系;二是质量特性和质量特性之间的关系;三是影响因素和影响因素之间的关系。

(四)施工项目质量计划

1. 施工项目质量计划的主要内容

施工项目质量计划是指确定施工项目的质量目标和对如何达到这些质量目标所规定必要的作业过程、专门的质量措施和资源等工作。

施工项目质量计划的主要内容包括:

(1)编制依据;

(2)项目概述；

(3)质量目标；

(4)组织机构；

(5)质量控制及管理组织协调的系统描述；

(6)必要的质量控制手段，施工过程、服务、检验和试验程序及与其有关的支持性文件；

(7)关键过程和特殊过程及作业指导书；

(8)与施工阶段相适应的检验、试验、测量、验证要求；

(9)更改和完善质量计划的程序。

2. 施工项目质量计划编制的依据

施工项目质量计划编制的主要依据有：

(1)工程承包合同、设计文件；

(2)施工企业的质量手册及相应的程序文件；

(3)施工操作规程及作业指导书；

(4)各专业工程施工质量验收规范；

(5)建筑法、建设工程质量管理条例、环境保护条例及法规；

(6)安全施工管理条例等。

3. 施工项目质量计划编制的要求

施工项目质量计划应由项目经理编制。质量计划作为对外质量保证和对内质量控制的依据文件，应体现施工项目从分项工程、分部工程到单位工程的工程控制，同时也要体现从资源投入到完成工程质量最终检验和试验的全过程控制。

施工项目质量计划编制的要求有以下几个方面：

(1)质量目标。

合同范围内的全部工程的所有使用功能符合设计(或更改)图纸要求。分项、分部、单位工程质量达到既定的施工质量验收统一标准，合格率100%，其中专项达到以下要求：

①所有隐蔽工程经业主质检部门验收合格；

②卫生间不渗漏，地下室、地面不出现渗漏，所有门窗不渗漏雨水；

③所有保温层、隔热层不出现冷热桥；

④所有高级装饰达到有关设计规定；

⑤所有的设备安装、调试符合有关验收规范；

⑥特殊工程达标；

⑦工程交工后维修期为一年，其中屋面防水维修期为三年。

(2)管理职责。

项目经理是工程实施的最高负责人，对工程符合设计、验收规范、标准要求负责，对各阶段、各工号按期交工负责。项目经理委托项目技术负责人负责工程质量计划和质量文件的实施及日常质量管理工作；当有更改时，负责更改后的质量文件活动的控制和管理。具体职责如下：

①对工程的准备、施工、安装、交付和维修整个过程质量活动的控制、管理、监督、改进负责；

②对进场材料、机械设备的合格性负责；

③对分包工程质量的管理、监督、检查负责;

④对设计和合同有特殊要求的工程和部位负责组织有关人员、分包商和用户按规定实施,指定专人进行相互联络,解决相互接口间发生的问题;

⑤对施工图纸、技术资料、项目质量文件、记录的控制和管理负责。

(3)资源的提供。

规定项目经理部管理人员及操作工人的岗位任职标准及考核认定方法;规定项目人员流动时进出人员的管理程序;规定人员进场培训(包括供方队伍、临时工、新进场人员)的内容、考核、记录等;规定对新技术、新结构、新材料、新设备修订的操作方法和操作人员进行培训并记录等;规定施工所需的临时设施(包括临时建筑、办公设备、住宿房屋等)、支持性服务手段、施工设备及通信设备等。

(4)工程项目实现工程策划。

规定施工组织设计或专项项目质量的编制要点及接口关系;规定重要施工过程的技术交底和质量策划要求;规定新技术、新材料、新结构、新设备的策划要求;规定重要过程验收的准则或技艺评定方法。

(5)材料、机械、设备、劳务及试验等采购控制。

(6)施工工艺过程的控制。

(7)搬运、储存、包装、成品保护和交付过程的控制。

(8)安装和调试的工程控制。

(9)检验、试验和测量的过程控制。

(10)不合格品的控制。

当分项、分部和单位工程不符合设计图纸(更改)和规范要求时,可进行如下处理:

①质量监督检查部门有权提出返工修补处理、降级处理或作不合格品处理。

②质量监督检查部门以图纸(更改)、技术资料、检测记录为依据用书面形式向以下各方发出通知:当分部工程不合格时,通知项目质量负责人和生产负责人;当分项工程不合格时,通知项目经理;当单位工程不合格时,通知项目经理和生产负责人。

上述接收返工修补处理、降级处理或不合格处理通知方有权接受和拒绝这些要求。当通知方和接收通知方意见不一致,不能调解时,则由上级质量监督部门、企业质量主管负责人乃至经理裁决;若仍不能解决,则申请由当地政府质量监督部门裁决。

第二节　装饰工程施工质量控制

一、施工质量控制的基本内容和要求

(一)施工质量控制阶段

1. 事前控制

(1)在正式开工前,施工单位组织项目经理和有关质量管理部门,进行项目质量策划并编制项目质量计划。

(2)对工程项目的关键工序和重要环节设置控制点。

(3)建立有效的质量信息反馈系统及质量运行控制体系。

(4)合理配置施工设备,协调并构筑良好的施工环境。

2. 过程控制

1)材料控制

把握材料定样、采购、检验(含复检)等环节,确保材料合格。

2)技术人员及施工队伍控制

通过技术考核、岗前培训等方式,确保人的技术符合要求。

3)技术保证措施

把握图纸会审、设计交底、施工方案编制等技术质量控制环节。

建立技术会议制度,严格执行"三检制"和"例会制",要求各工种人员认真执行有关施工验收规范及检验评定标准,做好施工过程中的自检、互检、交接检,并做好相应的质量记录。

专业质量检查人员定期检查和收集施工班组的施工自检记录。在此基础上,做好日常的质量监督检查、专业检验和试验等工作。

专职质检员根据班组的自检记录及质量标准、设计图纸准确地进行质量检查和核验评定,签署质量等级,做到不漏检、不错判。

对分项工程不合格品,按《不合格品的控制工作程序》和《纠正和预防措施工作程序》,找出影响工序能力和产品质量的主导因素,制定纠正措施,质检科负责对措施实施进行检查,以确保执行,并做好质量检查记录。

3. 事后控制

在施工过程中,认真接受政府质量监督机构和业主以及业主委派的监理单位的指导和监督,并建立总结、回访、跟踪服务等事后质量控制制度。

(二)施工质量要素

1. 项目管理人员和操作工人的选配

应根据施工项目构成、工艺质量要求、进度计划,以及操作工人的技术水平和施工管理人员的技术水平、管理素质等进行人员选配。

1)操作工人的技术要求

正确识读装饰施工图,熟悉常用材料的基本性能,熟练掌握装饰施工工艺,熟练地进行施工工艺操作。

2)管理人员技术要求

具有一定的美学基础;能够领会设计构思的意图;能根据图纸进行技术交底,指导施工,而且应在图纸不全或不详时补充设计;熟悉各类材料的规格、性能及用途,能够识别材料质量的优劣;熟悉施工工艺标准、质检验收的方法和标准;掌握施工组织设计、质量计划、材料、机具、资金和进度的基本管理方法和措施。

2. 建筑装饰材料的质量控制

材料质量控制的主要内容包括材料的规格、质量标准、性能、试验项目、取样方法、适用范围和施工要求等。

建筑装饰材料的选用不仅关系到项目的施工质量,而且直接影响装饰后的观感效果。应用材料时应注意掌握材料的性能、质量、规格、价格、供货能力等信息;根据施工进度要求,保证材料供应;合理组织材料使用,减少材料损耗;检验主要材料进场手续(出厂合格证和材质化验单），并按比例进行复验。

材料的质量标准是进行材料验收、检验材料质量的依据，其质量标准一般有国标、行标和厂标三种。通常在《现行建筑材料规范大全》中可以查到大部分装饰材料的质量标准，新型材料应参照厂标，并对比同类型材料的质量标准来控制使用。

3.装饰施工机具的质量控制

1）小型手工机具

控制内容主要是及时保养，搞好机具的清洁、润滑、调整、紧固、防腐，保证随机附件的完整齐全，机具处于良好的技术状态；使用时保证操作安全，建立机具管理制度，建立机具台账，完善机具的领用手续，做到机具使用的优质、高效、低耗。

2）常用电动机具

主要应考虑适用范围、技术参数和操作要点等几个方面，以便控制加工质量，保证施工安全。

4.施工过程质量控制措施

（1）要求各工种人员认真执行有关施工验收规范及检验评定标准，做好施工过程中的自检、互检、交接检，并做好相应的质量记录。专业质量检查人员定期检查和收集施工班组的施工自检记录。

（2）做好日常的质量监督检查工作。质量检查人员经常深入到操作现场，监督检查施工人员的技术操作是否符合规定要求，及时纠正违章操作行为，确保各项规章制度及施工技术方案的正确贯彻执行。

（3）做好专业检验和试验。严格按照施工验收规范及相关规定，做好施工过程中的专业检验，包括预检、隐检、各种施工试验及分项工程的质量评定检查，并做好相应的记录或提交必需的检验、试验报告。未经检验或检验不合格的产品不能转入下道工序。

（4）专职质检员根据班组的自检记录及质量标准、设计图纸准确地进行质量检查和核验评定，签署质量等级，做到不漏检、不错判。

（5）对分项工程不合格品，按《不合格品的控制工作程序》和《纠正和预防措施工作程序》，找出影响工序能力和产品质量的主导因素，制定纠正措施，质检科负责对措施实施进行检查，以确保执行，并做好质量检查记录。

（6）认真执行质量否决权，实行必要的奖惩管理，将施工质量的要求与责任者的经济利益挂钩，以激励职工增强质量意识，提高施工质量水平。

5.施工环境的控制

施工所处的环境条件对保证装饰施工的顺利进行和工程质量有重要影响。在施工前，应事先对施工环境条件及相应的准备工作质量进行必要的检查与控制。

1）施工辅助技术环境

施工辅助技术环境主要指水、电、动力供应，施工照明，安全防护设备，施工条件和通道，以及交通运输和道路条件等。这些条件是否良好，直接影响到装饰施工能否顺利进行。

2）施工管理环境

对施工管理环境事先检查与控制的内容主要包括：

（1）项目经理部及分承包方的质量管理、质量保证体系和质量控制自检系统是否处于良好的状态；

(2)系统的组织结构、检验制度、人员配备是否完善和明确;

(3)准备使用的质量检测、试验和计量等仪器是否满足使用要求,是否处于良好的状态,有无合格的证明和检验周期表;

(4)仪器、设备的管理是否符合有关规定;

(5)外委托检测、试验的单位资质等级是否符合要求等。

二、施工过程质量控制的基本程序、方法及质量控制点的确定

(一)施工过程质量控制的程序

装饰工程施工质量的管理与控制是一项重要工作,质量管理与控制的好坏,是直接关系到工程能否顺利交工与验收的关键环节。主要体现在以下几个方面:

1. 落实管理目标,强化指导监督

项目管理不同于一般项目承包,以包代管,而是实行项目目标管理,在工程任务下达之初,已将工程计划成本及利润详细算出,项目部在计划成本的指导下完成质量目标、工期目标。这样有利于调动项目经理的积极性,从体制上保证工程质量。

技术部门作为项目的直接管理部门,在公司计划成本的控制下,负责施工管理人员的培训、考核。针对项目部每一岗位,技术部门都有量化考核标准,每一工程完工后,对项目管理人员按岗位工作标准评定,从而对项目管理人员起到检查、督促的作用。

在项目施工前期,技术部门对各工种进行必需的培训,既包括技能培训,也包括文明施工细则的培训,从而保证施工技术人员对公司制度贯彻的连续性及准确性。质量管理部门主要负责工程施工质量的检查验收工作,对工程项目进行不定期检查,从体制上保证施工质量的稳定性。总工办作为技术管理部门,针对不同工程特点,制订相应的施工方案,并组织进行技术革新,从而保证施工技术的可行性及先进性。

2. 工程前期准备工作

1)施工管理人员的准备

施工现场项目管理人员包括项目经理、施工员、技术员、质检员、材料员、统计核算员、安全管理员等,应依据工程规模及难易程度确定管理人员的数量并进行职能分配。项目经理作为项目的负责人,组织本项目人员认真熟悉图纸,与材料部门沟通现场用工及用料情况,提出人员及机具计划,在要求工期内制订详细的施工进度计划。

2)施工操作人员的准备

依据项目部提出的劳动力计划,结合施工项目的进展情况,准备各工种人员,并组织工人进行入场前的教育及相应的技术安全培训,使工人在入场前对工程项目的技术难度、质量要求有所了解。培训内容涉及技术、质量、安全、进度、现场文明施工等方面。

3)施工技术的准备

根据工程项目特点,编制出施工组织设计。内容包括工程概况及施工特点,施工方案(包括施工准备、施工顺序、主要项目施工方法、质量及安全保证措施、降低成本的措施、保证工期及文明施工措施),施工进度计划,劳动力、材料及机具需要量计划,施工平面布署及项目管理人员职责分配等。

4)施工材料的准备

项目部依据材料部门下发的分项材料表对各分项材料用量进行核对,及时修正材料量,

下发材料计划表,保证材料的供应。

5)施工机具的准备

依据项目部提供的机具名称对机具进行检修维护,从而保证机具在施工过程中的正常运转。

6)施工现场的准备

对工地进行实地勘察,了解施工现场的环境,确定材料堆放地点、施工用水及用电情况,对原有建筑的情况进行摸底,并将实际勘察结果填入《交接备忘录》中。要将原有结构影响装饰施工质量及效果之处,以及修正措施及时告知建设方。在特殊环境下,要注意允许施工的时间及道路运输情况。

3.施工项目的过程控制

1)施工人员的控制

各岗位依据其性质,量化具体考评指标,随时对项目管理人员的工作状态进行考评,如实记录考评结果并将其存入工程档案。考评结果是工程部对管理人员进行评定的依据。

现场施工员依据施工进度计划,合理安排人力,力争做到人员流水作业,降低窝工损耗。

2)施工材料的控制

在材料进场前必须先报验,将业主同意的材料样品一式两份封样保存,一份留项目部,一份留业主。在材料进场后,依样品及相关检测报告进行检验,检验合格的材料方能使用。进场材料的管理采用限额领料制度,这样既能保证质量,又能节约成本。

3)施工机具的控制

施工机具应妥善保管,分类存放,实行施工机具领用登记制度,并建立设备维修档案,保证进场设备检测合格。

4)施工工艺的控制

对于不太成熟的工艺安排专人在加工厂进行试验,将成熟的工艺编制成作业指导书,依此为依据对工人进行书面交底,并由班组长签字接收。工艺交底包括工具及材料准备、施工技术要点、质量要求及检查方法、常见问题及预防措施。

5)施工环境的控制

施工环境对装饰工程的影响很大,尤其是油漆工程,在进行油漆施工时,现场不得有灰尘,并避免施工污染,同时保证各工序所需环境要求,如室温要求、基体干燥要求、空气清洁要求等。如果在冬季施工,室内温度达不到要求,则要制定相应的保温升温措施,同时要注意防止火灾的发生。

4.加强专项检查

各工序完成后进行自检、互检;上一道工序完成后,在进行下道工序施工前,进行交接检。在班组自检基础上,项目质检员对各道工序进行检查。质检部门定期对项目工程质量情况进行检查,对发现的问题定期集中分类,定期召开质量分析会,组织施工管理人员对各类问题分析总结,针对特别项目制定纠正、预防措施,并贯彻实施。工程完工后,在使用前,由技术、质检等部门对工程进行全面的验收检查,发现问题,及时整改,在内部验收通过后,工程才能交付有关部门进行验收,从而保证工程一次性验收合格。

(二)施工过程质量控制的方法

建筑装饰施工项目质量控制的方法,主要是审核有关技术文件、报告、报表,以及直接进行现场检查或必要的试验等。

1. 审核有关技术文件、报告、报表

（1）审核有关技术资质证明文件；

（2）审核开工报告，并现场核实；

（3）审核施工方案、施工组织设计和技术措施；

（4）审核材料、半成品的质量检验报告；

（5）审核反映工序质量动态的统计资料或控制表；

（6）审核设计变更、修改图纸和技术核定书；

（7）审核有关质量问题处理报告；

（8）审核新工艺、新材料、新技术等技术鉴定书；

（9）审核工序交接检查、分项分部工程质量报告；

（10）审核现场技术签证、文件。

2. 现场检查

用目测法、实测法和试验法等方法对开工前准备工作、工序交接情况、隐蔽工程、停工后复工前情况、分项分部工程及成品保护措施等进行检查。

（三）质量控制点的确定

首先对施工的工程对象进行全面分析、比较，以明确质量控制点。然后进一步分析所设置的质量控制点在施工中可能出现的质量问题或造成质量隐患的原因，针对隐患，提出相应对策予以防治。

质量控制点的涉及面较广。根据工程特点、重要性、精确性、质量标准和要求，质量控制点可能是某一构件，可能是分项或分部工程，也可能是影响质量关键的某一环节的某一工序。总之，无论操作、材料、机械、工序、技术参数、工程环境等，均可设为质量控制点。

第三节　装饰施工质量问题的处理方法

一、装饰施工质量问题的分类

建筑装饰工程常见的施工质量缺陷有空、裂、渗、观感效果差等。建筑装饰工程各分部（子分部）、分项工程施工质量问题详见表4-1。

二、施工质量问题的产生原因

建筑装饰工程施工质量问题产生的原因是多方面的，应针对影响施工质量的五大要素（人、机械、材料、施工方法、环境条件），运用排列图、因果图、调查表、分层法、直方图、控制图、散布图、关系图等统计方法进行分析，确定建筑装饰工程施工质量问题产生的原因。

施工质量问题产生的主要原因有以下几个方面：

（1）企业缺乏施工技术标准和施工工艺规程。

（2）施工人员素质参差不齐，缺乏基本理论和实践知识，不了解施工验收规范。质量控制关键岗位人员缺乏。

表 4-1　建筑装饰工程施工质量问题

序号	分部(子分部)、分项工程名称	质量问题
1	地面工程	水泥地面:起砂、空鼓、倒泛水、渗漏等
		板块地面:天然石材地面色泽、纹理不协调,泛碱、断裂,地面砖爆裂拱起、板块类地面空鼓等
		木、竹地板地面:表面不平整、拼缝不严、地板起鼓等
2	抹灰工程	一般抹灰:抹灰层脱层,空鼓,面层爆灰,有裂缝,表面不平整,接茬和抹纹明显等
		装饰抹灰:除一般抹灰存在的缺陷外,还存在色差、掉角、脱皮等
3	门窗工程	木门窗:安装不牢固,开关不灵活,关闭不严密,安装留缝大、倒翘等
		金属门窗:划痕、碰伤、漆膜或保护层不连续;框与墙体之间的缝隙封胶不严密,表面不光滑顺直、有裂纹;门窗扇的橡胶密封条或毛毡密封条脱槽;排水孔不畅通等
4	吊顶工程	(1)吊杆、龙骨和饰面材料安装不牢固; (2)金属吊杆、龙骨的接缝不均匀,角缝不吻合,表面不平整、翘曲、有锤印;木质吊杆和龙骨不顺直、劈裂、变形; (3)吊顶内填充的吸声材料无防散落措施; (4)饰面材料表面不洁净,色泽不一致,有裂痕和缺损,石材表面泛碱
5	轻质隔墙工程	墙板材安装不牢固,脱层,翘曲,接缝有裂缝或缺损
6	饰面板(砖)工程	安装(粘贴)不牢固,表面不平整,色泽不一致,有裂痕和缺损,石材表面泛碱
7	涂饰工程	存在泛碱、咬色、流坠、疙瘩、砂眼、刷纹、漏涂、透底、起皮和掉粉
8	裱糊工程	拼接、花饰不垂直,花饰不对称,离缝或亏纸,相邻壁纸(墙布)搭缝,翘边,壁纸(墙布)空鼓、壁纸(墙布)死折,壁纸(墙布)色泽不一致
9	细部工程	橱柜制作与安装工程:变形、翘曲、损坏、面层接缝不严密
		窗帘盒、窗台板、散热器罩制作与安装工程:窗帘盒安装下口不平、两端距窗洞口长度不一致;窗台板水平度偏差大于 2 mm,安装不牢固、翘曲;散热器罩翘曲、不平
		木门窗套制作与安装工程:安装不牢固、翘曲,门窗套线条不顺直,接缝不严密,色泽不一致
		护栏和扶手制作与安装工程:护栏安装不牢固,护栏和扶手转角弧度不顺,护栏玻璃选材不当等
		花饰制作与安装工程:条形花饰歪斜,单独花饰中心位置偏移,接缝不严,有裂缝等

(3)所用材料的规格、质量、性能等不符合设计要求。

(4)所采用的施工机具不能满足施工工艺的要求。

(5)对施工过程控制不到位,未做到施工按工艺、操作按规程、检查按规范标准,对分项工程施工质量检验批的检查评定流于形式,缺乏实测实量。

(6)工业化程度低。

(7)违背客观规律,盲目缩短工期和抢工期,盲目降低成本等。

三、施工质量问题的处理方法

(一)及时纠正

一般情况下,建筑装饰工程施工质量问题出现在工程验收的最小单位——检验批,施工过程中应及早发现,并针对具体情况,制定纠正措施,及时采用返工、返修或加固处理等方法进行纠正;通过返工、返修或加固处理仍不能满足安全使用要求的分部工程、单位(子单位)工程严禁验收。

(二)合理预防

担任项目经理的建筑工程专业建造师在主持施工组织设计时,应针对工程特点和施工管理能力,制定建筑装饰工程施工质量问题的防治措施。

本章小结

1. 装饰工程质量管理的特点、施工质量的影响因素、质量管理的原则及常用的统计方法。

2. 施工质量控制的基本内容和要求,施工过程质量控制的基本程序、方法及质量控制点的确定。

3. 建筑装饰工程施工质量问题的分类,施工质量问题的产生原因与处理方法。

第五章　装饰工程成本管理的基本知识

【学习目标】

通过本章的学习，了解装饰工程成本的组成和影响因素，熟悉装饰工程施工成本控制的基本内容和要求，掌握装饰工程施工成本控制的步骤和措施。

第一节　装饰工程成本的组成和影响因素

一、工程成本的组成

（一）定义

工程成本的组成是指形成工程成本的各个费用项目在总成本中所占的比例。按照现行成本核算制度的规定，建筑装饰工程成本具体分为两类八个成本项目。

两类：工程直接费用和间接费用。

成本项目：人工费、材料费、施工机械使用费、其他直接费、现场经费、企业管理费、财务费、其他费用。

（二）建设工程项目施工成本的组成

建设工程项目施工成本是指在建设工程项目的施工过程中所发生的全部生产费用的总和，包括所消耗的原材料、辅助材料、构配件等的费用，周转材料的摊销费或租赁费等，施工机械的使用费或租赁费等，支付给生产工人的工资、奖金、工资性质的津贴等，以及进行施工组织及管理所发生的全部费用支出。

建设工程项目施工成本由直接成本和间接成本组成。

（1）直接成本是指施工过程中耗费的构成工程实体或有助于工程实体形成的各项费用支出，是可以直接计入工程对象的费用，包括人工费、材料费、施工机械使用费和施工措施费等。

（2）间接成本是指为施工准备、组织和管理施工生产的全部费用的支出，是非直接用于也无法直接计入工程对象，但为进行工程施工所必须发生的费用，包括管理人员工资、办公费、差旅交通费等。

在具体工程项目中，工程成本以具体费用表现。依据建标〔2003〕206 号文，建筑工程成本费用组成如图 5-1 所示。

根据建筑产品成本运行规律，成本管理责任体系应包括组织管理层和项目管理层。组织管理层的成本管理除生产成本外，还包括经营管理费用；项目管理层应对生产成本进行管理。组织管理层贯穿于项目投标、实施和结算过程，体现效益中心的管理职能；项目管理层则着眼于执行组织确定的施工成本管理目标，发挥现场生产成本控制中心的管理职能。

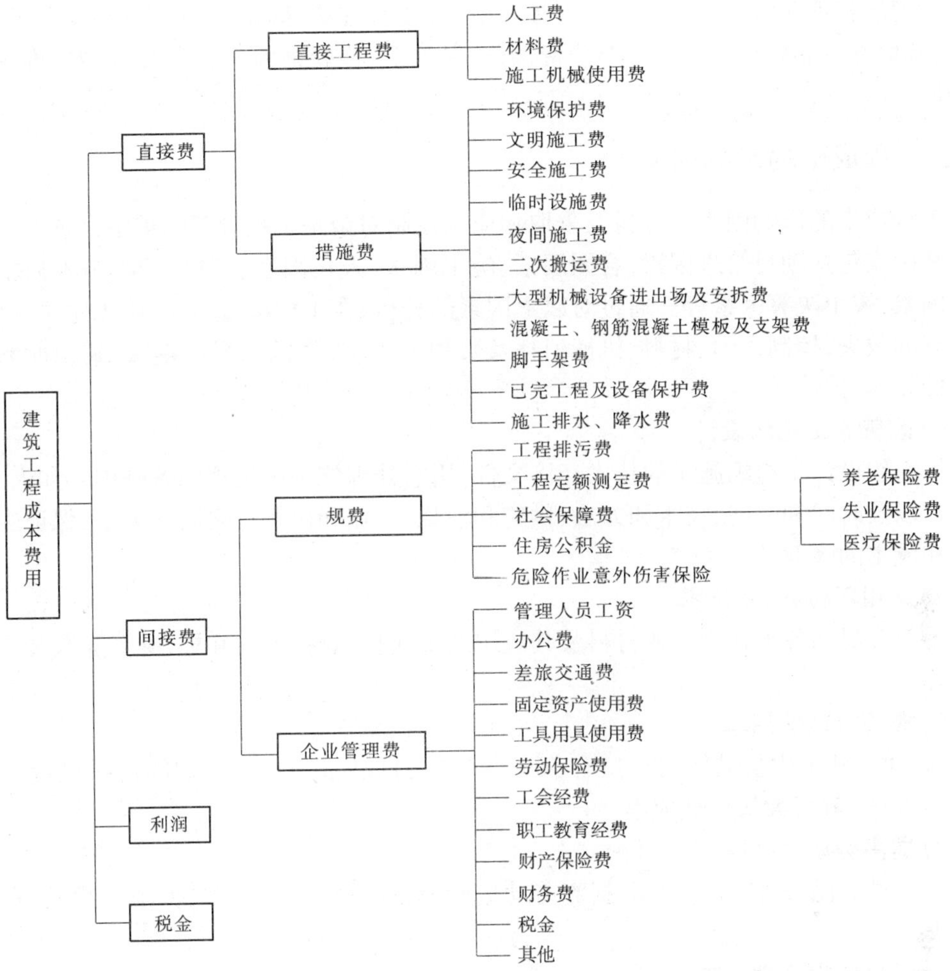

图 5-1　建筑工程成本费用组成

(三)建筑装饰工程项目施工成本的组成

1. 建筑装饰施工项目成本的分类

(1)按在成本计价的定额标准分类,可分为预算成本、计划成本、实际成本。

(2)按计算项目成本对象的范围分类,可分为建设项目工程成本、单项工程成本、单位工程成本、分部工程成本和分项工程成本。

(3)按工程施工的完工程度分类,可分为本期施工成本、已完工程成本、未完施工成本、竣工工程成本。

(4)按生产费用与工程量的关系分类,可分为固定成本与变动成本。

(5)按工程项目的成本属性分类,可分为生产成本、质量成本、工期成本及不可预见成本。

(6)按成本的可控性分类,可分为可控成本与不可控成本。

2. 建筑装饰施工项目成本的构成

(1)直接成本,是施工过程中耗费的构成工程实体或有助于工程实体形成的各项支出,包括人工费、材料费、机械使用费和其他直接费等。

(2)间接成本,是指企业的各项目经理部门为组织和管理工程施工所发生的全部支出,包括施工现场管理人员工资、奖金、职工福利费、行政管理费、固定资产折旧费及修理费、物料消耗、低值易耗品摊销、水电费、办公费、财产保险费、检验试验费、劳动保护费、排污费及其他费用。

二、工程成本的影响因素

对工程成本的影响因素的分析及采取相应的控制对策是工程管理的重中之重。工程成本的影响因素包括项目管理因素、合同因素、施工因素、人员因素、材料因素、施工技术和机械设备因素、竣工决算因素等。通过对以上因素的分析，在工程准备阶段、施工阶段、结算阶段做到有的放矢，控制人力、材料、机械消耗及费用的支出，降低工程成本，达到预期的项目成本目标。

（一）改善施工组织设计

施工组织设计是组织施工的技术经济文件，用它处理施工中出现的各种因素如人力、材料、机械，以及时间和空间、技术和方法、供应和消耗、专业和协作等之间的关系，保证生产率的提高和成本的降低。

（二）采用新材料、新技术

采用非金属和各种新型工业材料及其应用技术代替钢材、木材和棉、麻等建筑装饰材料及技术等。

（三）提高机械使用率

目前，建筑施工中机械使用率只有 50% ~60%，提高潜力很大。如能使机械使用率达到 60% ~70%，就可大量降低成本。

（四）提高劳动生产率

减少工时消耗，改善劳动组织，提高劳动生产率，推行优质超额奖，保证工程质量，减少返工损失。

（五）减少非生产性开支

不断减少非生产性开支，精简不必要的重叠机构，严格定员定责，控制工资奖金，防止化公为私等都是降低成本应注意的因素。

（六）降低运输成本

控制大宗材料的运输成本，合理组织量小的材料，对降低成本也起到很大的作用。

（七）贯彻经济核算和节约制度

开展节约，推行经济核算制度，使企业生产经营的经济效果和企业的物质利益结合起来，严格执行经济责任制，搞好班组核算，开展经济活动分析。

第二节　装饰工程施工成本控制的基本内容和要求

一、施工成本控制的基本内容

（一）建筑工程施工成本控制的内容

在施工过程中，应对影响施工成本的各种因素加强管理，并采取各种有效措施，将施工中实际发生的各种消耗和支出严格控制在成本计划范围内，随时检查并及时反馈，严格审查各项费用是否符合标准，计算实际成本和计划成本之间的差异并进行分析，进而采取多种措施，消除施工中的损失浪费现象。

建筑工程项目施工成本控制应贯穿于项目从投标阶段开始直至竣工验收的全过程，它是企业全面成本管理的重要环节。施工成本控制可分为事前控制、事中控制（过程控制）和事后控制。在项目的施工过程中，需按动态控制原理对实际施工成本的发生过程进行有效控制。

合同文件和成本计划是成本控制的目标，进度报告和工程变更与索赔资料是成本控制过程中的动态资料。

成本控制的程序体现了动态跟踪控制的原理。成本控制报告可单独编制，也可以根据需要与进度、质量、安全和其他进展报告结合，编制综合进展报告。

（二）施工成本控制的任务

施工成本控制的主要任务包括施工成本预测、施工成本计划、施工成本控制、施工成本核算、施工成本分析以及施工成本考核六项内容。

1. 施工成本预测

施工成本预测是指根据项目成本信息和施工项目的具体情况，运用专门的方法，对未来的费用水平及其可能的发展趋势作出科学的估计，其实质就是在施工以前对成本进行核算。通过成本预测，可以使项目经理部在满足建设单位和施工企业要求的前提下，选择成本低、效益好的最佳成本方案，并能够在施工项目成本形成过程中，针对薄弱环节加强成本控制，克服盲目性，提高预见性。由此可见，施工成本预测是施工项目成本决策与计划的依据。

2. 施工成本计划

施工成本计划是项目经理部对项目施工成本进行计划管理的工具。它是以货币形式编制施工项目在计划期内的生产成本、成本水平、成本降低率以及为降低成本所采取的主要措施和规划的书面方案，是建立施工项目成本管理责任制、开展费用控制和核算的基础。作为一个施工项目成本计划，应包括从开工到竣工所必需的施工成本，它是该施工项目降低成本的指导文件，是设立目标成本的依据。

3. 施工成本控制

施工成本控制是指在施工过程中对影响施工项目成本的各种因素加强管理，并采取各种有效措施，将施工中实际发生的各种消耗和支出严格控制在成本计划范围内，随时检查并及时反馈，严格审查各项费用是否符合标准，计算实际成本和计划成本之间的差异并进行分析，消除施工中的损失浪费现象，发现和总结先进经验，通过成本控制达到预期目的和效果。

4. 施工成本核算

施工成本核算是指对施工项目所发生的成本支出和工程成本形成的核算。项目经理部应认真组织成本核算工作。成本核算提供的成本资料是成本分析、成本考核和成本预测的重要依据。

5. 施工成本分析

施工成本分析是对施工项目实际成本进行分析、评价，为以后的成本预测和降低成本指明努力方向。成本分析贯穿于项目施工的全过程。

6. 施工成本考核

施工成本考核是对成本计划执行情况的总结和评价。建筑施工项目经理部应根据现代管理的要求，建立健全成本考核制度，定期对各部门完成的计划指标进行考核、评比，并把成本管理经济责任制和经济利益结合起来，通过成本考核有效地调动职工的积极性，为降低施工项目成本、提高经济效益作出自己的贡献。

（三）建筑装饰施工项目成本控制的内容

1. 施工项目成本控制的概念

施工项目成本控制是指在项目施工过程中，根据事先制定的成本目标，对生产经营所消耗的人力资源、物质资源和费用开支，进行指导、监督、调节和限制，及时纠正将要发生和已经发生的偏差，把各项生产费用控制在计划成本的范围之内，保证成本目标的实现。施工项目成本控制应贯穿在一个工程项目从招投标阶段到项目竣工验收的全过程。

2. 成本控制的程序

1）事前成本控制

事前成本控制是指在施工项目成本发生之前，对影响工程成本的因素进行规划，对未来的成本水平进行推测，并对未来的成本控制行动作出选择和安排的过程。事前成本控制主要包括成本预测、成本决策、成本计划等环节。为了更好地进行成本控制，应把成本计划中有关经济指标和费用计划进行层层分解，落实到各部门、各班组或人。事前成本控制是进行积极的成本控制的基础，是成本管理事先能动性的表现。

2）事中成本控制

事中成本控制就是在施工项目实施过程中，按照确定的目标成本和成本计划，运用一定的方法，采取各种措施，尽可能地提高劳动生产率，降低各种消耗，使实际发生成本低于预定目标且尽可能地低。事中成本控制主要包括对各项工作按预定计划实施成本控制，对实际发生成本进行监测、收集、反馈、分析、诊断，并调整下一环节成本控制措施。事中成本控制是成本管理成败的关键阶段。

3）事后成本控制

事后成本控制是指在施工项目成本发生之后对项目成本进行的核算、分析、考核等工作。事后成本控制不改变已经形成的项目成本。但是，事后成本控制体系的建立，对事前、事中成本控制起到促进作用，特别是对企业总结成本管理的经验教训，建立企业定额，指导以后同类项目的成本控制具有积极、深远的意义。

二、施工成本控制的基本要求

施工成本控制应满足下列要求：

（1）要按照计划成本目标值来控制生产要素的采购价格，并认真做好材料、设备进场数量和质量的检查、验收与保管。

（2）要控制生产要素的利用效率和消耗定额，建立任务单管理、限额领料、验收报告审核等制度。同时，要做好不可预见成本风险的分析和预控，包括编制相应的应急措施等。

（3）控制影响效率和消耗量的其他因素（如工程变更等）所引起的成本增加。

（4）把施工成本管理责任制与对项目管理者的激励机制结合起来，以增强管理人员的成本意识和控制能力。

(5)承包人必须有一套健全的项目财务管理制度,按规定的权限和程序对项目资金的使用和费用的结算支付进行审核、审批,使其成为施工成本控制的一个重要手段。

三、装饰施工项目成本管理的基本原则

施工项目成本管理是企业成本管理的基础和核心,施工项目经理部在对项目施工过程进行成本管理时,必须遵循以下基本原则。

(一)成本最低化原则

施工项目成本控制的根本目的,在于通过成本管理的各种手段,促进不断降低施工项目成本,以达到可能实现最低的目标成本的要求。

(二)全面成本管理原则

全面成本管理是全企业、全员和全过程的管理,亦称“三全”管理。项目成本的全过程控制要求成本控制工作随着项目施工进展的各个阶段连续进行,既不能疏漏,又不能时紧时松,应使施工项目成本自始至终置于有效的控制之下。

(三)成本责任制原则

为了实行全面成本管理,必须对施工项目成本进行层层分解,以分级、分工、分人的成本责任制作保证。施工项目经理部应对企业下达的成本指标负责,班组和个人对项目经理部的成本目标负责,以做到层层保证,定期考核评定。成本责任制的关键是划清责任,并要与奖惩制度挂钩,使各部门、各班组和个人都来关心施工项目成本。

(四)成本管理有效化原则

成本管理有效化,一是要求施工项目经理部以最小的投入,获得最大的产出;二是要求以最少的人力和财力,完成较多的管理工作,提高工作效率。

(五)成本管理科学化原则

施工项目成本科学化管理,是要求把有关自然科学和社会科学中的理论、技术和方法运用于成本管理中。

(六)成本动态控制原则

施工项目具有一次性的特点,而影响施工项目成本的因素众多,如内部管理中出现的材料超耗、工期延误、施工方案不合理、施工组织不合理等都会影响工程成本。同时,系统外部有关因素如通货膨胀、交通条件、设计文件变更等也会影响项目成本。因此,必须针对成本形成的全过程实施动态控制。

第三节　装饰工程施工成本控制的步骤和措施

一、施工成本控制的步骤

(一)施工成本分析

施工项目成本分析,是根据会计核算、业务核算和统计核算提供的资料,对施工成本的形成过程和影响成本升降的因素进行分析。为了实现项目的成本控制目标,保质保量地完成施工任务,项目管理人员必须进行施工成本分析。施工项目成本考核是贯彻项目成本责任制的重要手段,也是项目管理激励机制的体现。

1. 施工项目成本分析的作用

(1)有助于恰当评价成本计划的执行结果;

(2)揭示成本节约和超支的原因,进一步提高企业管理水平;

(3)寻求进一步降低成本的途径和方法,不断提高企业的经济效益。

2. 施工项目成本分析遵守的原则

(1)实事求是原则。成本分析一定要有充分的事实依据,对事物进行实事求是的评价,并要尽可能做到措辞恰当,能被绝大多数人接受。

(2)用数据说话的原则。成本分析要充分利用会计核算、业务核算、统计核算和有关台账的数据进行定量分析,尽量避免抽象的定性分析。

(3)时效性原则。成本分析要做到分析及时,发现问题及时,解决问题及时。

(4)为生产经营服务的原则。成本分析不仅要揭露问题,而且要分析产生问题的原因,提出积极有效的解决问题的合理化建议。

3. 施工项目成本分析的方法

1)比较法

比较法又称指标对比分析法,就是通过技术经济指标的对比,检查目标的完成情况,分析产生差异的原因,进而挖掘内部潜力的方法。这种方法具有通俗易懂、简单易行、便于掌握的特点,因而得到了广泛的应用。

指标对比分析法通常有下列形式:

(1)实际指标与目标指标对比;

(2)本期实际指标和上期实际指标对比;

(3)本项目指标与本行业平均水平、先进水平对比。

2)因素分析法

因素分析法又称连环置换法,这种方法可用来分析各种因素对成本的影响程度。在进行分析时,首先要假定众多因素中的一个因素发生了变化,而其他因素不变,然后逐个替换,分别比较其计算结果,以确定各个因素的变化对成本的影响程度。

具体步骤如下:

(1)确定分析对象,并计算出实际数与目标数的差异;

(2)确定该指标是由哪几个因素组成的,并按其相互关系进行排序;

(3)以目标数为基础,将各因素的目标数相乘,作为分析替代的基数;

(4)将各个因素的实际数按照上面的排列顺序进行替换计算,并将替换后的实际数保留下来;

(5)将每次替换计算所得的结果与前一次的计算结果相比较,两者的差异即为该因素对成本的影响程度;

(6)计算各个因素的影响程度之和,应与分析对象的总差异相等。

必须指出,在应用这种方法时,各个因素的排列顺序应该固定不变;否则,就会得出不同的计算结果,也会产生不同的结论。

3)差额计算法

差额计算法是因素分析法的一种简化形式,它利用各个因素的目标数与实际数的差额来计算其对成本的影响程度。

4)比率法

比率法是用两个以上指标的比例进行分析的方法。它的基本特点是:先把对比分析的数值变成相对数,再观察其相互之间的关系。常用的比率法有以下几种。

(1)相关比率法。

由于项目经济活动的各个方面是互相联系、互相依存、互相影响的,因而将两个性质不同而又相关的指标加以对比,求出比率,并以此来考察经营成果的好坏。例如,工资和产值是两个不同的概念,但它们的关系又是投入与产出的关系。在一般情况下,希望以最少的人工费支出完成最大的产值。因此,用产值工资率指标来考核人工费的支出水平,就很能说明问题。

(2)构成比率法。

构成比率法又称比重分析法或结构对比分析法。通过构成比率法,可以考察成本总量的构成情况以及各成本项目占成本总量的比重,同时也可看出量、本、利的比例关系(即预算成本、实际成本和降低成本的比例关系),从而为寻求降低成本的途径指明方向。

(3)动态比率法。

动态比率法就是将同类指标在不同时期时的数值进行对比,求出比率,以分析该项指标的发展方向和发展速度。动态比率的计算,通常采用基期指数(或稳定比指数)和环比指数两种方法。

(二)施工成本控制的具体步骤

1.比较

按照某种确定的方式将施工成本的计划值和实际值逐项进行比较,将成本费用计划值和实际发生值进行对比,根据比较结果,以确定成本费用是否已经超出计划,超出或节省多少。进行比较时,应分段进行。所谓分段,就是按建筑装饰工程项目规模的大小,划分成比较简单、直观、便于成本比较的段落,如单项工程、单位工程及分部分项工程,由最小的划分段起进行比较,得出一个局部偏差,从而发现施工成本是否超支。

2.分析

在比较的基础上,对结果进行分析,以确定偏差的程度及偏差产生的原因,从而采取有针对性的措施,避免或减少相同原因的再次发生,这是成本费用控制的核心任务。在进行偏差原因分析时,首先应当将已经导致和可能导致偏差的原因一一列举出来,逐条加以分析。一般来说,产生费用偏差的原因主要有以下几种:

(1)物价原因,包括人工费上涨、原材料涨价、利率、汇率调整等;

(2)施工方自身原因,包括施工方案不当、施工质量不过关导致返工、延误工期、赶进度等;

(3)业主原因,包括增加工程量、改变工程性质、协调不力等;

(4)设计原因,包括设计纰漏、设计图纸提供不及时、设计标准变化等;

(5)其他不确定因素,包括法律变化、政府行为、社会原因、自然条件等。

这一步是施工成本控制工作的核心,其主要目的在于找出产生偏差的原因,从而采用有针对性的措施,避免或减少相同原因的再次发生和减少由此造成的损失。

3.预测

根据项目实施情况估算整个项目完成时的施工成本。预测的目的在于为决策提供支持。

4. 纠偏

当工程项目的实际施工成本出现偏差时，应当根据工程的具体情况、偏差分析和预测的结果，采用适当的措施，以期达到使施工成本偏差尽可能小的目的。纠偏是施工成本控制中最具实质性的一步。只有通过纠偏，才能最终达到有效控制施工成本的目的。

5. 检查

对施工中出现的偏差纠正之后，要及时了解纠偏措施落实的情况和执行后的效果，对纠偏后出现的新问题及时解决。纠偏措施确定后，要把好落实关。项目部负责人要高度重视，技术、材料等管理人员要认真负责，施工人员要将措施落实到位，树立团队的成本与效益挂钩的忧患意识。这是一个需要循环进行的工作，它的结束点就是竣工后的保修期期满日。

二、施工成本控制的措施

（一）建筑工程成本控制的措施

建筑工程项目成本控制的措施归纳起来有四个方面：组织措施、技术措施、经济措施、合同措施。

1. 组织措施

组织措施是指从施工成本管理的组织方面采取的措施。施工成本控制是全员的活动，如实行项目经理责任制，落实施工成本管理的组织结构和人员，明确各级施工成本管理人员的任务与职能分工、权利和责任。施工成本管理不仅仅是专业成本管理人员的工作，各级项目管理人员都负有成本控制的责任。

组织措施还包括编制施工成本控制工作计划，确定合理详细的工作流程。要做好施工采购规划，通过生产要素的优化配置、合理使用、动态管理，有效控制实际成本；加强施工定额管理和施工任务单管理，控制活劳动和物化劳动的消耗；加强施工调度，避免因施工计划不周和盲目调度造成窝工损失、机械利用率降低、物料积压等使施工成本增加。成本控制工作只有建立在科学管理的基础之上，具备合理的管理体制、完善的规章制度、稳定的作业秩序、完整准确的信息传递，才能取得成效。组织措施是其他各类措施的前提和保障，而且一般不需要增加什么费用，若运用得当，可以收到良好的效果。

项目经理全面组织项目部的成本管理工作，是项目成本管理的第一责任人，应及时掌握和分析盈亏状况，并迅速采取有效措施；工程技术部是整个工程项目施工技术和进度的负责部门，应在保证质量、按期完成任务的前提下尽可能采取先进技术，以降低工程成本；经营部主管合同实施和合同管理工作，负责工程进度款的申报和催款工作，处理施工赔偿问题；经济部应注重加强合同预算管理，增创工程预算收入；财务部主管工程项目的财务工作，应随时分析项目的财务收支情况，合理调度资金；项目经理部的其他部门和班组都应精心组织，为增收节支尽职尽责。

2. 技术措施

施工过程中降低成本的技术措施如下：进行技术经济分析，确定最佳的施工方案；结合施工方法，进行材料的使用比选，在满足功能要求的前提下，通过代用、改变配合比、使用添加剂等方法降低材料消耗的费用；确定最合适的施工机械、设备使用方案；结合项目的施工组织设计及自然地理条件，降低材料的库存成本和运输成本。此外，还有先进的施工技术的应用，新材料的运用，新开发机械设备的使用等。在实践中，也要避免仅从技术角度选定方案而忽视对其经济效果的分析论证。

技术措施不仅对解决施工成本管理过程中的技术问题是不可缺少的，而且对纠正施工成本管理目标偏差也有相当重要的作用。因此，运用技术措施的关键，一是要能提出多个不同的技术方案，二是要对不同的技术方案进行技术经济分析。

具体技术措施有：

(1)制订先进的、经济合理的施工方案，以达到缩短工期、提高质量、降低成本的目的。施工方案包括四大内容：施工方法的确定、施工机具的选择、施工顺序的安排和流水施工的组织。正确选择施工方案是降低成本的关键所在。

(2)在施工过程中，应努力寻求各种降低消耗，提高工效的新工艺、新技术、新材料等降低成本的技术措施。

(3)严把质量关，杜绝返工现象，缩短验收时间，节省费用开支。

3. 经济措施

经济措施是最易被人们接受和采用的措施。管理人员应编制资金使用计划，确定、分解施工成本管理目标；对施工成本管理目标进行风险分析，并制定防范性对策；对各种支出，应认真做好资金的使用计划，并在施工中严格控制各项开支；及时准确地记录、收集、整理、核算实际发生的成本；对各种变更，及时做好增减账，及时落实业主签证，及时结算工程款。通过偏差分析和未完工工程预测，可发现一些将引起未完工工程施工成本增加的潜在问题，及时采取预防措施。

(1)人工费控制管理。主要是改善劳动组织，减少窝工浪费；实行合理的奖惩制度；加强技术教育和培训工作；加强劳动纪律，压缩非生产用工和辅助用工，严格控制非生产人员比例。

(2)材料费控制管理。主要是改进材料的采购、运输、收发、保管等方面的工作，减少各个环节的损耗，节约采购费用；合理堆置现场材料，避免和减少二次搬运；严格材料进场验收和限额领料制度；制定并贯彻节约材料的技术措施，合理使用材料，综合利用一切资源。

(3)机械费控制管理。主要是正确选配和合理利用机械设备，搞好机械设备的保养修理，提高机械的完好率、利用率和使用效率，从而加快施工进度、增加产量、降低机械使用费。

(4)间接费及其他直接费控制。主要是精简管理机构，合理确定管理幅度与管理层次，节约施工管理费等。

4. 合同措施

成本控制要以合同为依据，因此合同措施就显得尤为重要。对于合同措施，从广义上理解，除参加合同谈判、修订合同条款、处理合同执行过程中的索赔问题、防止和处理好与业主和分包商之间的索赔外，还应分析不同合同之间的相互联系和影响，对每一个合同作总体和具体分析等。

项目成本控制的组织措施、技术措施、经济措施、合同措施是融为一体、相互作用的。项目经理部是项目成本控制中心，要以投标报价为依据，制定项目成本控制目标；各部门和各班组要通力合作，形成以市场投标报价为基础的施工方案经济优化、物资采购经济优化、劳动力配备经济优化的项目成本控制体系。

(二)建筑装饰工程施工成本控制的措施

建筑装饰工程施工成本控制要贯穿整个项目实施的全过程，做好项目运行的事前成本控制、事中成本控制和事后成本控制。

1. 开工之前的成本控制

首先做好成本预测,加强事前成本控制。成本预测就是对影响成本的各种因素在采取相应降低成本措施和作出充分分析的基础上,结合企业施工技术条件和发展目标,运用一定的科学方法,对一定时期或一个成本项目的成本水平、成本目标进行测算、分析和预见。成本预测是一个完整的决策过程。通过预测,可以为企业降低成本指明方向和途径,为选择最优计划方案提供科学的依据。

1)推行工程设计招标和方案竞选

推行工程设计招标和方案竞选有利于择优选定设计方案与设计单位;有利于控制项目投资,降低工程造价,提高投资效益;有利于采用技术先进、经济适用、设计质量水平高的施工设计方案。

2)推行限额设计

限额设计是按照批准的设计任务书及成本估算控制初步设计,按照批准的初步设计总概算控制施工图设计;同时,各专业在保证达到使用功能的前提下,按分配的成本限额控制设计,严格控制技术设计和施工图设计的不合理变更,保证总投资限额不被超过。

装饰装修工程项目限额设计的全过程实际上就是装饰装修工程项目在设计阶段的成本目标管理过程,即目标设置、目标管理、目标实施检查、信息反馈的控制循环过程。

3)加强设计标准和标准设计的编制和应用

设计标准是工程的技术规范,是进行工程设计、施工和验收的重要依据,是进行工程项目管理的重要组成部分,与项目成本控制密切相关。标准设计也称通用设计,是经政府主管部门批准的整套标准技术文件图纸。采用设计标准可以降低成本,同时可以缩短工期。标准设计是按通用条件编制的,能够较好地贯彻执行国家的技术经济政策,密切结合当地自然条件和技术发展水平,合理利用能源、资源和材料设备。

4)做好人员及技术储备

(1)加强项目部管理水平,选用技术水平较高的队伍,确保有效用工。

(2)制订科学、合理的施工方案,减少无效用工。

(3)合理界定定额内用工和定额外用工,以人工工日确定人工费,工资单价控制在造价信息单价范围内,采用招标形式择优选择劳务队伍。

(4)尽量采用新材料、新技术、新工艺,提高劳动效率。

5)优选机械配置计划

(1)在机械台班定额的标准上,结合市场行情,确定合理的机械租赁价格,可通过招标竞争形式,择优选择。

(2)根据合理的施工方案,最大限度地缩短机械的使用周期,最大限度地发挥机械的使用率,防止机械闲置或机械工作任务不饱满,降低机械租赁的成本支出。

(3)保管、维护好租赁来的机械,防止损毁,避免赔偿。

6)制订详细、准确的材料采购计划

在工程制造过程中,材料的消耗占整个工程成本的65%左右,因此加强材料成本的控制是提高工程施工利润最有效、最直接的方法。

材料采购成本控制主要是对材料的价格、质量、数量三个方面进行控制。

第一，按照工程的实际需用量，制订详细、准确的材料采购计划，最大限度地控制材料采购费用的支出；

第二，材料尽可能从厂家或厂家代理商直接采购；

第三，材料保管人员在材料进场时，一定要认真核实实际进场材料的质量和数量是否与所要采购的材料相一致。

2. 施工过程中的成本控制

施工过程中的成本控制是加强成本管理、降低工程成本的关键环节，应建立成本控制责任制，根据成本目标，量化、细化到项目部的每一个人，从制度上明确每个人的责任，明确其成本控制的对象、范围。

1）认真审查图纸，积极提出修改意见

在装饰工程项目的实施过程中，施工单位应当按照装饰工程项目的设计图纸进行施工建设。但由于设计单位在设计中可能考虑不周到，按设计的图纸施工可能会给施工带来不便，因此施工单位应在认真审查设计图纸和材料、工艺说明书的基础上，在保证工程质量和满足用户使用功能要求的前提下，结合项目施工的具体条件，提出积极的修改意见。施工单位提出的意见应该有利于加快工程进度和保证工程质量，同时还能降低能源消耗、增加工程收入。在取得业主和施工单位的许可后，进行设计图纸的修改，同时办理增减账。

2）制订技术先进、经济合理的施工方案

施工方案的制订应该以合同工期为依据，结合装饰工程项目的规模、性质、复杂程度、现场条件、装备情况、员工素质等因素综合考虑。施工方案主要包括施工方法的确定、施工机具的选择、施工顺序的安排和流水施工的组织四项内容。施工方案应该具有先进性和可行性。

3）落实技术组织措施

落实技术组织措施，以技术优势来取得经济效益，是降低成本的一个重要方法。在装饰工程项目的实施过程中，通过推广新技术、新工艺、新材料都能够达到降低成本的目的。另外，通过加强技术质量检验制度，减少返工带来的成本支出，也能够有效地降低成本。为了保证技术组织措施的落实，并取得预期效益，必须实行以项目经理为首的责任制。由工程技术人员制定措施，材料负责人员供应材料，现场管理人员和生产班组负责执行，财务人员结算节约效果，最后由项目经理根据措施执行情况和节约效果对有关人员进行奖惩，形成落实技术组织的一系列措施。

4）组织均衡施工，加快施工进度

凡是按时间计算的成本费用，如项目管理人员的工资和办公费，现场临时设施费和水电费，以及施工机械和周转设备的租赁费等，在施工周期缩短的情况下，会有明显的节约。但由于施工进度的加快，资源使用的相对集中，将会增加一定的成本支出，同时容易造成工作效率降低的情况。因此，在加快施工进度的同时，必须根据实际情况，组织均衡施工，做到快而不乱，以免发生不必要的损失。

5）加强劳动力管理，提高劳动生产率

改善劳动组织，优化劳动力的配置，合理使用劳动力，减少窝工；加强技术培训，提高工人的劳动技能、劳动熟练程度；严格劳动纪律，提高工人的工作效率，压缩非生产用工和辅助用工。要求施工队伍严格按合同约定，优化人员结构。根据已编制的实施性施工组织设计，合理安排人员进场和退场，合理安排工作，提高作业效率，尽量减少成本费用支出。

6）加强机具管理，提高机具利用率

结合施工方案的制订，对机具性能、操作运行和台班成本等因素综合考虑，选择最适合项目施工特点的施工机具；做好工序、工种机具施工的组织工作，合理配备机械，建立机械设备日常定期保养和检修制度，加强机械的维护和保养，使机具始终保持完好状态，随时都能正常运转；加强机械操作人员的操作业务培训，提高生产效率，杜绝发生机械事故。对于从外部租赁的设备，要做好工序衔接及登记记录，提高机械的利用率，尽可能使其满负荷运转。

7）加强材料管理，节约材料费用

只有项目部的管理人员和现场的施工人员共同参与，密切配合，才能完成对材料消耗成本的控制。

第一，编制施工预算，作材料分析，确定材料的定额总需要量。工程开工之前，必须编制出该工程的总施工预算（当时间不充分时，可根据施工组织设计，编制阶段性施工预算），然后对总施工预算（或阶段性施工预算）作材料分析，确定材料的定额总需要量（或阶段性需要量）。一般情况下，无论是材料的采购，还是材料的消耗，工程主要材料的最大消耗量都必须控制在施工预算所分析出来的定额总需要量内。

第二，通过下发施工任务单和限额领料单对材料的消耗成本进行有效控制。施工任务单是为了满足总施工进度和月进度计划的需要，将整个施工任务分解成若干个工作内容明确、施工要求详细、完成时间确定的一项一项施工任务。项目部的预算管理人员将施工任务单上的具体工作内容转换成一项一项的预算子目后进行工料分析，然后汇总并编制材料限额领料单。具体负责施工的班组依据施工任务单和相应的限额领料单，分期、分批地申领材料，目的是在规定的期限内，完成规定的施工任务，消耗掉规定数量的材料。一般领料的原则是：预算子目中能够分析出来的材料必须限额；预算子目中不能够分析出来的辅助材料，按实际发生计入材料消耗成本。

对于大宗材料要与供应商签订合同，锁定价格，明确材料品质标准、供货时间、送货方式和交货地点；对于零星用料，坚持用多少购多少的原则，以免造成库存积压和损失。要把好材料收发关，明确工程合理的材料消耗量，节约用料，防止浪费。另外，要建立健全材料台账，加强材料的动态管理，合理堆放材料，减少二次搬运，严格收发料制度。同时，材料进场时要认真点验，保质保量；发料时，要严格按分部分项工程材料的理论用量发放，特别是钢材、水泥等重要材料要实行限额发料。要加强大型周转性材料的管理与控制，如加强对模板等大型周转性材料的管理。这些周转性材料不但购置价格比较高，而且在工程施工中不可或缺，使用频率较高，如果管理不善不仅较容易损坏，造成直接经济损失，而且也会影响工程的工期与进度。

8）加强费用管理，减少不必要的开支

要加强费用管理，特别要加强其他直接费、间接费的控制。其他直接费是指施工过程中发生的材料二次搬运费、临时设施摊销费、工具用具使用费、检验试验费、场地清理费等费用。这些费用具有较大的弹性，有些可能发生，有些可能不发生。

间接费要根据现场经费的收入，实行全面预算管理。主要是对招待费、差旅费和办公费进行严格控制，从开支标准、报销程序以及定额指标上予以规范和明确。

9)严格控制施工质量,强化安全意识

项目部在施工中一定要与建设单位、监理充分沟通,严格按照合同和施工图纸要求、施工组织程序完成施工工序,坚持"以质取胜"的原则。建立项目经理全面负责的质量保证体系,实行质量管理责任制。

项目部应专设一名合格的安全员负责安全工作。坚决贯彻"安全第一,预防为主"的方针,把安全工作作为永恒的主题常抓不懈。施工现场做好防护措施,组织员工定期培训,做好安全方面的宣传工作,杜绝因安全出现问题而造成停工和罚款的现象。

10)分包工程的成本控制

首先按照确定总成本目标的方式确定分包工程价款,其次严格按照规定拨付和结算工程款。项目部必须按照合同规定的工程价款结算方式,对分包单位完成的合格工程量按月进行验工计价,然后结算工程款,不得向分包单位预付备料款和工程款。在结算工程款时,必须及时扣除项目部代付的各项费用,要建立结算工程款的联签制度,即在结算工程款时,除验工计价报表外,还要对分包单位有关的业务部门是否扣款加具意见。

11)加强施工变更索赔工作,强化索赔意识

变更索赔也是相对降低工程成本的措施之一。项目部要与监理单位、设计单位和建设单位充分协调,认真研究合同和施工图纸。变更设计应坚持"先批准,后变更;先变更,后施工"的原则;紧盯现场,对施工中出现的各种问题要做好记录,收集证据,建立完整的施工档案,及时出具工程变更联系单,并请监理单位、建设单位签证工程量及价款。

12)提高财务人员素质

财务部门是成本控制的重要组成部分,主要通过审核各项费用的支出,平衡调度资金以及建立各项辅助记录和配合项目经理对各部门成本执行情况进行检查监督等手段,对工程进行全方位的成本分析,并及时将结果反馈到决策部门,以便采取有效措施来纠正项目成本的偏差。

对财务人员要大力开展专业岗位培训,不断提高财务人员的业务素质。财务人员要严格财经纪律,使企业的成本始终处于制度和纪律的约束之下,以适应进一步完善和加强成本管理的要求。企业只有不断深化财务管理体制的改革,突出成本管理的中心地位,进一步加强成本管理,实行全员、全过程、全方位的成本控制,才能不断适应市场竞争的形势,摆脱困境,实现成本控制的目标。

3.施工完结的成本控制

实物工作量完成,工程进入收尾决算阶段后,应尽快组织人员、机械退场,留守人员应积极组织工程技术资料移交和办理竣工决算手续。同时,要对工程的人工费、机械使用费、材料费、管理费等各项费用进行分析、比较、查漏补缺,一方面确保竣工结算的正确性与完整性,另一方面弄清未来项目成本管理的方向和寻求降低成本的途径。尽快与业主明确债权债务关系,对不能在短期内清偿债务的业主,通过协商,签订还款计划协议,明确还款时间,尽可能将竣工结算成本降到最低。

总之,项目部的成本控制,对降低工程成本,改善经营管理,提高工程质量,确保安全施工,提高项目收入乃至整个施工企业经济效益等具有深远的意义。

本章小结

1. 装饰工程成本的组成和影响因素。
2. 装饰工程施工成本控制的基本内容、任务,基本要求与基本原则。
3. 装饰工程施工成本分析、施工成本控制的具体步骤和措施。

第六章　常用施工机械机具

【学习目标】

通过本章的学习，熟悉吊篮、施工电梯、滑轮和滑轮组等常用垂直运输机械机具的基本性能与使用要求，熟悉常用气动、电动及手动装饰施工机械机具的性能与使用要求。

第一节　垂直运输常用机械机具

一、吊篮

吊篮是一种能够替代传统脚手架，可减轻劳动强度，提高工作效率，并能够重复使用的新型高处作业设备。建筑吊篮一般分手动和电动两种。

吊篮具有搭设速度快、节约大量脚手架材料、节省劳力、操作灵活、移位容易、方便实用、安全可靠、技术经济效益较好等优点。

（一）吊篮的安全装置

（1）摆臂式安全锁：能在工作平台倾斜角度大于8°或工作钢丝绳断绳时锁住安全钢丝绳；

（2）手动滑降：能在停电等失去电源动力时平稳下降，保证操作人员安全抵达地面；

（3）限速保护：当下降速度超过限定安全速度时启动离心减速装置，减缓下降速度；

（4）限位保护：在吊篮设备超出人工设定的最高限位时自动切断电源动力，并启动警铃；

（5）电气过载保护：若电动机出现不正常的情况或电路异常使电动机过载，可断开接触器的控制回路来断开主回路；

（6）漏电保护：在操作人员不慎触电及漏电的情况下自动断开总电路；

（7）急停保护：在遭遇突发异常情况下（如自动上升或下降等）切断主控回路。

（二）吊篮使用要求

（1）吊篮操作人员必须经过培训，考核合格并取得有效证明后，方可上岗操作。吊篮必须指定人员操作，严禁未经培训人员或未经主管人员同意擅自操作吊篮。

（2）作业人员作业时佩戴安全帽和安全带，安全带上的自动锁扣应扣在单独牢固固定在建（构）筑物上的悬挂生命绳上。

（3）作业人员酒后、过度疲劳和情绪异常时不得上岗作业。

（4）双机提升的吊篮必须有两名以上人员进行操作作业，严禁单人升空作业。

（5）作业人员不得穿着硬底鞋、塑料底鞋、拖鞋或其他滑的鞋子进行作业，作业时严禁在悬吊平台内使用梯、搁板等攀高工具和在悬吊平台外另设吊具进行作业。

（6）作业人员必须在地面进出吊篮，不得在空中攀缘窗户进出吊篮，严禁在悬空状态下从一悬吊平台攀入另一悬吊平台。

二、施工电梯的基本性能与使用

施工电梯通常称为施工升降机，是一种使用工作笼（吊笼）沿导轨架作垂直（或倾斜）运动来运送人员和物料的机械。

施工电梯由轿厢、驱动机构、标准节、附墙、底盘、围栏、电气系统等几部分组成。其独特的厢体结构使其乘坐起来既舒适又安全，施工电梯在工地上通常配合塔吊使用，一般载重量为1～3 t，运行速度为1～60 m/min。

（一）施工升降机的分类

（1）按驱动方式分为齿轮齿条驱动（SC 型）、卷扬机钢丝绳驱动（SS 型）和混合驱动（SH 型）三种。

（2）按导轨架的结构可分为单柱和双柱两种。

（二）安全防护装置

（1）限速器。限速器是施工升降机的主要安全装置，它可以限制梯笼的运行速度，防止坠落。齿条驱动的施工升降机，为防止吊笼坠落均装有锥鼓式限速器。限速器每动作一次后，必须进行复位，在调整限速器之前，必须确认传动机构的电磁制动作用可靠。

（2）缓冲弹簧。在施工升降机的底架上有缓冲弹簧，以便当吊笼发生坠落事故时，减轻吊笼的冲击。

（3）上、下限位器。上、下限位器是为防止吊笼上、下超过需停位置时，因司机误操作和电气故障等原因继续上升或下降引发事故而设置的。

（4）上、下极限限位器。上、下极限限位器的作用是在上、下限位器一旦不起作用，吊笼继续上行或下降到设计规定的最高极限或最低极限位置时能及时切断电源，以保证吊笼安全。

（5）安全钩。安全钩是为防止吊笼到达预先设定位置，上限位器和上极限限位器因各种原因不能及时动作，吊笼继续向上运行，冲击导轨架顶部而发生倾翻坠落事故而设置的。

（6）吊笼门、底笼门联锁装置。防止因吊笼或底笼门未关闭就启动运行而造成人员坠落和物料滚落。

（7）急停开关。当吊笼在运行过程中发生各种原因的紧急情况时，司机能及时按下急停开关，使吊笼立即停止运行。

（8）楼层通道门。施工升降机与各楼层均搭设了运料和人员进出的通道，在通道口与升降机结合部必须设置楼层通道门。

（三）施工升降机的使用要求

（1）施工企业必须建立健全施工升降机的各类管理制度，落实专职机构和管理人员，明确各级安全使用和管理责任制。

（2）升降机的司机应为经有关行政主管部门培训合格的专职人员，严禁无证操作。

（3）司机应做好日常检查工作，即在升降机每班首次运行时，应分别做空载和满载试运行。

(4)建立和执行定期检查与维修保养制度，每周或每旬对升降机进行全面检查，对查出的隐患按“三定”原则落实整改。整改后，须经有关人员复查确认符合安全要求，方能使用。

(5)梯笼乘人、载物时，应尽量使荷载均匀分布，严禁超载使用。

(6)升降机运行至最上层和最下层时，严禁以碰撞上、下限位开关来实现停车。

(7)司机因故离开吊笼及下班时，应将吊笼降至地面，切断总电源，并锁上吊笼门，防止其他无证人员擅自开动吊笼。

(8)当风力达6级以上时，应停止使用升降机，并将吊笼降至地面。

(9)各停靠层的运料通道两侧必须有良好的防护。楼层门应处于常闭状态，其高度应符合规范要求，任何人不得擅自打开或将头伸出门外，当楼层门未关闭时，司机不得开动升降机。

(10)确保通信装置完好，司机应当在确认信号后方能开动升降机。作业中无论任何人在楼层发出紧急停车信号，司机都应当立即执行。

(11)升降机应按规定单独安装接地保护和避雷装置。

(12)严禁在升降机运行状态下进行维修保养工作。若需维修，必须切断电源并在醒目处挂上“有人检修，禁止合闸”的标志牌，并有专人监护。

三、滑轮和滑轮组

滑轮是由有沟槽的圆盘和跨过圆盘的柔索(绳、胶带、钢索、链条等)所组成的可以绕着中心轴转动的简单机械。滑轮有定滑轮和动滑轮两种。

滑轮组由一定数量的定滑轮和动滑轮以及绳索组成。滑轮组既能省力，又可改变力的方向，它是起重机的重要组成部分。通过滑轮组能用较小吨位的卷扬机来起吊较重的构件。

滑轮组的名称常以组成滑轮组的定滑轮和动滑轮的数量来表示，如由四个定滑轮和四个动滑轮组成的滑轮组称为“四、四”滑轮组；由五个定滑轮和四个动滑轮组成的滑轮组称为“五、四”滑轮组，其余类推。

滑轮组省力多少，主要取决于工作线数和滑轮轴承处的摩擦阻力。工作线数是滑轮组中共同负担构件重量的绳索根数。

使用要求如下：

(1)使用前，应检查滑轮的轮槽、轮轴、吊钩等部分有无裂缝或损伤，滑轮转动是否灵活，润滑是否良好，同时滑轮槽宽应比钢丝绳直径大1～2.5 mm。

(2)使用时，应按其标定的允许荷载使用，严禁超载使用；若滑轮起重量不明，可先进行估算，并经过负载试验后，方允许用于吊装作业。

(3)滑轮的吊钩或吊环应与吊物的重心在同一垂直线上，使构件能平稳吊升；如用溜绳歪拉构件，使滑轮组中心歪斜，滑轮组受力将增大，故计算和选用滑轮组时应考虑此种情况。

(4)滑轮使用前后都应刷洗干净，并擦油保养；轮轴应经常加油润滑，严防锈蚀和磨损。

(5)对高处和起重量较大的吊装作业，不宜用吊钩形滑轮，应使用吊环、链环或吊梁型滑轮，以防脱钩事故的发生。

(6)滑轮组的定、动滑轮之间严防过分靠近，一般应保持1.5～2 m的最小距离。

第二节　装饰施工常用机械机具

一、常用气动机具

气动机具利用高压空气的气压作能源来驱动工具，以达到建筑装饰施工的目的。常用的气动工具有空气压缩机、气动打钉枪、气动射钉枪、气动喷枪、气动拉铆枪等。

（一）空气压缩机

空气压缩机（简称空压机）是将原动机（通常是电动机）的机械能转换成气体压力能的装置，是压缩空气的气压发生装置。

空气压缩机根据压气方式不同，分为旋转式、离心式和往复式三种类型。

空气压缩机的使用要求如下：

（1）空压机作业环境应保持清洁、通风和干燥，严禁日光暴晒和高温烘烤。

（2）储气罐和输气管路每两年应做水压试验一次，压力表和安全阀每年至少应校验一次。

（3）启动空压机必须在无载荷状态下进行，待运转正常后，再逐步进入载荷运转。

（4）开启送气阀前，应将输气管道连接好，输气管道应保持畅通，不能扭曲，并通知有关人员后，才能送气。在出气口前不准有人工作或站立。

（5）储气罐内最大压力不能超过铭牌规定，安全阀应灵敏有效。

（6）运转中如因缺水致使汽缸过热而停机，不能立即添加冷水，必须待汽缸体自然降温至 60 ℃以下才能加水。

（7）电动空压机电源电线安装必须符合安全用电规范的要求，重复接地牢靠，触电保护器动作灵敏。运转中如遇停电，应立即切断电源，待来电后重新启动。

（8）停机时，应先卸去载荷，然后分离主离合器，再停止内燃机或电动机的运转。

（9）停机后，关闭冷却水阀门，打开放气阀，放出各级冷却器和储气罐内的油水和存气。当气温低于 5 ℃时，应将各部件存水放尽后，才能离去。

（10）工作完毕将储气罐内余气放出。冬季应放掉冷却水。

（二）气动打钉枪

气动打钉枪是一种用气动打射 U 形排钉、直形排钉来紧固装饰工程中木制装饰面、木结构件的一种比较先进的工具，具有速度快、省力、装饰面不露钉头痕迹、轻巧、携带方便、使用经济、操作简单等优点。气动打钉枪的分类与规格见表 6-1。

使用要求如下：

（1）使用前检查所有安全装置，务必完好有效。

（2）使用各种气动打钉枪时，都要戴上防护镜。

（3）不能让射钉口对着自己和其他人。

（4）不使用时，需调整、修理，装钉时必须取下气体连接器，并取下所有的钉。

（5）正在使用的气动打钉枪充气压不超过 0.8 MPa。

（6）不可用于水泥、砖等硬基面。

表 6-1　气动打钉枪的分类与规格

型号	直钉枪 38 - F30		蚊钉枪 22 - XP0625		码钉枪 22 - 413J	
外形						
规格	钉截面尺寸(mm)	1.05×1.26	钉直径(mm)	0.63	码钉宽(mm)	4~10
	钉长度(mm)	10~30	钉长度(mm)	12~30	钉长度(mm)	6~16
	工作气压(MPa)	0.4~0.6	工作气压(MPa)	0.2~0.6	工作气压(MPa)	0.3~0.6
	机具尺寸(mm)	240×57×180	机具尺寸(mm)	215×48×160	机具尺寸(mm)	200×48×145
	质量(kg)	0.88	质量(kg)	0.88	质量(kg)	0.88

(三)气动射钉枪

气动射钉枪是一种低速、活塞式打钉工具,是现代装饰工程中一种新型紧固工具,主要用于在混凝土结构或钢材上固定木材或钢材,以及电气设备的安装,电线管路拆换或嵌夹的固定,模型、托架的固定等。它能在很多焊铆、钻孔、上螺栓等工艺不易施工的情况下发挥作用。

气动射钉枪的特点为操作快速简便,功效高,劳动强度低,作用可靠安全,便于现场和高空作业。

使用要求如下:

(1)工作前检查所有安全装置,务必完好有效。

(2)气动射钉枪的选用必须与弹、钉配套,不得用错。

(3)使用气动射钉枪的人员必须经过培训,按规定程序操作,不得乱用。

(4)基体必须稳定、坚实、牢固。在薄墙、轻质墙上射钉时,基体的另一面不得有人,以防射钉穿透基体伤人。

(5)射击时,握紧气动射钉枪,枪口与被固件应呈垂直状态。

(6)只有在操作时,才允许将钉、弹装入枪内。装好钉、弹的枪,严禁将枪口对着人。

(7)发现气动射钉枪操作不灵时,必须及时将钉、弹取出,切不可随意敲击。

(8)如有异常现象,应立即停机,拔下电源插头方可检查维修。

二、常用电动机具

(一)电动冲击钻

电动冲击钻由电机、变速系统、冲击系统(齿盘式离合器)、传动轴、齿轮、夹头、控制开关及把手等组成,适用于装饰工程,如各种室内外墙壁装修和复合材料的钻孔等。

电动冲击钻的特点是一机同时具备钻孔、锤击的功能,可以兼作手电钻和小型电锤使用,使用方便。

电动冲击钻的规格性能见表 6-2。

表 6-2　电动冲击钻的规格性能

型号		JIZG－10 型	JIZG－20 型
额定电压(V)		220	220
额定转速(r/min)		≥1 200	≥800
额定转矩(N·m)		0.009	0.035
额定冲击次数(次/min)		14 000	8 000
额定冲击幅度(mm)		0.8	1.2
最大钻孔直径(mm)	钢铁中	6	13
	混凝土制品中	10	20

使用要点如下：

(1)工作前要确认调节环指针是否指在与工作内容相符的地方。

(2)现场有易燃易爆物品或过于潮湿时不得作业。

(3)不准用电源线拖拉机具,以防机具损坏和漏电。

(4)把柄要保持干燥、清洁,不沾油脂,以便两手握牢。

(5)只可单人操作,不可多人同时或用棍棒压扶机具作业。

(6)作业中出现卡钻头或孔钻偏等问题时,要立即切断电源开关,进行调整处理。严禁带电硬拉、硬压及用力搬扭,以免发生事故。

(7)使用电动冲击钻作业时,要有漏电保护装置,电缆线要挂好,不可随地拖拉。

(8)机具在作业中出现故障或发出异响时,应立即停机拔下电源插头,请专业人员拆检维修。

(9)在混凝土材料上钻孔时,如遇到钢筋,应改变位置另钻。

(10)作业中不准戴手套,留长发的人要戴好帽子。双脚一定要站稳。

(11)仰面作业时要戴防护眼镜。

(12)工作前要确认开关在断开位置,再将插头插入电源插座。

(二)型材切割机

型材切割机由电机、底座、可转夹钳、切盘、安全罩、操作手柄等组成。型材切割机通用性强,使用范围广,可以切割钢管、角钢、槽钢、扁钢、铝合金及不锈钢等。

型材切割机的特点是结构简单、操作方便、功能多、易维护,是装饰工程必备的机具之一。

型材切割机的型号性能见表 6-3。

使用要点如下：

(1)每次使用机具前,须检查切盘有无裂纹或其他损坏情形,如有裂纹或损坏及磨损严重的应立即更换,以免发生意外,还要检查所有安全装置是否完好有效。

(2)必须按说明书安装切盘,用套口扳手小心地固定切盘。装得太松可能会发生危险;装得太紧则会损坏切盘。

(3)型材切割机一定要放在地上使用,不要架高。

(4)注意切盘上注明的最高转速限制,必须按规定使用。

表 6-3　型材切割机的型号性能

型号		J_3C-400 型	$J_3GS-300$ 型(双速)
电动机		三相工频电动机	三相工频电动机
额定电压(V)		380	380
额定功率(kW)		2.2	1.4
转速(r/min)		2 880	2 880
低速		二级	二级
增强纤维砂轮片(mm)		400 × 32 × 3	300 × 32 × 3
切割线速度(m/s)		砂轮片 60	砂轮片 68、木工圆锯片 32
最大切割范围(mm)	圆钢管、异型管	135 × 5	90 × 5
	槽钢、角钢	100 × 10	80 × 10
	圆钢、方钢	ϕ 50	ϕ 25
	木材、硬质塑料	—	ϕ 90
夹钳可转角度(°)		0、15、30、45	0 ~ 45(任意调节)
切割中心调整量(mm)		50	—
质量(kg)		80	40

(5)工件必须夹紧,否则会因工件扭动而发生危险。工件装夹应该保持水平,较长的工件可在另一端用垫块垫住。

(6)启动机具时会产生冲击牵引力,所以右手一定要按住手柄。启动后,要等切盘全速转动后,才可开始切割工件。

(7)作业时人的手和身体不可太接近转动中的切盘。操作者要站在机具的后部偏左侧,以防被飞溅的火花烫伤,或切盘损坏伤人。

(8)工件刚切断部分温度很高,注意不要触摸,以免烫伤。

(9)电源线要挂好,不得随地拖拉,以免破损,发生触电事故。

(10)机具周围不得有易燃物,以免发生火灾。

(11)不可把此机具当砂轮机去磨物件。

(三)电剪刀

电剪刀由电机、齿轮变速机构、偏心轴连杆、上下刀片及刀架等组成,适用于裁剪钢板等金属材料,并可按曲线形状下料。

电剪刀的特点是小巧、灵活,使用方便,可以根据所需形状,对材料进行任意的裁剪,是装饰工程比较理想的机具之一。

电剪刀的规格以最大剪切厚度来表示。剪切钢材(抗剪强度 $<400\ N/mm^2$),有 1.6 mm、2.8 mm、4.5 mm 等规格,空载冲程速率为 1 700 ~ 2 400 冲程/min,额定功率为 350 ~ 1 000 W。

使用要点如下:

(1)工作前检查所有安全装置,务必完好有效,检查开关是否灵活,能否复位,螺钉是否紧固。

(2)检查刀片磨损或损坏情况,如磨损严重就需要更换。

(3)开机后应先空转,检查其传动部位,必须灵活,无障碍。

(4)根据电剪刀的规格能力,剪切相应的材料厚度,不得超标准剪切。

(5)操作中不能用力过猛,遇到转速急剧下降时,应立即减小推力,防止过载。电剪刀因故突然停止时,必须立即切断电源,拔下插头,方可进行检修。

(6)剪切比较厚的板材时,必须将工件固定在工作台上,使其不得移动。

(四)手电钻

手电钻由电机及其传动装置和开关、钻头、夹头、壳体、调节套筒及辅助把手组成,主要用于在金属、塑料、木板、砖墙等各种材料上钻孔、扩孔,如果配上不同的钻头可完成打磨、抛光、拆装螺钉螺母等工作。

手电钻的特点是体积小、重量轻、操作灵活,效率是人工的10倍以上,钻孔质量好。

手电钻的规格性能见表6-4。

表6-4 手电钻的规格性能

手电钻规格*(mm)	额定转速(r/min)	额定转矩(N·m)
4	≥2 200	0.4
6	≥1 200	0.9
10	≥700	2.5
13	≥500	4.5
16	≥400	7.5
19	≥330	3.0
23	≥250	7.0

注:*钻削45号钢时,手电钻允许使用的钻头直径。

使用要点如下:

(1)现场有易燃易爆物品或过于潮湿时不得作业。

(2)不准用电源线拖拉手电钻,以防机具损坏和漏电。

(3)手电钻把柄要保持干燥、清洁,不沾油脂。使用有辅助把柄的手电钻时要双手握牢。

(4)只可单人操作,不可多人同时压扶机具作业。

(5)作业中出现卡钻头或孔钻偏等问题时,要立即切断电源开关,作调整处理。严禁带电硬拉、硬压及用力搬扭,以免发生事故。

(6)使用手电钻作业时,要有漏电保护装置,电缆线要挂好,不可随地拖拉。

(7)手电钻出现故障或发出异响时,应立即停机,拔下电源插头,请专业人员拆检维修。

(8)拆装钻头时,必须用专用扳手,不能使用其他工具乱拧、乱砸。

(9)作业中不准戴手套,留长发的人要戴好帽子。

(10)加工较小工件时,要用台钳夹牢,不可用手握扶工件作业。

(11)作业时双脚一定要站稳,身体不可接触接地的金属体,以免触电。

(12)仰面作业时要戴防护眼镜。

(13)工作前要确认开关在断开位置,再将插头插入电源插座。

（五）电动自攻钻

电动自攻钻主要用于罩面板与龙骨连接以及龙骨骨架安装的自攻螺丝拧固操作，以及其他需要拧紧螺丝的地方。

电动自攻钻的特点是重量轻，可单手自由操作，体积小，便于携带，运用灵活，具有正、反转两种功能，便于拆装，工效高，钻孔质量好。

电动自攻钻规格见表6-5。

表6-5　电动自攻钻的规格

规格（mm）	输入功率（W）	空载转速（r/min）	质量（kg）
8	730	2 400	2.9
12	1 300	2 200	5.0

使用要点如下：

（1）工作前检查所有安全装置，务必完好有效，如发生故障不可勉强使用。

（2）保持工作场所清洁。不可在潮湿、有易燃气体的地方使用。

（3）接电时，要注意电源是否与工具标示的电压相同，检查机具开关是否关闭，防止意外启动；不用时，一定要拔开电源插头；使用完毕及时收藏，并应由专人保管。

（4）变更转向时，一定要等电动螺丝刀完全停下之后再扳动反转开关，否则很容易损伤工作头。

（六）电动曲线锯

电动曲线锯由电机、往复机构、风扇、机壳、开关、手柄、锯条等零部件组成。电动曲线锯可以在金属、木材、塑料、橡胶条、草板材料上切割直线或曲线，能锯割复杂形状和曲率半径小的几何图形。锯条的锯割是直线的往复运动，其中粗齿锯条适用于锯割木材，中齿锯条适用于锯割有色金属板材、层压板，细齿锯条适用于锯割钢板。

电动曲线锯具有体积小、重量轻、操作方便、安全可靠、适用范围广的特点，是建筑装饰工程中理想的锯割工具。

电动曲线锯的规格以最大锯割厚度表示，锯割金属可用3 mm、6 mm、10 mm等规格的电动曲线锯，如锯割木材规格可增大10倍左右，空载冲程速率为500～3 000冲程/min，功率为400～650 W。

使用要点如下：

（1）锯割前应根据加工件的材料，选取合适的锯条。若在锯割薄板时发现工件有反跳现象，表明锯齿太大，应调换细齿锯条。

（2）锯割时，向前推力不能过猛，若卡住应立即切断电源，退出锯条，再进行锯割。

（3）在锯割时不能将电动曲线锯任意提起，以防损坏锯条。在使用过程中，发现不正常声响、水花、外壳过热、不运转或运转过慢时，应立即停锯，检查修复后再用。

（七）电圆锯

电圆锯由电机、锯片、锯片保护罩、调节底板等组成。电圆锯是木板、胶合板、石膏板、石棉板、塑料板等装饰施工现场作业中应用最广的机具之一。

电圆锯的结构简单，轻便，功能多，易操作，维护方便，加工速度快，劳动强度低，加工精度较高，可降低材料消耗，还可以一机多用，稍作调整或更换锯片，就可完成多种加工工序，而且锯入的厚度、锯口的宽窄、锯断面的各种角度均可随意调整。

常用规格有 7 in（英寸）、8 in、9 in、10 in、12 in、14 in 等，功率为 1 750 ~ 1 900 W，转速为 3 200 ~ 4 000 r/min。

使用要求如下：

（1）工作前检查所有安全装置，务必完好有效，固定保护罩要安装牢固，活动保护罩要转动灵活，并且应能将锯片全部护住。不能随意将保护罩拆下或绑住不用。

（2）锯片要保持清洁、锐利，无断齿、裂纹。安装要牢固，以减少回弹、反冲及由此产生的故障和事故。所用锯片必须与圆锯配套，严禁使用不配套的套环和螺栓。

（3）作业前必须仔细检查工件，有无铁钉等利物。如有应取下，以免回弹和损坏锯片。

（4）作业时手及身体各部位必须离开锯割区。锯片转动时，即便已断开开关，也不可用手去取切断的加工件，不可用手或其他物体接触锯片，更不可在作业时随意将其他物件插入锯割区。

（5）加工大块工件时必须加以支撑稳定。所加支撑的数量以工件平稳、不晃动为标准，而且在锯断区附近必须有支撑，这样能减少颤动、回弹和夹锯。

（6）当加工短小工件时，应将工件设法夹住，绝不能用手拿着工件进行加工。

（7）纵锯木料时必须使用导尺或直边挡板。

（8）当发生夹锯时，应马上断开电源开关，使转动停止，不可强行工作，以防严重回弹或损坏锯片，更不要把手放在机具的后部去帮助操作，以免圆锯回弹到手上造成伤害事故。

（9）圆锯底板较宽的部分应放在有坚固支撑的工件部位，以免锯断后机具重心倾斜。

（10）绝不可以用台钳反夹圆锯，而在上面锯割木料。

（11）作业完毕断开电源开关后，绝不可马上放下电锯，必须确认下方的活动罩是否完全复位，锯片是否停转。

（12）作业中禁止戴手套，不要穿肥大的衣服，不要系领带、围巾等。

（13）当发生异响、电机过热或电机转速过低时，应立刻停机检查。注意防止超负荷运转。

三、常用手动工具

（一）锯

常用的锯有架锯、手锯、侧锯、刀锯、钢丝锯等。

架锯由锯条、锯柄、锯梁、锯钮、锯标和张紧绳等组成，有大小、粗细之别。使用时，把木料放在操作台上，用脚踩住木料，右手握锯，左手拇指按在墨线边上，锯齿紧挨拇指，锯割上线后，再协助右手拉锯或固牢木料，以防锯割木料时摇动。架锯使用一段时间后，操作感到吃力，发生夹锯或向一方偏弯，说明出了毛病，要进行维修。锯的维修主要是锉锯条，可用三角锉将锯齿锉磨得更锋利一些。锯用完后，要放松张紧绳，把锯钮恢复原位。

手锯有板锯和搂锯两种，用于锯割较宽的薄板料和层板之类。

侧锯用于开缝挖槽。使用时右手握锯柄，左手按住木料端部上方，前后来回锯削。

刀锯用于纤维板、层板下料的锯削。

钢丝锯用于锯削精细圆弧，切割细小空心花饰及开榫头等。

（二）刨

常用的刨有平刨、线刨、槽刨、边刨、弯刨等。

平刨又分粗、中、长、短四种。使用时，应首先锤击刨身的顶端，使刨刃露出刨身，然后根据需要锤击木楔，将刨刃楔紧。两手紧握手柄，食指压在刨子前部，将刨底紧贴于物体件上，用力前推。刨要平直，力要均匀，并分清木的丝纹，决定刨削方向。

线刨一般用于家具、门窗等镶边装饰线条的加工。

槽刨用于在木料上刨削沟槽、裁口和起线。

边刨是开启木料边缘裁口的专用工具。

弯刨是刨削圆弧、弯料的专用工具，使用较少。

经过长期使用，刨往往会出现刨底不平、刨刃迟钝等现象。刨底不平时，可将刨底用细软物研磨平整；刨刃要用磨石研磨，磨口要与磨石贴合，并经常加水，冲击磨石上的泥浆。刨用完后，要把刨刃藏于刨身，将刨刃楔紧，以免损坏。

（三）斧

斧有单刃和双刃之分，它的使用方法是平砍和立砍。不管是平砍还是立砍，都要在木料底部垫上木板或木块；斧刃千万不能碰在石头或金属上，以免损坏。

（四）锤

常用的锤有羊角锤、圆头锤、橡胶锤。

羊角锤：一头用来拔钉子，另一头用来敲钉子，属敲击类工具。

圆头锤：可用来敲钉子，锤头双侧抛光，手柄为核桃木，坚固可靠。

橡胶锤：材质是橡胶，用于敲击一些怕碎、怕裂的东西，如地板、地砖。

（五）凿

凿一般分为平凿、扁凿、圆凿、斜凿等，都是由凿身、凿柄、凿箍组成的。

凿榫眼时，将画好榫眼线的加工件平放，底面垫一薄板，左手握凿，右手执斧，把凿刃放在眼线内边，用斧对准凿柄顶端，击一下凿顶，就要摇动一下凿。用完后，随时磨好，涂上黄油保存。维修的主要方法是磨凿刃。

（六）锛

锛是砍削工具。使用时，将木料两头垫起，用钉固定在垫木上，两手紧握锛柄，按照墨线的要求顺木纹砍削。

（七）钳

常用的钳有钢丝钳、尖嘴钳、平嘴钳、管钳、剥压线钳等。

钢丝钳：用于剪断铁丝、钢丝等，属于机工工具，坚固耐用，不易断裂。

尖嘴钳：头部呈尖状，用于夹住一些手不宜或不方便伸进的地方，钳口呈锯齿形。

平嘴钳：属夹持类工具，钳口平滑，没有锯齿，用于夹持一些怕磨损的东西。

管钳：属夹持类工具，钳口能上下咬合，钳牙可提供强劲的夹紧效果。铸钢手柄和锻造的钳牙经过热处理并配有碳钢滚花大螺母。

剥压线钳：用于截断电线、剥去绝缘材料、剪断螺丝以及平整工件等。

（八）扳手

扳手是拧紧或旋松螺钉、螺母等的工具。常用的扳手有死扳手、活扳手、梅花扳手等。

死扳手：一端或两端有固定尺寸的开口，用以拧转一定尺寸的螺母或螺栓。

活扳手:开口宽度可在一定尺寸范围内进行调节,能拧转不同规格的螺栓或螺母。

梅花扳手:两端具有带六角孔或十二角孔的工作端,适用于工作空间狭小,不能使用普通扳手的场合。

套筒扳手:由多个带六角孔或十二角孔的套筒以及手柄、接杆等多种附件组成,特别适用于拧转空间十分狭小或凹陷很深处的螺栓或螺母。

(九)螺丝刀

螺丝刀是一种用来拧转螺丝钉的工具,螺丝刀的头型可以分为一字型、十字型、米字型、六角头型等,其中一字型和十字型是最常用的。

(十)测量画线工具

1. 钢卷尺

钢卷尺是常用量具,要随身携带。

2. 折尺

折尺由质地较好的薄木板制成,可以折叠,携带方便,价廉实用,为木工常用量具。规格有:四折,长度 50 cm;六折、八折,长度均为 1 m。

3. 角尺

角尺有木质、钢制两种,由相互垂直的尺柄和尺翼组成,一般尺柄长 15 ~ 20 cm,尺翼长 20 ~ 40 cm。角尺用于画垂直线、平行线及检查平整、垂直情况。

4. 三角尺

三角尺的长宽为 15 ~ 20 cm,尺翼与尺柄的夹角为 90°,其余两角为 45°,用不易变形的木料制成。使用时将尺柄贴紧物面边棱,可画出 45°线及垂线。

5. 活动角度尺

活动角度尺由尺座、活动尺杆及螺丝组成,主要用于测量加工件两相邻面的角度或画角度线。使用时,先将螺帽放松,在量器上调好所需要的角度后,安紧螺帽,即可将活动角度尺移到加工件上进行画线测量。

6. 水平尺

水平尺的中部及端部各装有水准管,当水准管内气泡居中时,即为水平。水平尺用于检验物面是否水平或垂直。使用时,为防止误差,可在平面上将水平尺旋转 180°,复核气泡是否居中。

7. 墨斗

墨斗由硬质木块拼制成槽状,前半部是墨池,后半部是线轮,墨池内有带墨汁的丝棉,线轮上绕有墨线,墨线一端穿过墨池,线头挂一定针。绷线时,先将定线固定在木料的一端,左手握住墨斗的中部,右手拿墨斗笔紧压在墨池内的丝棉上,墨线通过墨池沾上了墨汁,再用右手拇指与食指将黑线提起,即可绷出清晰的线条。

(十一)其他手动工具

1. 手动拉铆枪

手动拉铆枪是一种全手动操作的、可将抽芯铆钉和两个被铆接零件一次性拉铆固定成型的铆接工具。手动拉铆枪铆接效率低、较费力气,主要用于工作量不大的铆接工作场合。

2. 壁纸刀

壁纸刀也称美工刀,刀片锋利,用来裁壁纸之类的东西,故名壁纸刀。其最大特点是使用便于更换的分段式刀片，使用的时候可以折去不锋利的一段，不需要磨刀即能一直保持锋利度。

3. 油灰刀

油灰刀是油工批刮腻子时使用的工具。

4. 方头抹子

方头抹子是瓦工用来抹灰泥的器具。

5. 手动瓷砖切割机

手动瓷砖切割机用来切割各类瓷砖，如有釉或无釉内外墙砖、地砖、陶瓷板、玻化瓷制砖以及平板玻璃等。

6. 玻璃胶枪

玻璃胶枪是一种密封填缝打胶工具，适用于310 mL塑料瓶装硬筒胶——玻璃胶，广泛用于建筑装饰、电子电器、汽车及汽车部件、船舶及集装箱等行业。

7. 滚筒、羊毛刷

滚筒、羊毛刷是油漆工用来滚刷乳胶漆、刷油漆的工具。

本章小结

1. 吊篮、施工电梯、滑轮和滑轮组等常用垂直运输机械机具的基本性能与使用要求。

2. 空气压缩机、气动打钉枪、气动射钉枪等常用气动装饰施工机械机具的性能与使用要求。

3. 电动冲击钻、型材切割机、电剪刀、手电钻、电动曲线锯、电圆锯等常用电动装饰施工机械机具的性能与使用要求。

4. 锯、刨、斧、锤、凿、钢卷尺、折尺、手动拉铆枪、壁纸刀等常用手动装饰施工工具的性能与使用要求。

第七章　装饰工程施工技术要求

【学习目标】

通过本章学习，掌握各种常见吊顶工程、墙面装饰工程、楼地面装饰工程、装饰装修水电工程的施工技术要求。

第一节　吊顶工程施工技术要求

一、轻钢龙骨石膏板吊顶施工技术要求

(一)施工准备要点

(1)按设计说明可选用石膏板、配套龙骨、铝压缝条或塑料压缝条，其材料品种、规格、质量应符合设计要求。

(2)吊顶工程中的预埋件、钢筋吊杆和型钢吊杆应进行防锈处理。

(3)安装龙骨前，应按设计要求对房间净高、洞口标高和吊顶管道、设备及其支架的标高进行交接检验。

(4)安装完顶棚内的各种管线及通风道，确定好灯位、通风口及各种露明孔口位置。

(5)吊顶工程的木质吊杆、木质龙骨必须进行防火处理，并应符合有关设计防火规范的规定。

(6)吊杆的间距不得大于1 200 mm，吊杆距主龙骨端部距离不得大于300 mm，当大于300 mm时，应增加吊杆。当吊杆长度大于1.5 m时，应设置反支撑。当吊杆与设备相遇时，应调整并增设吊杆。

(7)轻钢骨架顶棚在大面积施工前，应做样板间，对顶棚的起拱度、灯槽、通风口的构造处理、分块及固定方法等应经试装并经鉴定认可后方可大面积施工。

(8)重型灯具、电扇及其他重型设备严禁安装在吊顶工程的龙骨上。

(二)常见施工质量问题及防治措施

(1)吊顶不平。原因在于大龙骨安装时吊杆调平不认真，造成各吊杆点的标高不一致。施工时应检查各吊点的紧挂程度，并接通线检查标高与平整度是否符合设计和施工规范要求。

(2)轻钢骨架局部节点构造不合理。在留洞、灯具口、通风口等处，应按图纸相应节点构造设置龙骨及连接件，使构造符合图纸及设计要求。

(3)轻钢骨架吊固不牢。顶棚的轻钢骨架应吊在主体结构上，并应拧紧吊杆螺母以控制固定设计标高；顶棚内的管线、设备件不得吊固在轻钢骨架上。

(4)石膏板分块间隙缝不直。施工时应注意板块规格，拉线找正，安装固定时保证平正对直。

(5)拼板处不平整。产生的原因主要是主龙骨未调平，要在安装主龙骨时注意边安装

边调平，只要主龙骨标高一致，板面的平整度就可以得到改善。

(6)接缝处产生裂缝。严格按照石膏板安装要求操作，在接缝处使用专用工具和配套材料；在板缝处理完后严禁再对龙骨或板材进行振动。

(7)板面产生挠度。要按规定在楼板底面弹好吊杆位置线，按石膏板规格尺寸确定合同的吊杆间距，以防止吊杆间距大小不均或间距过大。次龙骨间距过大也容易产生明显挠度，龙骨与墙面之间的距离应小于 10 cm，板上螺钉间距应按要求均匀布置。

(8)压缝条、压边条不严密平直。施工时应拉线，对正后固定、压粘。

(三)成品保护

(1)轻钢骨架及石膏板安装时应注意保护顶棚内各种管线。轻钢骨架的吊杆、龙骨不准固定在通风管道及其他设备件上。

(2)轻钢骨架、石膏板及其他吊顶材料在入场存放、使用过程中应严格管理，保证不变形、不受潮、不生锈。

(3)施工顶棚部位已安装的门窗，已施工完毕的地面、墙面、窗台等应注意保护，防止污损。

(4)已装轻钢骨架不得上人踩踏，其他工种吊挂件，不得吊于轻钢骨架上。

(5)为了保护成品，石膏板安装必须在顶棚内管道试水、保温等一切工序全部验收后进行。

(四)暗龙骨吊顶工程施工质量控制要点

(1)吊顶标高、尺寸、起拱和造型应符合设计要求。

(2)饰面材料的材质、品种、规格、图案和颜色应符合设计要求。

(3)暗龙骨吊顶工程的吊杆、龙骨和饰面材料的安装必须牢固。

(4)吊杆、龙骨的材质、规格、安装间距及连接方式应符合设计要求。金属吊杆、龙骨应经过表面防腐处理；木质吊杆、龙骨应进行防腐、防火处理。

(5)石膏板的接缝应按其施工工艺标准进行板缝防裂处理。安装双层石膏板时，面层板与基层板的接缝应错开，并不得在同一根龙骨上接缝。

(6)饰面材料表面应洁净、色泽一致，不得有翘曲、裂缝及缺损。压条应平直、宽窄一致。

(7)饰面板上的灯具、感应器、喷淋头、风口箅子等设备的位置应合理、美观，与饰面板的交接应吻合、严密；感应器、喷淋头与灯具的间距不得小于 300 mm。

(8)金属吊杆、龙骨的接缝应均匀一致，角缝应吻合，表面应平整，无翘曲、锤印。木质吊杆、龙骨应顺直，无劈裂、变形。

(9)吊顶内填充吸声材料的品种和铺设厚度应符合设计要求，并应有防散落措施。

(五)明龙骨吊顶工程施工质量控制要点

(1)吊顶标高、尺寸、起拱和造型应符合设计要求。

(2)饰面材料的材质、品种、规格、图案和颜色应符合设计要求。当饰面材料为玻璃板时，应使用安全玻璃或采取可靠的安全措施。

(3)饰面材料的安装应稳固严密。饰面材料与龙骨的搭接宽度应大于龙骨受力面宽度的 2/3。

(4)吊杆、龙骨的材质、规格、安装间距及连接方式应符合设计要求。金属吊杆、龙骨应进行表面防腐处理;木质龙骨应进行防腐、防火处理。

(5)明龙骨吊顶工程的吊杆和龙骨安装必须牢固。

(6)饰面材料表面应洁净、色泽一致,不得有翘曲、裂缝及缺损。饰面板与明龙骨的搭接应平整、吻合,压条应平直、宽窄一致。

(7)饰面板上的灯具、感应器、喷淋头、风口箅子等设备的位置应合理、美观,与饰面板的交接应吻合、严密;感应器、喷淋头与灯具的间距不得小于300 mm。

(8)金属龙骨的接缝应平整、吻合、颜色一致,不得有划伤、擦伤等表面缺陷。木质龙骨应平整、顺直,无劈裂。

(9)吊顶内填充吸声材料的品种和铺设厚度应符合设计要求,并应有防散落措施。

(六)质量验收要点

1. 检验批的划分

(1)同一品种的吊顶工程每50间(大面积房间和走廊按吊顶面积30 m^2 为一间)应划分为一个检验批,不足50间也应划分为一个检验批。

(2)每个检验批应至少抽查10%,并不得少于3间;不足3间时应全数检查。

2. 质量验收要点

1)主控项目

(1)吊顶标高、尺寸、起拱和造型应符合设计要求。

检验方法:观察;尺量检查。

(2)饰面材料的材质、品种、规格、图案和颜色应符合设计要求。

检验方法:观察;检查产品合格证书、性能检测报告、进场验收记录和复验报告。

(3)暗龙骨吊顶工程的吊杆、龙骨和饰面材料的安装必须牢固。

检验方法:观察;手扳检查;检查隐蔽工程验收记录和施工记录。

(4)吊杆、龙骨的材质、规格、安装间距及连接方式应符合设计要求。金属吊杆、龙骨应经过表面防腐处理;木质吊杆、龙骨应进行防腐、防火处理。

检验方法:观察;尺量检查;检查产品合格证书、性能检测报告、进场验收记录和隐蔽工程验收记录。

(5)石膏板的接缝应按其施工工艺标准进行板缝防裂处理。安装双层石膏板时,面层板与基层板的接缝应错开,并不得在同一根龙骨上接缝。

检验方法:观察。

2)一般项目

(1)饰面材料表面应洁净、色泽一致,不得有翘曲、裂缝及缺损。压条应平直、宽窄一致。

检验方法:观察;尺量检查。

(2)饰面板上的灯具、感应器、喷淋头、风口箅子等设备的位置应合理、美观,与饰面板的交接应吻合、严密。

检验方法:观察。

(3)金属吊杆、龙骨的接缝应均匀一致,角缝应吻合,表面应平整,无翘曲、锤印。木质吊杆、龙骨应顺直,无劈裂、变形。

检验方法:检查隐蔽工程验收记录和施工记录。

(4)吊顶内填充吸声材料的品种和铺设厚度应符合设计要求,并应有防散落措施。

检验方法:检查隐蔽工程验收记录和施工记录。

二、轻钢龙骨铝板吊顶工程施工技术要求

(一)施工准备要点

(1)吊顶内的通风、水电管道安装完毕;消防管道安装完毕并试压完毕。

(2)对开敞式吊顶的基层明露部分进行施涂处理,必要时对较明显的管道和设备等进行涂装,以保证开敞式吊顶面的美观效果。

(3)材料进场存放应采取措施,防止龙骨变形、生锈,防止面板受潮变形。铝板在运输、存放和使用过程中,严禁雨淋和受潮;包装箱不能直接置于地面,应铺垫木板,并与墙壁保持40 cm 以上距离。

(4)进行图纸会审,明确设计意图和工程特点,在此基础上进行现场实测,掌握房间吊顶面的实际尺寸,对吊筋、龙骨骨架进行合理排布。

(5)吊筋固定采用膨胀螺栓吊点承载,应由设计人员经计算和试验而定。

(二)施工质量控制要点

(1)吊顶裂缝修复方法是将裂缝处的饰面及嵌缝材料取下,调整和修理吊顶结构,重新铺钉饰面和嵌缝。

(2)施工前必须经过图纸会审,明确设计意图及条板排列方向,特别是吊顶面设置有带式和点式照明、空调送风口、消防设施的外露部分及其他较复杂的装饰布置时,应严格掌握其尺寸、纵横走向,以及与条板线形关系。

(三)质量验收要点

1. 主控项目

(1)吊顶标高、尺寸、起拱和造型应符合设计要求。

检验方法:观察;尺量检查。

(2)饰面材料的材质、品种、规格、图案和颜色应符合设计要求。

检验方法:观察;检查产品合格证书、性能检测报告和进场验收记录。

(3)饰面材料的安装应稳固严密。饰面材料与龙骨的搭接宽度应大于龙骨受力面宽度的2/3。

检验方法:观察;手扳检查;尺量检查。

(4)吊杆、龙骨的材质、规格、安装间距及连接方式应符合设计要求。金属吊杆、龙骨应进行表面防腐处理;木质龙骨应进行防腐、防火处理。

检验方法:观察;尺量检查;检查产品合格证书、进场验收记录和隐蔽工程验收记录。

(5)明龙骨吊顶工程的吊杆和龙骨安装必须牢固。

检验方法:手扳检查;检查隐蔽工程验收记录和施工记录。

2. 一般项目

(1)饰面材料表面应洁净、色泽一致,不得有翘曲、裂缝及缺损。饰面板与明龙骨的搭接应平整、吻合,压条应平直、宽窄一致。

检验方法:观察;尺量检查。

(2)饰面板上的灯具、感应器、喷淋头、风口箅子等设备的位置应合理、美观,与饰面板

的交接应吻合、严密。

检验方法:观察。

(3)金属龙骨的接缝应平整、吻合、颜色一致,不得有划伤、擦伤等表面缺陷。木质龙骨应平整、顺直,无劈裂。

检验方法:观察。

(4)吊顶内填充吸声材料的品种和铺设厚度应符合设计要求,并应有防散落措施。

检验方法:检查隐蔽工程验收记录和施工记录。

第二节　墙面装饰工程施工技术要求

一、乳胶漆施工技术要求

(一)乳胶漆施工准备要点

(1)基层处置是保证施工质量的关键环节,基层完全干透是最基本条件,一般应放置10天以上。基层必须平整,最少应满刮两遍腻子,至满足尺度要求。

(2)腻子应与涂料性能配套,坚实牢固,不得粉化、起皮、裂纹。洗手间等潮湿处使用耐水腻子。

(3)涂液要充分搅匀,黏度太大可适当加水,黏度小可加增稠剂。

(4)动工温度高于10 ℃。室内不能有大量灰尘。最好避开雨天。

(5)所用涂料的品种、型号和性能应符合设计要求。

(二)施工质量控制要点

(1)涂刷乳胶漆时应均匀,不能有漏刷、流附等现象。涂刷一遍,打磨一遍。一般应两遍以上。

(2)乳胶漆涂刷可以采用滚涂法、喷涂法和刷涂法。涂刷时应连续迅速操作,一次刷完。

①滚涂法:将蘸取漆液的毛辊先按W方式运动,将涂料大致涂在基层上,然后用不蘸取漆液的毛辊紧贴基层上下、左右来回滚动,使漆液在基层上均匀展开,最后用蘸取漆液的毛辊按一定方向满滚一遍。阴角及上下口宜采用排笔刷涂找齐。

②喷涂法:喷枪压力宜控制在0.4~0.8 MPa。喷涂时喷枪与墙面应保持垂直,距离宜在500 mm左右,匀速平行移动。两行重叠宽度宜控制在喷涂宽度的1/3。

③刷涂法:按先左后右、先上后下、先难后易、先边后面的顺序进行。

(三)乳胶漆起皮、剥落的原因及防范措施

1. 乳胶漆起皮、剥落的原因

(1)底材内湿度太高;

(2)表面处理不干净,导致涂层附着不牢;

(3)使用了劣质底漆。

2. 防范措施

(1)解决墙体渗漏问题并使墙体充分干燥;

(2)将起皮及剥落层铲去,进行正常的表面处理后涂装;

(3)选用配套底漆。

3. 乳胶漆防火措施

(1)采用涂刷工艺；

(2)在设备安装完毕的情况下，做好清洁隔离措施(纤维布、油布等)，做到不污染其他物体；

(3)使用前，被涂物的表面要将油污、尘土等清除干净，刷上防锈漆；

(4)将防火涂料桶滚匀后，搅拌均匀，即可施工；

(5)涂刷厚度按防火规范要求而定，每隔 4 ~6 小时即可刷第二道；

(6)遇防火涂料过稠，可加入 200#溶剂稀释，施工时要注意通风，严禁火种；

(7)遇到雨天、雾天(温度较高)时停止施工，以防影响质量。

(四)质量标准及检验批

质量验收按《建筑装饰装修工程质量验收规范》(GB 50210—2001)执行。

(1)一般规定。

涂饰工程验收时应检查下列文件和记录：

①涂饰工程的施工图、设计说明及其他设计文件；

②材料的产品合格证书、性能检测报告和进场验收记录；

③施工记录。

(2)各分项工程的检验批应按下列规定划分：

室内涂饰工程，同类涂料涂饰的墙面每 50 间(大面积房间和走廊按涂饰面积 30 m^2 为一间)应划分为一个检验批，不足 50 间也应划分为一个检验批。

(3)检查数量应符合下列规定：

室内涂饰工程每个检验批应至少抽查 10%，并不得小于 3 间；不足 3 间时应全数检查。

(4)涂饰工程的基层处理应符合下列要求：

①新建筑物的混凝土或抹灰基层在涂饰涂料前应涂刷抗碱封闭底漆。

②混凝土或抹灰基层涂刷溶剂型涂料时，含水率不得大于 8%；涂刷乳液型涂料时，含水率不得大于 10%。木材基层的含水率不得大于 12%。

③基层腻子应平整、坚实、牢固，无粉化、起皮和裂缝；内墙腻子的黏结强度应符合《建筑室内用腻子》(JG/T 3049—1998)的规定。

(5)水性涂料涂饰工程施工的环境温度应在 5 ~35 ℃。

(6)涂饰工程应在涂层养护期满后进行质量验收。

二、墙纸裱糊施工技术要求

(一)墙纸裱糊施工准备

(1)清理基层：裱糊墙纸的基层必须有一定的强度、平整度和含水率。将基层表面的毛刺、残留的灰渣用铲刀清掉，如发现基层有超过规范要求的空鼓应处理，缺棱掉角的部位应补平，抹灰表面无松散、起皮、脱落现象，木基层接缝应嵌平，钉子应涂防锈漆。

(2)刮腻子找平：刮腻子的作用是为了找平，清理基层后用腻子满刮基层表面，刮腻子应用泥工钢抹子进行刮抹，分多遍进行，其遍数可视基层抹灰情况而有所区别，但一般应保证两遍腻子，直至刮平基层，待干后用砂纸打平。

（二）施工质量控制要点

（1）墙纸裱糊施工工序主要控制两点：其一是拼缝要严密，其二是拼缝部位溢出的黏结剂和墙纸表面的脏痕要及时清理干净。做到 1.5 m 内正视不显拼缝，斜视不显胶痕。

（2）施工裁纸时，应比实际长度多出 2 ~ 3 cm，剪口要与边线垂直。

（3）粘贴时墙纸要铺好铺平，用毛辊沾水湿润基材，纸背的湿润程度以手感柔软为宜。

（4）将配制好的 PVC 黏结剂刷到基层上，将湿润的墙纸从上而下，用刮板向下刮平，因花线往往垂直布置，因此不宜横刮。

（5）拼接时，拼缝部位应平齐，纱线不能重叠或留有空隙。

（6）纺织纤维墙纸可以横向裱糊，也可竖向裱糊；横向裱糊时，纱线排列应与地面平行，可增加房间的纵深感；纵向裱糊时，纱线排列应与地面垂直，在视觉上可增加房间的高度。

（三）施工注意事项

（1）严格检查和修整基层，阴阳角必须垂直、方正，表面平整，干湿度适当。

（2）及时检查墙纸垂直线，每粘贴几张可用线坠检查，出现偏差及时纠正。

（3）不同基层接缝处应先粘贴一层绑带，再刮腻子。

（4）大面积裱糊时，应先做样板间，根据使用的材料和裱糊的部位，统一操作要领。裱糊墙纸后的墙面，不得随意开洞，以免产生后补的"补丁"效果。

（5）裱糊墙面的另一面如果是湿度较大的房间，要考虑水分或水蒸气对墙壁的影响，所以要采取必要的防潮措施。

（6）在潮湿季节，裱糊后白天应开窗透气，夜晚应关闭门窗，防止潮气侵入。如房间通风不够，墙纸表面易产生黑色霉斑。

（7）交工前，做好阴阳角保护，防止磕碰掉角情况发生。

（四）质量要求

（1）保证项目：符合设计要求。

（2）基本项目：裱糊表面色泽一致，无斑污、无胶痕、无凸粒点。各幅拼接横平竖直，图案端正，接缝图案、花纹吻合，距 1.5 m 处正视不显拼缝，斜视不显胶痕，阴角处搭接顺直，阳角处无接缝。交接紧密、无缝隙，无漏贴和补贴。

（3）允许偏差项目：

①表面平整用 2 m 靠尺检查不大于 2 mm；

②立面垂直用 2 m 托线检查不大于 3 mm；

③阴、阳角方正用 200 mm 阴阳角尺检查不大于 2 mm。

三、墙砖施工技术要求

（一）施工准备要点

（1）基层处理：基层表面的灰砂、污垢和油渍等，应清理干净。如果基层混凝土墙面是光面应凿毛，凸出部分应剔平刷净，凹陷部分和蜂窝麻面外应刷 107 胶水或界面剂，并用水泥砂浆分层修补找平，浇水湿润。

（2）贴饼冲筋：用 500 mm 基准线检查基层表面的平整度和垂直度，找出控制线及控制尺寸，拉线找平、垂直、方正，根据厚度贴饼冲筋。

(二)施工质量控制要点

(1)铺贴黏结层厚度以3～4 mm为宜,因而对基层处理和抹灰的质量要求较为严格。

(2)选砖。应按设计图案要求的颜色、几何尺寸进行选砖并编号分别存放,便于粘贴时对号入座。

(3)弹线分格。根据高度弹出若干水平线,两线之间的砖应为整块数,按设计要求的砖的规格确定分格缝宽度。

(4)排砖。排砖分格时应使横缝与贴脸、窗台相平;应根据墙垛等,首先绘制出细部构造详图,然后按整排砖模数分格,以保证墙面粘贴各部位操作顺利。

(5)粘贴。一般由下而上进行。整间或电气部位宜一次完成。底层先浇水湿润,在弹好水平线下口支上一根垫尺,并用水平尺找平。

(6)擦缝。待黏结水泥凝固后,用素水泥浆找补擦缝。方法是:用橡皮刮板将水泥浆在瓷砖表面刮一遍,嵌实嵌平缝隙,再擦净砖面。如有浅色瓷砖使用白水泥。

(三)质量要求

1. 主控项目

(1)饰面砖的品种、规格、图案、颜色和性能应符合设计要求。

(2)饰面砖粘贴工程的找平、防水、粘贴和勾缝材料与施工方法应符合设计要求及国家现行产品标准和工程技术标准的规定。

(3)饰面砖粘贴必须牢固。

(4)满粘法施工的饰面砖工程应无空鼓、裂缝。

2. 一般项目

(1)饰面砖表面应平整、洁净、色泽一致、无裂痕和缺损。

(2)阴阳角处搭接方式,非整砖使用部位应符合设计要求。

(3)墙面突出周围的饰面砖应整砖套割吻合,边缘应整齐。墙裙、贴脸突出墙面的厚度应一致。

(4)饰面砖接缝应平直、光滑,填嵌应连续、密实,宽度和深度应符合设计要求。

(5)有排水要求的部位应做滴水线(槽)。滴水线(槽)应顺直,流水坡向应正确,坡度应符合设计要求。

(6)饰面砖粘贴的允许偏差和检验方法应符合《建筑装饰装修工程质量验收规范》(GB 50210—2001)的规定。

四、装饰板、镜面玻璃墙面施工技术要求

(一)施工准备要点

1. 基层防潮处理

为了防止墙面的潮气使夹板产生翘曲,墙面应采取防潮措施。其方法有两种:一种在基层上先做防潮砂浆抹灰,干燥后再涂一道防水涂料如1 mm涂膜橡胶;另一种是在墙面比较干燥的情况下,使护墙面板与墙面之间通气,即在罩面板的上、下留透气孔,保证墙龙骨、罩面板干燥。

2. 按设计要求规格加工饰面板

金属板(或铝塑板)加工时,应按板面箭头标示考虑下料方向,保证同一装饰面安装朝

向一致，折光效果统一；制作平台上应铺满地毯，使用大力钳时可采用电胶布分开包封钳口做保护，防止人为污染及损坏饰面。

（二）施工质量控制要点

1. 镜面玻璃质量控制要点

1）铺钉基层板

为使玻璃镜安装平整垂直，固定牢固，在木筋上铺钉 9 mm 或 12 mm 厚木夹板衬板（根据设计图纸要求）。要求基层板表面无翘曲、起皮现象，表面平整、清洁。板与板之间缝隙应在竖木筋处，并按设计要求在衬板上弹出分块镜面尺寸的墨线。

2）镜面钻孔

用螺丝固定的镜面要钻孔。钻孔的位置一般在镜面的边角处。一般做法是：在钻孔位置中心用玻璃钻钻一小孔，再在电钻上安装合适的钻头，钻头孔直径大于螺丝直径。启动钻机时，要不断往镜面钻孔浇水，防止电钻过热使玻璃开裂。

2. 装饰板质量控制要点

1）铺钉基层板

为使金属板（或铝塑板）安装平整垂直，固定牢固，在木筋上铺钉 9 mm 或 12 mm 厚木夹板衬板（根据设计图纸要求）。要求基层板表面无翘曲、起皮现象，表面平整、清洁。板与板之间缝隙应在竖木筋处，并按设计要求在衬板上弹出分块尺寸的墨线。

2）金属板（或铝塑板）安装

金属板（或铝塑板）应表面平整，边缘整齐，不应有污垢、裂缝、翘曲等缺陷，质量均应符合现行国家标准、行业标准的规定。

（三）施工质量控制要点

（1）墙面立筋应考虑罩面板材尺寸，即长与宽，来确定立筋间距，同时确定横撑的间距。立筋间距一般为 450 ~ 600 mm。如有门口，其两侧需各立一根通天立筋。

（2）横撑加在立筋之间，与立筋不一定要垂直，但横撑应基本水平，用钉子使其与立筋楔紧钉牢。横撑实际尺寸应比立筋间距之间的尺寸稍长。

（3）窗口的上下及门口的上边应加横楞木，其尺寸应比门窗口大 20 ~ 30 mm，在安装门窗口时同时钉上。门窗樘上部宜加钉人字撑。

（4）安装沿地、沿顶楞木时，应将楞木两端头伸入砖墙至少 150 mm。

（5）罩面板安装一般用钉固定。板块接头形式多种，主要分盖缝与不盖缝两大类。有涂刷油漆要求的墙面，其胶合板应在上墙前进行挑选，相邻面的木纹、颜色应接近，否则观感效果不好。

（6）罩面板应根据设计图纸加工裁制，安装时先按分块尺寸弹线。

（7）生活电器等的底座，应嵌牢固，其表面应与罩面板的底面齐平。门窗框与罩面板相接处亦应齐平，并加贴脸板覆盖，或做筒子板。踢脚若采用木踢脚板者，罩面板可离地 20 ~ 30 mm，若用石材（包括预制磨石踢脚板）做踢脚者，罩面板上端应与踢脚板上口接缝严密。

（8）用胶合板罩面时，钉长为 25 ~ 35 mm，钉距为 80 ~ 150 mm，钉帽应打扁，并钉入板面 0.5 ~ 1 mm，钉眼应用油性腻子抹平，以防止板面空鼓、翘曲，钉帽生锈。若用盖缝条固定胶合板，钉距不应大于 200 mm，钉帽应顺木纹钉入木条 0.5 ~ 1 mm。

(四)质量验收要求

(1)饰面板的品种、规格、颜色和性能应符合设计要求,木质龙骨、木饰面板燃烧性能等级应符合设计要求。

(2)饰面板孔、槽的数量、位置和尺寸应符合设计要求。

(3)饰面板安装工程的预埋件(或后置埋件)、连接件的数量、规格、位置、连接方法和防腐处理必须符合设计要求。后置埋件的现场拉拔强度必须符合设计要求。饰面板安装必须牢固。

(4)饰面板表面应平整、洁净、色泽一致,无裂痕和缺损。石材表面应无泛碱等污染。

(5)饰面板嵌缝应密实、平直,宽度和深度应符合设计要求,嵌填材料色泽应一致。

(6)饰面板上的孔洞应套割吻合,边缘应整齐。

五、干挂石材墙面施工技术要求

(一)施工准备要点

(1)验收石材:验收石材要专人负责管理,要按设计要求认真检查石材规格、型号是否正确,与料单是否相符,如发现颜色明显不一致的要单独码放,以便退还厂家。

(2)搭设脚手架:采用钢管扣件搭设双排脚手架,要求立杆距墙面净距不小于500 mm,短横杆距墙面净距不小于300 mm,架体与主体结构连接锚固牢固,架子上下满铺跳板,外侧设置安全防护网。

(3)测量放线:先将要干挂石材的特制大线坠或经纬仪从上至下找出垂直线。同时应该考虑石材厚度及石材内皮距结构表面的间距,一般以60 ~ 80 mm为宜。根据石材的高度用水准仪测定水平线并标注在墙上,一般板缝为6 ~ 10 mm。弹线要从外墙饰面中心向两侧及上下分格,误差要匀开。放线时,应考虑好与其他装饰面的接口。

(二)施工质量控制要点

(1)为了防止出现外饰面石材颜色不一致,施工时应事先对石材板进行认真的挑选和试拼。

(2)为防止线角不顺直,缝隙格不匀不直,施工前应认真按设计图纸尺寸核对结构施工实际尺寸,分段分块弹线要精确细致,并经常拉水平线和吊垂直线检查校正。

(3)严防渗漏:为了防止渗漏,增强美观,施工时操作人员要认真细致打胶嵌缝。尤其要注意外窗套口的周边、立面凹凸变化的节点、不同材料交接处、伸缩缝、排水坡度和窗台及挑檐与墙面等交接处。

(4)为了避免弄脏墙面和减少残留在墙面上的胶痕,施工时应确定好施工工艺,注意先后程序和上下左右层次,同时也要加强成品保护;施工操作人员必须养成随干随清擦的良好习惯,并加强成品保护管理教育工作,使操作人员或其他人员不要在饰面上乱写乱画、乱蹬乱踩等,以免造成污染,竣工前应自上而下进行全面彻底的清擦。

(三)成品保护

(1)科学地安排施工顺序,应提前做好水、电、暖、通风、设备安装等施工,以防止损坏、污染外挂石材饰面板。

(2)要及时认真地清擦干净残留在门窗框、玻璃和金属饰面板上的密封胶、尘土、胶粘剂、油污、手印、水等杂物;宜粘贴保护膜,预防污染、锈蚀。

(3)在拆架子或上料时,严禁碰撞干挂石材饰面板。

(4)饰面完成后,易破损部分的棱角处要用木板做成护角保护。

(5)严禁往下倒垃圾、渣土或翻脚手板等。

(6)已完工的外挂石材饰面,严防在饰面板上乱写乱画等危害成品的行为。

(四)质量验收要求

1.主控项目

(1)饰面石材的品种、防腐、规格、形状、平整度、几何尺寸、洁度、颜色和图案必须符合设计要求,并有产品合格证。

(2)面层与基层应安装牢固,粘贴料、干挂配件必须符合设计要求和国家现行有关标准的规定,钢配件需做好防锈、防腐处理。

2.一般项目

(1)表面洁净、平整,拼花正确,纹理清晰、通顺,颜色均匀一致,非整板部位安装适宜,阴阳角处的石板压向正确。

(2)缝格均匀,板缝通顺,接缝嵌填密实、宽窄一致,无错台、错位等缺陷。

(3)突出物周围的板采取整板套割,尺寸准确,边缘吻合整齐、平顺,墙裙、贴脸等上口平直。

(4)滴水线顺直,流水坡向正确,清晰美观。

六、成品实木门安装施工技术要求

(一)安装准备要点

1.材料产品要求

(1)木门:由木材加工厂供应的木门框和扇必须是经检验合格的产品,并具有出厂合格证,进场前应对型号、数量及门扇的加工质量(其中包括缝子大小、接缝平整、几何尺寸及门的平整度等)全面进行检查。

(2)钉子、木螺丝、合页、拉手、门脚止、门锁等按门图表所列的小五金型号、种类及其配件准备。

(3)不同轻质墙体预埋设的木砖及预埋件等,应符合设计要求。

2.作业条件

(1)门框和扇安装前应先检查有无窜角、翘扭、弯曲、劈裂。

(2)门框靠砖墙、靠地的一面应刷防腐涂料,其他各面及扇均应涂刷清油一道。刷油后分类码放平整,底层应垫平、垫高。每层框与框、扇与扇间垫木板条通风,如露天堆放时,需用苫布盖好,不准日晒雨淋。

(3)门框的安装应依据图纸尺寸核实后进行,并按图纸开启方向安装,安装时注意裁口方向。安装高度按室内 50 cm 水平线控制。

(4)门框安装应在抹灰前进行。门扇的安装宜在抹灰完成后进行。

(二)成品保护

(1)在安装过程中,需采取防水防潮措施。在雨季或温差大的地区应及时油漆门。

(2)调整修理门时不能硬撬,以免损坏门和五金。

(3)安装工具应轻拿轻放,以免损坏成品。

(4)已安装门的洞口不得再作运料通道,如用作运料通道,必须先加钉板护条。

(三)施工质量控制要点

(1)立框时掌握好抹灰层的厚度,确保有贴脸的门框安装后与抹灰面平齐。

(2)安装门框时必须事先量一下洞口尺寸,计算并调整缝隙宽度,避免门框与门洞之间的缝隙过大或过小。

(3)木砖的埋置一定要满足数量和间距的要求,即高 2 m 以内的门每边不少于 3 块木砖,木砖间距以 800 ~ 900 mm 为宜;高 2 m 以上的门框,每边木砖间距不大于 1 m,以保证门框安装牢固。

(4)安装合页时,合页槽应里平外卧,木螺丝严禁一次钉入,钉入深度不能超过螺丝长度的1/3,拧入深度不小于螺丝长度的 2/3,拧时不能倾斜。若遇木节,可在木节上钻孔,重新塞入木塞后再拧紧木螺丝,这样才能保证铰链平整,木螺丝拧紧卧平。

(四)质量验收要点

1. 保证项目

(1)门框安装位置必须符合设计要求。

(2)门框必须安装牢固,固定点符合设计要求和施工规范的规定。

2. 基本项目

(1)门框与墙体间需填塞保温材料时,应填塞饱满、均匀。

(2)门扇安装应裁口顺直,刨面平整光滑,开关灵活、稳定,无回弹和倒翘。

(3)门小五金安装应位置适宜,槽深一致,边缘整齐,尺寸准确。小五金安装齐全,规格符合要求,木螺丝拧紧卧平,插销开启灵活。

(4)门盖口条、压缝条、密封条的安装应尺寸一致,平整光滑,与门结合牢固严密,无缝隙。

第三节　楼地面装饰工程施工技术要求

一、石材地面施工技术要求

(一)施工准备要点

(1)施工前要清理现场,检查铺砌或铺粘面部位有无水、暖、电等工种的预埋件,是否影响施工;要检查板块的规格、尺寸、颜色、边角缺陷等,将板块分类码放。

(2)基层处理:板块地面铺砌前,应先挂线检查并掌握楼、地面垫层的平整度,做到心中有数。然后清扫基层并用水刷净,如是光滑的钢筋混凝土楼面,应凿毛地面,并提前 10 小时浇水湿润基层表面。

(3)找规矩:根据设计要求,确定平面标高位置。根据板块的规格尺寸挂线找中,即在房间取中点,拉十字线。与走廊直接相通的门口外,要与走道地面拉通线,分块布置要以十字线对称,如室内地面与走廊地面颜色不同,分界线应放在门口门扇中间处。将拉出的标准线固定于墙面。

(4)试拼:根据标准线确定铺砌顺序和标准块位置。在选定的位置上,对每个房间的板块,应按图案、颜色、纹理试拼。试拼后按两个方向编号排列,然后按编号码放整齐。

（二）施工质量控制要点

（1）铺装石材地面时必须安放标准块，标准块应安放在十字线交点，对角安装。铺装时要每行依次挂线，石材必须浸水湿润，阴干后擦净背面。

（2）石材必须浸水阴干，以免影响其凝结硬化，发生空鼓、起壳等问题。

（3）预防空鼓。空鼓主要原因是黏结层砂浆稀、铺装时素水泥浆已干、板材背面污染物未除净、养护期过早上人行走或重压。铺粘时用素水泥浆，严禁用水泥面粉铺粘。养护期内应架板，禁止在面上行走。如发生空鼓则应返工重铺，方法是取出空鼓板材，可用吸盘吸住，平直吊出，然后按规范要求铺装。

（4）预防平整度偏差大。除施工操作不当、板面没有装平外，主要原因是板材翘曲。对厚薄不匀的，可在板背抹砂浆调整找平，对局部偏差较大的，可以用云石机打磨平整再进行抛光处理。没有装平的板块应取下重装。

（三）地面石材验收要点

（1）铺装必须牢固，铺装表面平整，色泽协调，无明显色差。

（2）接缝平直、宽窄均匀，石材无缺棱掉角现象，非标准规格板材铺装部位正确、流水坡方向正确。

（3）拉线检查误差小于 2 mm，用 2 m 靠尺检查平整度误差小于 1 mm，表面洁净。

二、地砖地面施工技术要求

（一）施工准备要点

（1）地砖：进场验收合格后，在施工前应进行挑选，将有质量缺陷的剔除，然后将地砖按大中小三类挑选后分别码放在垫木上。

（2）作业条件：

①墙上四周弹好 +50 cm 水平线；

②地面防水层已经做完，室内墙面湿作业已经做完；

③穿楼地面的管洞已经堵严塞实；

④楼地面垫层已经做完；

⑤板块应预先用水浸湿，并码放好，铺时达到表面无明水。

⑥复杂的地面施工前，应绘制施工大样图，并做出样板间，经检查合格后，方可大面积施工。

（二）常见质量问题及原因

（1）板块空鼓：基层清理不净、洒水湿润不均、砖未浸水、水泥浆结合层刷的面积过大、风干后起隔离作用、上人过早影响黏结层强度等因素都是导致空鼓的原因。

（2）板块表面不洁净：做完面层之后成品保护不够、油漆桶等放在地砖上、在地砖上拌和砂浆、刷浆时不覆盖等，都可造成表面污染。

（3）有地漏的房间倒坡：做找平层砂浆时，没有按设计要求的泛水坡度进行弹线找坡。因此，必须在找标高、弹线时找好坡度，在抹灰饼和标筋时抹出泛水。

（4）地面铺贴不平，出现高低差：对地砖未进行预先挑选，砖的薄厚不一致，或铺贴时未严格按水平标高线进行控制。

（5）地面标高错误：多出现在厕浴间，原因是防水层过厚或结合层过厚。

(6)厕浴间泛水过小或局部倒坡;地漏安装过高或+50 cm水平线不准。

(三)成品保护

(1)在铺贴板块操作过程中,对已安装好的门框、管道都要加以保护。

(2)切割地砖时,不得在刚铺贴好的砖面层上操作。

(3)铺贴砂浆抗压强度达1.2 MPa时,方可上人进行操作,但必须注意油漆、砂浆不得存放在板块上,铁管等硬器不得碰坏砖面层。喷浆时要对面层进行覆盖保护。

(四)质量验收要点

1.主控项目

(1)面层所有的板块的品种、质量必须符合设计要求。

(2)面层与下一层的结合(黏结)应牢固,无空鼓。

2.一般项目

(1)砖面层的表面应洁净、图案清晰,色泽一致,接缝平整,深浅一致,周边顺直。板块无裂纹、掉角和缺棱等缺陷。

(2)面层邻接处的镶边用料及尺寸应符合设计要求,边角整齐、光滑。

(3)楼梯踏步和台阶板块的缝隙宽度应一致、齿角整齐,楼层梯段相邻踏步高度不应大于10 mm,防滑条顺直。

(4)面层表面的坡度应符合设计要求,不倒泛水、不积水,与地漏、管道结合处应严密牢固,无渗漏。

(5)砖面层的允许偏差应符合《建筑装饰装修工程质量验收规范》(GB 50210—2001)的要求。

三、地毯地面施工技术要求

(一)施工准备要点

1.清理基层

(1)铺设地毯的基层要求具有一定的强度。

(2)基层表面必须平整,无凹坑、麻面、裂缝,并保持清洁干净。若有油污,须用丙酮或松节油擦洗干净;高低不平处应预先用水泥砂浆填嵌平整。

2.裁剪地毯

(1)根据房间尺寸和形状,用裁边机从长卷上裁下地毯。

(2)每段地毯的长度要比房间长度长约20 mm,宽度要以裁出地毯边缘后的尺寸计算,弹线裁剪边缘部分。要注意地毯纹理的铺设方向是否与设计一致。

(二)施工质量控制要点

(1)钉木卡条和门口压条。采用木卡条(倒刺板)固定地毯时,应沿房间四周靠墙脚1~2 cm处,将卡条固定于基层上。

(2)凡能被雨水淋湿、有地下水侵蚀的地面,特别潮湿的地面,不能铺设地毯。

(3)在墙边的踢脚处以及室内柱子和其他突出物处,地毯的多余部分应剪掉,再精细修整边缘,使之吻合服贴。

(4)地毯拼缝应尽量小,不应使缝线露出,要求在接缝时用张力器将地毯张平服贴后再进行接缝。接缝处要考虑地毯上花纹、图案的衔接,否则会影响装饰质量。

(5)铺完后，地毯应达到毯面平整服贴，图案连续、协调，不显接缝，不易滑动，墙边、门口处连接牢靠，毯面无脏污、损伤。

(三)施工质量验收要点

(1)地毯的品种、规格、颜色、花色、胶料和辅料及其材质必须符合设计要求和国家现行地毯产品标准的规定。

(2)地毯表面应平整，拼缝处粘贴牢固、严密平整、图案吻合。

(3)地毯表面不应起鼓、起皱、翘边、卷边、显拼缝、露线和无毛边，绒毛顺光一致，毯面干净，无污染和损伤。

(4)地毯同其他面层连接处、收口处和墙边、柱子周围应顺直、压紧。

四、塑胶地面施工技术要求

(一)施工准备工作

(1)地面强度。细石混凝土找平层(或水泥砂浆)强度等级大于C20，用硬度测试仪检测结果应是地坪表面硬度不低于1.2 MPa。找平高度比地面设计高度低5 mm，找平层表面光洁，无油脂和脱模剂，不能有裂缝、空鼓和起砂现象。

(2)地面平整度。2 m范围内高低误差在3 mm内(2 m长检测尺检测)。

(3)干燥度。施工前应确保地面干燥，混凝土或水泥砂浆找平层至少超过终凝养护期28天，使用CNN含水率测试仪检测基层的含水率应小于3%。

(4)防水。卫生间等可能长期接触水的部位，墙地面应做好防水层(防水层上墙高度不低于30 cm)，且地面标高应低于其他部位地面标高3~5 cm。

(二)施工质量控制要点

(1)粘贴地板前，最好用打磨机打磨地坪，打磨后把灰尘清理干净。

(2)不要在同一个房间内使用不同批号的材料。尽量避免十字接缝。

(3)用手工开缝器或电动开缝器开缝。开缝的宽度不能超过3.5 mm，深度不能超过2.5 mm。

(4)焊接温度须设置为350~400 ℃，焊接速度应为1.5~2.5 m/s。

(三)质量验收要点

(1)地板面层应采用卷材或块材、专用焊接工艺，以胶粘剂在水泥类基层上铺设。

(2)水泥类基层表面应平整、坚硬、干燥、密实、洁净，无油脂及杂质，不得有麻面、起砂、裂缝等缺陷。

(3)胶粘剂选用应符合现行国家标准《民用建筑工程室内环境控制规范》(GB 50325—2010)的规定。其产品应按基层材料和面层材料的相容性要求，通过试验确定。

(4)地板面层所用的地板卷材或块材的品种、规格、颜色、等级符合设计要求和现行国家标准的规定。

(5)面层与下一层的黏结应牢固，不翘边、不脱胶、无溢胶。

(6)地板面层应表面洁净，图案清晰，色泽一致，接缝严密，无胶痕；与墙边交接吻合，阴阳角方正。

(7)板块的焊接，焊缝应平整、光洁，无焦化变色、斑点、焊瘤和起鳞等缺陷，其凹凸允许偏差为±0.6 mm。

(8)镶边用料应尺寸准确、边角整齐、拼缝严密、接缝顺直。

五、木地板地面施工技术要求

(一)施工准备要点

(1)作业条件:

①材料已进场,并经检验符合设计图纸要求;

②木地板不宜在潮湿的室内施工,防止地面潮湿导致地板变形;

③弹好 +0.5 m 水平控制线。

(2)基层处理:基层地面要求平整、干燥、干净;保证地面的平整度,一般平整度要求地面高低差不大于 3 mm/m^2。

(3)检查门套及门扇离地距离:门与地面之间应留有间隙,保证安装后留有约 5 mm 的缝隙。

(二)施工质量控制要点

(1)在铺设过程中应注意缺损、纹路、色差等现象,并及时调整。

(2)底板不宜使用密度板或者大芯板。

(3)空铺式木格栅(其间无填料)的两端应垫实钉牢,木格栅与墙间应留出不小于 30 mm 的缝隙。木格栅作防腐处理。

(4)实铺式木格栅(其间有填料)的截面尺寸、间距及稳固方法等均应按设计要求。

(5)毛地板铺设时,应与格栅呈 30°或 45°斜向钉牢,板间的缝隙不大于 3 mm,与墙之间留有 8 ~ 12 mm 空隙,表面应刨平。

(6)踢脚板厚度不得小于 1.2 cm,要与墙紧贴,上口平直;踢脚板接缝处应作企口或错口相接,在 90°转角处应作 45°斜角相接;踢脚板与木地板面层交接处钉设木压条。

(7)在施工过程中,若遇到管道、柱角等情况,应适当进行开孔切割安装,还要保持适当的间隙。

(三)成品保护

(1)木地板材料应码放整齐,使用时轻拿轻放,不可以乱扔乱堆,以免损坏棱角。

(2)在木地板上作业时应穿软底鞋,且不得在地板面上敲砸,防止损坏面层。

(3)木地板施工应注意保证环境的温湿度。施工完应及时覆盖塑料薄膜,防止开裂变形。

(4)通水和通暖时应注意节门及管道的三通、弯头等处,防止渗漏后浸湿地板,造成地板开裂和起鼓。

(四)木地板施工中常见质量问题及处理

(1)空鼓、固定不实:主要原因是毛板与龙骨、毛板与地板的钉子数量少,或钉得不牢;由于板材含水率变化引起收缩,或胶液不合格。

应严格检验板材含水率、胶粘剂等质量;安装时钉子不宜过少,并应确保钉牢,每安装完一块板,用脚踩检验无响声后,再装下一块,如有响声应即刻返工。

(2)表面不平:基层不平或地板条变形起拱所致。在安装施工时,应用水平尺对龙骨表面找平,如果不平应垫垫木调整。板边距墙面应留出 10 mm 的缝隙。保温隔音层材料必须干燥,防止木地板受潮后起拱。

(3)拼缝不严:安装不规范、板材宽度尺寸误差大、企口加工质量差所致。应认真检验地板质量;安装时企口应平铺,在板前钉扒钉,用模块使地板缝隙一致后再钉钉子。

(4)局部翘鼓:板子受潮变形、毛板拼缝太小或无缝、水管漏水泡湿地板所致。在安装毛板时应留 3 mm 缝隙,木质龙骨刻通风槽;地板铺装后,涂刷地板漆应漆膜完整;在日常使用中要防止水流入地板下部,要及时清理面层的积水。

(五)质量验收要点

(1)材质、品种、等级符合要求,含水率在 10% 左右。

(2)木质龙骨、垫木作防腐处理,安装牢固、平直,间距、固定方法符合要求,板面铺钉牢固、粘贴牢固、无空鼓,胶品种符合要求。

(3)木地板表面刨平、磨光,无刨痕、毛刺,图案清晰,清油面层颜色一致,铺装方向正确,面层接缝严密,接头位置错开,表面洁净。

(4)踢脚板铺设接缝严密,表面光滑,高度及出墙厚度一致。用 2 m 靠尺检查,地面平整度误差小于 0.2 mm,缝隙宽度小于 0.15 mm,踢脚板上口平直度误差小于 3 mm,拼缝平直度误差小于 2 mm。

第四节　装饰水电工程施工技术要求

一、照明系统施工技术要求

(一)施工准备要点

(1)穿线钢管壁厚均匀,焊缝均匀,无开裂、砂眼、棱刺和凹瘪现象,除镀锌管外,安装前应做防锈处理。

(2)各种导线及电气器具的型号、规格必须符合设计要求和国家标准的规定,并必须有产品合格证。

(3)导线要根据标准选择,相线、零线及保护地线的颜色应加以区分,蓝色线做零线,黄绿双色线做地线。

(4)照明电路的绝缘电阻值不小于 0.5 MΩ,动力线路的绝缘电阻不小于 0.5 MΩ。

(5)配电箱(盘)位置正确,部件齐全,箱体开孔合适,切口整齐。暗式配电箱箱盖紧贴墙面,零线经汇流排(零线端子)连接,无铰接现象,PE 线安装明显牢固。

(二)施工质量控制要点

(1)管线铺设必须同各施工班组密切配合,不得影响其他工种施工进度。

(2)装饰顶棚不得随意上人,如需上人应在顶棚上加木板。

(3)安装灯具、面板前应将线路试通,系统绝缘要求在 0.5 MΩ 以上。

(4)接地电阻测试不能大于 4 Ω。

(5)吊灯、吸顶灯的固定必须牢固,无松动、歪斜等现象。插座面板及开关面板安装位置正确,一般控制开关高出地坪(装饰后地坪)1.4 m 左右,插座面板距地坪 0.3 m 左右。

(6)灯具、开关、插座的安装必须牢固端正,位置准确。

(7)有吊顶的灯具或质量超过 3 kg 的灯具,必须在顶板上设立独立的吊杆预埋件,承担灯具的全部荷载,不应使吊顶龙骨承受灯具荷载。

(8)成排安装的灯具中心线允许偏差 5 mm，在同一室内安装的多个开关或插座必须在同一高度，并列安装时，高度差允许 1 mm，同一场所高度差允许 5 mm。

(9)灯具若是金属外壳，必须做保护地线。嵌入式灯具安装时，采用可调节长度的吊杆，灯具的四角均用吊杆，安装时必须水平。

(三)系统调试与检测要点

(1)电气照明器具试运行前应进行通电安全检查，并应逐个做好记录。

(2)电气照明器具应分层进行通电试运行，系统内的全部照明灯具均应开启，同时投入运行，运行时间为 24 小时。

(3)全部照明灯具通电运行开始后，要及时测量系统的电源、电压负荷、电流并做好记录。

(4)试运行过程中每隔 8 小时还需测量记录一次，直到 24 小时运行完毕为止。

二、卫生洁具安装施工技术要求

(一)施工准备要点

1. 材料要求

(1)卫生洁具的规格、型号必须符合设计要求，并有出厂产品合格证。卫生洁具外观应规矩、造型周正，表面光滑、美观、无裂纹，边缘平滑，色调一致。

(2)卫生洁具零件规格应符合标准，质量可靠，外表光滑，电镀均匀，螺纹清晰，锁母松紧适度，无砂眼、裂纹等缺陷。

2. 其他材料

镀锌管件、截止阀、八字阀门、水嘴、丝扣返水弯、排水口、镀锌燕尾螺栓、螺母、胶皮板、铜丝、油灰、铅皮、螺丝、焊锡、熟盐酸、铅油、麻丝、石棉绳、白水泥、白灰膏等均应符合材料标准要求。

(二)常见质量问题及原因

(1)蹲便器不平，左右倾斜：稳装时，正面和两侧垫砖不牢，焦渣填充后，没有检查，抹灰后不好修理，造成高水箱与便器不对中。

(2)高、低水箱拉、扳把不灵活：高、低水箱内部配件安装时，三个主要部件在水箱内位置不合理。高水箱进水、拉把应放在水箱同侧，以免使用时互相干扰。

(3)零件镀铬表面被破坏：安装时使用管钳。应采用平面扳手或自制扳手。

(4)坐便器与背水箱中心没对正，弯管歪扭：画线不对中，便器稳装不正，或先稳背箱、后稳便器。

(5)坐便器周围离开地面：下水管口预留过高，稳装前没修理。

(6)立式小便器距墙缝隙太大：甩口尺寸不准确。

(7)洁具溢水失灵：下水口无溢水眼。

此外，应注意，在通水之前，将器具内污物清理干净，不得借通水之便将污物冲入下水管内，以免管道堵塞。

严禁使用未经过滤的白灰粉代替白灰膏安装卫生设备，避免造成卫生设备胀裂。

(三)成品保护

(1)洁具在搬运和安装时要防止磕碰。稳装后洁具排水口应用防护用品堵好，镀铬零件用纸包好，以免堵塞或损坏。

（2）在釉面砖、水磨石墙面剔孔洞时，宜用电钻或先用小錾子轻剔掉釉面，待剔至砖底灰层处方可用力，但不得用力过猛，以免将面层剔碎或震成空鼓现象。

（3）洁具稳装后，为防止配件丢失或损坏，如拉链、堵链等材料、配件应在竣工前统一安装。

（4）安装完的洁具应加以保护，防止洁具瓷面受损和整个洁具损坏。

（5）通水试验前应检查地漏是否畅通，分户阀门是否关好，然后按层段分房间逐一进行通水试验，以免漏水使装修工程受损。

（6）在冬季室内不通暖时，必须将各种洁具中的水放净。存水弯应无积水，以免将洁具和存水弯冻裂。

（四）质量验收要点

1. 主控项目

（1）排水栓和地漏的安装应平正、牢固，低于排水表面，周边无渗漏。

（2）地漏水封高度不得小于 50 mm。

（3）卫生器具交工前应做满水和通水试验。

2. 一般项目

（1）卫生器具安装的允许偏差应符合《建筑给水排水采暖工程施工质量验收规范》的要求。

（2）有饰面的浴盆，应留有通向浴盆排水口的检修门。

（3）小便槽冲洗管，应采用镀锌钢管或硬质塑料管。冲洗孔应斜向下方安装，冲洗水流同墙面呈 45°角。镀锌钢管钻孔后应进行二次镀锌。

（4）卫生器具的支、托架必须防腐良好，安装平整、牢固，与器具接触紧密、平稳。

本章小结

1. 轻钢龙骨石膏板吊顶、轻钢龙骨铝板吊顶的施工技术要求。

2. 乳胶漆、墙纸、墙砖、装饰板、镜面玻璃、干挂石材墙面装饰工程施工技术要点。

3. 石材、地砖、地毯、塑胶、木地板等楼地面装饰工程施工技术要求。

4. 照明系统、卫生洁具施工技术要求。

第二篇　专业技能

第一章　装饰工程技术技能

【学习目标】

通过典型案例的分析学习，能够编制小型装饰工程的施工组织设计、一般装饰工程的分部（分项）及专项施工方案，能够收集顶棚、幕墙等危险性较大工程专项施工方案的基本资料，能够识读装饰工程施工图、装饰水电工程施工图及设计变更、图纸会审纪要等装饰工程技术文件，能够编写防火防水、吊顶、墙面、楼地面、小型雨棚、幕墙等工程的施工技术交底文件，并实施交底。

第一节　装饰工程施工组织设计和专项施工方案编制

一、小型装饰工程施工组织设计编制及典型案例

（一）小型装饰工程施工组织设计的编制

小型装饰工程施工组织设计是组织整个装饰工程施工全过程中各项生产技术、经济活动，控制质量、安全等各项目标的综合性管理文件。其正文一般包括编制依据、工程概况、施工部署、施工准备、主要施工方法、主要管理措施、施工总平面图等内容。

小型装饰工程施工组织设计编制的具体内容如下。

1. 封面

一般来说，封面应包含装饰工程名称、施工组织设计、编制单位、日期、编制人、审核人、审批人。在封面上，可以打印企业标志，作为企业CI系统的体现。

2. 目录

目录是为了让施工组织设计的读者或使用者一目了然地了解其内容，并迅速地找到所需要的内容。目录最少应检索到章、节。

3. 编制依据

编制依据应包括以下内容：

（1）本工程的建筑工程施工合同、设计文件；

（2）与工程建设有关的国家、行业和地方法律、法规、规范、规程、标准、图集；

(3)企业技术标准及质量、环境、职业健康安全管理体系文件;

(4)其他有关文件,如建设地区主管部门的批文,施工单位上级下达的施工任务书等。

4. 工程概况

(1)工程建设概况:装饰项目名称、建设地点;工程的建设、设计、监理、总包单位名称;质量要求和造价、工期要求等。

(2)工程装饰设计概况:工程平面组成、层数、层高、建筑面积、装饰面积、装饰装修主要做法。

5. 施工部署

施工部署是对整个工程涉及的人力、资源、时间、空间的总体安排,包括施工顺序、季节施工、立体交叉施工、劳动力和机械设备的投入等。

1)项目经理部组织机构

项目经理部应根据工程特点设置足够的岗位,其人员组成以机构框图的形式列出,并应表明三项内容:职务、姓名、职称或执业资格,明确各岗位人员的职责。

2)施工进度计划

施工进度计划是施工部署在时间上的体现,必须贯彻空间占满、时间连续、均衡协调、留有余地的原则。应组织好装饰各工种的插入、展开、撤场、转换,处理好机械设备进退场。

3)施工资源计划

施工资源计划包括施工工具计划、原材料计划、施工机械设备计划、测量装置计划、劳动力计划。在施工资源计划中应明确所需物资的型号、数量、进场时间。

6. 施工准备

施工准备即完成本装饰工程所需的技术准备工作,如技术培训、图纸会审、测量方案;施工方案编制计划;试验、检测计划;样板间计划;新技术、新工艺、新材料、新设备应用计划等。

(1)装饰工程在编制施工组织设计后,还应对分部分项工程、特殊施工时期(冬季、雨期和高温季节)以及专业性强的项目等编制施工方案,制订各施工方案编制计划。

(2)安全和施工现场临时用电单独编制专项方案。

7. 主要施工方法

1)流水段划分

结合装饰工程的具体情况,分阶段划分施工流水段,并绘制流水段划分图。

2)分部分项工程施工方法

确定影响整个装饰工程的分部分项工程,明确原则性施工要求。如吊顶工程,应确定吊顶的结构形式,对常规做法和工人熟知的操作步骤提出应注意的一些特殊问题。

8. 主要管理措施

小型装饰工程的主要管理措施包括工期保证措施、质量保证措施、安全保证措施、消防措施、环境管理措施、文明工地管理措施、职业健康安全管理措施等,其中质量保证、环境管理、职业健康安全管理应有相应的管理体系,并以框图表示。

9. 施工总平面图

小型装饰工程施工总平面图的用途为确定材料运输车辆的通道,确定仓库和堆放位置,便于总包单位根据装饰工程的占地需求及时间,统一协调场内的施工。

(二)小型装饰工程施工组织设计典型案例

××市律师培训中心装饰工程施工组织设计

1. 封面(见图1)

××市律师培训中心装饰工程

施工组织设计

编制:×××
审核:×××
审批:×××

××建筑装饰工程有限公司
2012年9月10日

图1 封面

2. 目录(略)
3. 正文

Ⅰ 综合说明

一、编制说明

本施工组织设计作为指导该工程施工的依据,编制时对该工程施工组织机构设置、施工劳动力、材料、机械组织、施工现场总平面管理、施工进度计划控制、施工各项准备工作安排、主要分部分项工程施工方法及技术措施、工程质量保证及控制措施、安全生产保证措施、文明施工及环境保护措施、降低成本措施、季节性施工措施等诸多因素尽可能充分考虑,突出工程施工的科学性、可行性及高效性,是确保工程优质、低耗、安全、文明、高速地完成全部施工任务的重要经济技术文件。

二、编制依据

(一)现行国家和地方有关建设的法律、法规(见表1)

表1　现行国家和地方有关建设的法律、法规

序号	文件名称	文件号
1	中华人民共和国建筑法	中华人民共和国主席令 2011 年第 46 号
2	中华人民共和国环境保护法	中华人民共和国主席令 1989 年第 22 号
3	中华人民共和国建设工程安全生产管理条例	中华人民共和国国务院令 2004 年第 393 号
4	建设工程质量管理条例	中华人民共和国国务院令第 279 号
5	工程建设标准强制性条文	2009 年版

（二）国家和地方有关工程建设的技术标准、规范、规程（见表2）

表2　国家和地方有关工程建设的技术标准、规范、规程

序号	标准号	标准名称
1	GB 50210—2001	建筑装饰装修工程质量验收规范
2	GB 50243—2002	通风与空调工程施工质量验收规范
3	GB 50300—2001	建筑工程施工质量验收统一标准
4	GB 50303—2002	建筑电气工程施工质量验收规范
5	GB 50222—95	建筑内部装修设计防火规范(2001 年修订版)
6	GB 18580—2001	室内装饰装修材料人造板及木制品中甲醛释放限量
7	GB 18581—2001	室内装饰装修材料溶剂型木器涂料中有害物质限量
8	GB 18585—2001	室内装饰装修材料壁纸中有害物质限量
9	JGJ 59—2011	建筑施工安全检查标准
10	GB 6566—2001	建筑材料放射性核素限量
11	GB 18582—2001	室内装饰装修材料内墙涂料中有害物质限量
12	GB 50026—2007	工程测量规范
13	GB 50411—2007	建筑节能工程施工质量验收规范
14	JGJ 33—2001	建筑机械使用安全技术规程
15	JGJ 46—2005	建筑现场临时用电安全技术规范
16	JGJ 80—1991	建筑施工高处作业安全技术规范

（三）经有关部门批准的工程项目建设文件和设计文件

（四）设计施工图纸及有关函件

××工程设计图纸，施工图纸，装饰、暖通、给排水、电气专业施工图纸。

（五）公司的企业文件

公司的有关标准、《质量手册》、《质量管理程序文件》、《施工项目管理手册》、《质量管理程序文件及C层次文件》及公司施工工法及先进施工工艺。

（六）其他文件（见表3）

表3 其他文件

序号	文件名称	文件编号
1	质量手册及质量管理体系程序文件	GB/T 19001—2008
2	职业健康安全管理体系管理手册及程序文件	GB/T 28001—2011
3	环境管理体系管理手册及程序文件	GB/T 24001—2004

Ⅱ 工程概况

一、工程简介（见表4）

表4 工程简介

序号	项目	内容
1	工程名称	××工程
2	建设地点	××
3	建设单位	××
4	监理单位	××公司
5	设计单位	××公司
6	施工承建范围	A楼、B楼、C楼、D楼、E楼、办公楼、配电室、餐厅及室外工程装修
7	装饰面积	9 800 m^2
8	外墙装修高度	最高16 m
9	建筑层数	5层

二、工程概况

（一）建筑装饰工程概况

本工程为旧楼装修改造工程，由A楼、B楼、C楼、D楼、E楼及餐厅、办公楼（原锅炉房）、大门、连廊、配电室、仓库等建筑组成，建筑面积约12 900 m^2，整体设计风格以简装高配为主。

（二）装饰总体做法（见表5）

表5　装饰总体做法

外墙	外墙60 mm 挤塑保温板、面层真石漆
楼地面	标间木地板、走廊地毯、大厅大理石、卫生间防滑砖、部分地面地面砖
门窗工程	专业厂家加工木门;1.2~1.5 mm 厚断桥铝合金窗5+10+5双层清玻安装
内墙	隔墙(石膏板)内墙、隔墙(200 mm 加气块)内墙、砖墙(240/370)内墙
外墙	砖墙(370)外墙
顶棚	矿棉板、铝扣板、石膏板
踢脚	木踢脚、面砖踢脚
卫生间防水	JS复合防水涂料(环保型)做防水,做两层防水,每层涂刷3遍,厚度不小于1.5 mm

三、自然环境

(一)现场周围环境情况(略)

(二)原材料、成品、半成品供应情况(略)

(三)机具供应情况(略)

(四)生活供给情况(略)

Ⅲ　施工部署

一、工程管理目标

(一)工期控制目标

合同工期:205日历天;

合同开工日期:2012年9月20日;

合同竣工日期:2013年4月12日。

(二)质量控制目标

本工程为旧楼改造工程,质量要求达到合格标准。

(三)职业健康与安全目标

(1)杜绝重大伤亡事故、火灾事故和人员中毒事件的发生,轻伤频率控制在2‰以内;

(2)安全达标合格率100%;

(3)职工劳动保护用品配备、佩戴率100%,保护职工健康,无职业病发生;

(4)职工安全教育、培训合格率100%,特种作业人员持证上岗率100%;

(5)施工现场安全防护合格率100%,安全隐患整改合格率100%。

(四)环保管理目标

噪声、粉尘、污水、固体废弃物等堆放达到环保标准要求;实现无烟、绿色环保工地。

(五)服务目标

我公司承诺每半年回访本工程一次,工程回访率100%。

二、工程管理的原则和内容

(一)工程管理内容与程序

(1)施工管理的组织;

(2)施工组织设计、方案的编写;

(3)工程目标的动态控制;

(4)施工成本控制计划的编制与调整;

(5)施工进度控制计划的编制与调整;

(6)施工质量控制计划的编制与调整;

(7)工程职业健康安全管理与环境管理的控制;

(8)施工合同管理与施工信息管理计划的编制与调整。

(二)工程管理原则(略)

(三)工程管理制度(略)

(四)工程管理协调与配合

1. 内部关系所涉及的单位

1)乙方直接承担施工的各直属单位

各安装施工队;各施工机具、机械、设备租赁商;各材料、设备供应商。

2)协调原则

关键线路优先原则;非关系线路人力、工具、机械、设备均衡原则;配合工序服从主导工序原则。

3)协调方法

提前分发计划任务书,运用计划先导方式进行协调;定期举办生产例会,采用调度会方式进行协调;视特定情况举行专题会议,运用专题会议进行协调;制定相应的规章制度,用制度协调。

4)协调任务

中心任务是工程质量、施工进程和施工安全。围绕着这个中心,在不同的时候会有不同的重点和相应的内容;工序插入时间、材料进程时间、机械设备调用等,主要表现的是时间上的协调。

2. 近外层关系协调

根据GB/T 50326—2001的定义,所谓近外层关系即指企业就标的项目与同发包人签有合同的单位之间的关系。据此,在本项目施工过程中与我方形成近外层关系的单位主要有监理单位、设计单位。协调原则、协调方法、协调任务(略)。

3. 远外层关系协调

根据GB/T 50326—2001的定义,所谓远外层关系即指企业就标的项目与同企业或项目有关但无合同约束的单位之间的关系。据此,在本项目施工过程中与我方形成远外层关系的单位主要有政府的建设规划、管理部门及质量监督、质量检查部门;城市电力、自来水等有关部门。协调原则、协调方法、协调任务(略)。

(五)沟通和信息管理

为完成各项控制目标,沟通工作非常关键。在工程施工中,有业主方的沟通、监理方的沟通、设计方的沟通,其中大量的沟通工作是属于监理方的沟通。我单位的沟通工作通常包括内部关系的沟通、近外层关系的沟通、远外层关系的沟通等。

(六)合同管理(略)

（七）公共关系管理（略）

（八）工程回访与保修

目标：工程回访率100%，保修率100%；确保不发生用户投诉事件。工程竣工验收后，保证交工后的服务工作，定期或不定期地组织工程回访，听取业主或工程使用方在使用过程中的意见和建议，并进行整理记录，将有价值和重要的信息作为以后施工中的经验，将属于保修范围和日期内的质量缺陷在接到业主通知后在有效时间内及时修补，达到质量要求。

（九）工程资料管理

工程资料管理的主要内容是：成立工程资料管理部门，安排专业人员负责资料的收集、分发、整理、分类归档等的管理工作，并对工程资料负责。对施工前、施工过程中、竣工验收后的文件和资料及各种原始记录、竣工资料等的收集整理，并按要求进行分类归档，保证资料文件的及时性、有效性、完整性和可追溯性。

三、项目组织机构

（一）组织原则

按照贯彻公司质量、安全与职业健康、环境管理体系要求，并结合工程情况，计划在现场设立项目经理部，对内全面组织、协调装饰、安装等方面的工作以及特殊情况下的具体工作；对外，做好与业主、监理、设计等单位的协调工作。

（二）组织机构图、人员配备及资历

1. 组织机构图（见图1）

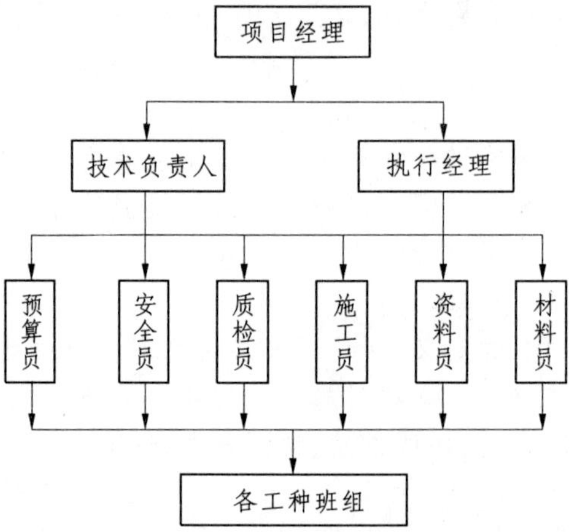

图1　组织机构图

2. 人员配备及资历（见表6）

（三）各职能科室、管理人员的职责、工作流程

1. 现场管理人员

本项目现场将根据需要配置相应的项目经理、技术负责人、安全负责人、质量负责人、施工员等。

2. 总部技术支持

除现场管理人员外，公司各职能部门将大力支持现场施工需要，并作为现场施工的坚强后盾。

公司还将根据项目需要，满足现场技术、商务、资金、物资、人员各方面的需求。

表6 人员配备及资历

姓名	职务	职称	拟在本项目中承担的工作
×××	项目经理	高级工程师	项目经理
×××	技术负责人	工程师	技术管理
×××	水电工长	工程师	水电管理
×××	生产经理		生产管理
×××	土建质检员		土建质量管理
×××	水暖质检员		水暖质量管理
×××	安全员		安全管理
×××	材料员		材料管理
×××	资料员		资料管理
×××	预算员		造价管理

3. 主要岗位管理责任制

组织机构设立后，将根据工程计划具体抓五个环节的工作，即安全、质量、工期、成本和协调工作的控制。为保证这些环节的落实，首先要建立健全现场项目管理制度。

(1)项目经理岗位责任制(略)；

(2)技术负责人岗位责任制(略)；

(3)安全员岗位责任制(略)；

(4)质检员岗位责任制(略)；

(5)施工员岗位责任制(略)；

(6)材料员岗位责任制(略)；

(7)资料员岗位责任制(略)。

四、施工流水

(一)施工区域划分

根据现场实际情况及本工程施工工艺流程特点，我项目部将现场划分为2个施工区，以A、D、E楼为一个施工区，以B、C楼为一个施工区；各区段分别进行现场平面布置。

(二)施工流水段划分

我项目部根据劳务人员和施工区域以及业主要求将现场划分为以下施工流水段。两个施工区域同时进行。

1. 以A、D、E楼为施工区域的流水施工段(具体施工段划分略)

2. 以B、C楼为施工区域的流水施工段(具体施工段划分略)

(三)施工工艺流程

因该地区11月中旬开始处于冬季，外墙保温、卫生间防水、地面和墙面贴砖等在进场后立即施工，避免因冬季施工出现质量问题。另外，外墙断桥铝合金门窗赶在冬季前安装完毕，以提高室内温度。为便于各工种穿插作业，保证进度的措施和有利于管理，施工遵守先外后内、从上至下的原则。

五、施工进度计划

(一)工期目标要求

根据本项目实际情况初步计划开工日期为2012年9月20日,完工日期为2013年4月12日,工期205日历天。

(二)进度计划及要求

施工总进度计划是对本工程全部施工过程的总体控制计划,具有指导、规范其他各级进度计划的作用,其他所有的施工计划均必须满足其控制节点的要求。

本项目计划开工日期为2012年9月20日,完工日期为2013年4月12日。

施工总进度计划见附表1。

六、施工现场的平面布置

(一)平面布置依据及原则

1. 平面布置依据

施工工艺流程、业主提供的现场及周围作业条件,项目所在地人民政府的有关规定等。

2. 平面布置原则

(1)根据本工程的具体情况和特点,统筹、合理安排施工现场临时设施及平面布置。

(2)为了便于管理,根据实际情况将在现场业主旧房内设置临时办公室及宿舍。

(3)施工现场实行封闭管理,施工现场出入口设门卫室,将有限的施工现场分为生产区、办公区、材料堆场。

(二)生活设施的布置

项目部管理人员及施工操作人员生活设施在施工工地现场业主方旧房内安排。

(三)办公设施的布置

现场临时办公室设在现场业主方旧房内,按公司CI形象统一布置。

(四)临时用电方案

根据现场用电负荷,编制临时供电方案等。经计算确定供电线路的电流大小,作为选择电源容量、导线截面和电气元件的依据。

根据选用机械设备的用电功率指标,计算施工现场总电量。

施工现场主要设备用电统计表(略)。

七、施工准备

(一)劳动力准备

根据确定的现场管理机构成立项目经理部,选择高素质的施工作业队伍进行该工程的施工。

劳务队伍选取:根据本工程的工程特点、施工进度计划及实际情况,我项目部派出参与过类似工程的成建制劳务队伍进驻现场。进场前先进行入场教育,特殊工种持证上岗,入场后迅速进入工作状态。

劳动力资源的配备:对工人进行必要的技术、安全、思想和法制教育,教育工人树立“质量第一、安全第一”的思想,遵守有关施工和安全的技术法规,遵守地方治安法规。

生活后勤保障工作:人员进场前,做好后勤工作的安排,以充分调动职工的生产积极性。

在整个施工过程中各专业劳动力实行动态管理,施工各阶段劳动力投入计划详见附表2。

（二）施工机具准备

在本工程的施工中，配备机具设备时，将遵循以下原则：

坚持全机械化、半机械化和改良机具相结合的方针，重点配备中小型机具和手持动力机具；

优先发挥现场所有机具设备的能力，根据具体变化的需要，合理调整装备结构。

主要施工机具情况见附表3。

（三）材料准备

材料采购及使用原则：

(1)项目部要建立一套完整的材料管理体系。

(2)施工前认真核实施工图纸、设计说明及设计变更洽商文件，及时准确地编制施工预算，列出明细表。

(3)根据材料计划，请甲方、监理单位共同考察供货厂家，实行采购招标，做到货比三家，确保所选用的生产厂家信誉好，能保证资源充足、供货及时、质量好、价格合理。

(4)对加工工艺复杂、加工周期长的材料，在要求的时间内，提前将样品及有关资料报监理工程师审批；同时专门编制工艺设备需用量计划，为组织运输和确定堆放面积提供依据。

(5)在材料的采购方面积极采用建设部推荐采用的新型材料。

(6)在施工中选用的材料除保证常规的质量要求外，还要充分考虑到结构的耐久性和满足使用功能，切实遵守百年大计、质量第一的要求。

(7)现场设材料调度机构，负责全天的材料进场协调，以满足施工需要，灵活调拨。生产部门合理安排施工计划，制订详细的构件、材料运输计划，保障各种材料能分期、分批到场，减少现场占用率。材料部门负责各种材料及料场标志，避免混乱，且建立台账，完善进出库手续。

（四）技术准备

1. 做好施工现场的接收工作

对业主提供的施工现场的水源、电源等进行核验，检查其是否能够满足施工的要求。

2. 做好图纸会审的准备工作

(1)由工程技术部向建设单位领取各专业图纸，由资料员负责施工图纸的收发，并建立管理台账。

(2)由项目总工组织工程技术人员认真审图，全面熟悉和掌握施工图的全部内容，了解设计意图。

(3)做好图纸会审的前期准备工作，针对有关施工技术和图纸存在的疑点做好记录。

(4)及时与业主、设计联系沟通，做好设计交底和图纸会审工作。

3. 准备与本工程有关的规程、规范、图集（略）

4. 了解场地及周边环境状况

(1)认真细致探勘现场，彻底全面了解场地内排污、供水、消防、电气、电信等地下管网的有无、分布状况及周边环境状况。

(2)收集地下管网设计与施工的相关资料，弄清其具体位置、深（高）度和走向。

(3)了解紧邻建筑物的相关设计情况，为采取有针对性的保护方案和措施提供依据。

5. 施工组织设计和技术方案的准备

拟订施工组织设计、专项施工方案的编制计划,在施工准备阶段,应事先进行以下准备:

(1)组织有关人员编制实施阶段施工组织设计、质量计划、职业健康安全计划、环境计划等。

(2)编制脚手架方案、外墙保温方案、吊篮安全操作方案、装修总体施工方案等。

(3)编制临时用水施工方案、临时用电施工方案、现场消防布设方案、现场保卫方案、现场 CI 形象实施方案。

(4)编制工程检验、试验计划,选定见证实验室。

(5)编排工程总施工进度计划。

(6)绘制现场施工平面布置图(见附图 1),上报有关部门审批。

6. 编制施工预算

(1)熟悉施工图纸和有关技术业务资料,包括施工图纸、设计说明书、标准详图、施工定额、施工组织设计等。

(2)精确计算工程量,按施工段、楼层计算,以满足施工时对各部位工程量的需要。

(3)依据计算的工程量,编制施工阶段的各类资源需求计划。

八、资源管理(略)

Ⅳ　施工方法

一、地面工程(略)

二、抹灰工程(略)

三、门窗工程(略)

四、吊顶工程(略)

五、轻质隔墙工程(略)

六、饰面板(砖)工程(略)

七、涂饰工程(略)

八、裱糊与软包工程(略)

九、细部工程(略)

Ⅴ　保证措施

一、工期保证措施

(一)施工进度计划管理模式

本工程施工计划管理体系采用网络计划、流动计划和四级计划等管理模式。

一级计划:以施工总控制进度作指令性计划,此计划确定关键项目控制点,作为控制工期里程碑,任何单位(任何人)不能以任何理由和借口予以变动。

二级计划:月计划,以月为单位编制,应很详细、具体,按分项、分部、分工序编排,流水穿插顺序明确。

三级计划:周计划,一般以形象进度形式表达,按两周流动。

(二)具体措施

具体措施包括组织保障措施、合同保障措施、经济保障措施、技术保障措施。

1. 组织保障措施(略)

2. 合同保障措施(略)

3. 经济保障措施(略)

4. 技术保障措施

(1)严格单项工程管理,采用均衡流水施工,合理安排工序,上道工序完成后,及时插入下道工序施工。

(2)合理采用垂直、水平运输机械,以满足材料运输需求。

(3)利用计算机技术进行动态管理,提高进度计划的指导性、可用性。

(4)采用成熟的科技成果,向科学技术要速度、要质量,通过新技术的推广应用来缩短各工序的施工周期,从而缩短工程的施工工期。

(5)用先进的施工工艺和设备与材料,加大周转材料与人力的投入,向时间要效益。

二、质量保证措施

(一)质量保证措施体系的组成、分工

(1)本工程以 GB/T 19001 标准要求为准则,以工程合同为质量管理制约手段,强化项目质量管理职能,建立以项目经理为领导,生产经理、总工程师中间控制,各职能部门管理监督,各专业施工队操作实施的项目质量管理保证体系。

(2)项目部设质量部作为项目质量管理的专门机构,具体负责项目的质量管理与控制。配备专职质检人员,负责项目的质量检查。

(3)各分包单位也应建立各自的质量保证体系,负责分包范围内的施工质量管理与控制。配备专职质检人员,负责分包工程施工过程的质量检查。

(4)项目应形成横向到边(项目经理→执行经理→总工程师、生产经理→职能部门→管理人员)、纵向到底(项目经理部→分包单位→作业班组→作业人员)的质量管理控制网络,形成全员参与、全面、全过程控制的质量保证体系。

(二)明确质量标准及控制要点

总的要求是做到安全、可靠、使用方便、便于拆装检修、不渗不漏,屋面坡度准确,能畅通排水,无积水、漏水、渗水现象,墙面工程不渗漏,地面工程泛水好,不空裂、不起砂、不渗漏;门窗开启灵活,踏步高宽差均匀一致,水管上下畅通,不堵塞,不渗漏;电、气、暖、卫安装位置要准确,牢固、安全、可靠,使用方便;避雷线要接地接零;开关位置及零火线安装要按规定做,不得倒置杂乱,尺寸准确。

装饰工程质量标准(略)。

(三)组织保证措施(略)

(四)材料、成品、半成品的检查、计量、试验控制

所有的原材料、半成品必须符合规定的质量标准并附有合格证。进场时做好进货检验,会同业主、监理公司、供应商等有关人员进行设备开箱检验、材料抽检等工作,对有二次检验要求的材料按要求取样,送有资质的试验部门进行试验,对不合格品予以退场,保证现场使用的材料都是合格品。对于甲方供应的材料,在使用时要单独存放并做好标志。

进货的检验和试验由材料员、试验员、质检员协调进行;现场实施见证取样制度,对需二次检验的物资由施工单位和监理共同在现场取样,样品存放于专用的密封见证取样箱内,共同送至有资质等级的检验单位进行检验。见证取样样品占该工程所需检验样品数量的

30%，见证取样人必须具备见证取样的资格证书。

为保证产品质量，项目部材料设备组制定成品、半成品的搬运、储存、包装、防护及交付的有关关联方法，并负责贯彻执行。

材料进场后，应在现场的指定地点堆放，分类存放，有防潮要求的应进入库房，并有具体的标志。

（五）工程质量的控制与管理措施（略）

（六）成品保护

1. 现场成品保护管理

（1）项目成品保护方案由项目总工组织编写并审批，项目经理部科学合理地安排施工工序，精心组织施工，按照施工组织设计和项目质量保证计划的要求，对分部分项工程采取有效防护措施进行保护，减少人为或自然条件下损坏成品、半成品的可能性。

（2）工程成品保护工作由项目质量安全部经理负责措施的制定、修正、调整，并对此项工作的人员进行指导和培训，涉及工程成品保护工作的人员还有现场责任工程师、质检员、施工班组长等负责人。

（3）项目部技术人员应在施工技术交底时，将成品保护措施向生产班组交底，生产班组应按保护措施对所施工的分部分项工程进行保护。

（4）本项目各参建单位将严格执行制订的项目成品保护方案以及相关的工程成品保护程序和工程竣工交付程序。各分包单位进场施工要听从总包单位的安排、调度。所有进场人员要进行思想道德教育，不得随意破坏其他工种的成品，必要时要通过总包单位进行协调处理。

（5）成立专门的项目成品保护队，沿现场、楼层巡视，纠正、处罚一切违章行为。

2. 装修施工阶段的成品保护

1）防水工程

（1）已施工好的防水层需及时采取保护措施，不得损坏，操作人员不得穿带钉子的鞋作业。

（2）穿过地面、墙面等处的管根、地漏等不得碰损、变位。

（3）地漏、排水口等处要保持畅通，施工中要采取保护措施。

（4）涂膜防水层施工后，固化前不允许上人行走踩踏，以防止破坏涂膜防水层，造成渗漏。

（5）防水层施工时，要注意保护门窗口、墙等成品，防止污染。

2）楼地面工程

（1）施工操作时要保护已做完的工程项目，门框要加强保护，避免推车时损坏门框及墙面口角。

（2）施工时要保护好各种管线，设备及预埋件不得损坏。

（3）施工时保护好地漏、出水口等部位，要做好临时渡口，以免灌入砂浆造成堵塞。

（4）施工后的地面不准再上人、剔凿孔洞。

（5）楼梯踏步施工完后，要加强防护，以保护棱角不被损坏。

3）门窗工程

（1）门窗框、扇进场后要及时入库，下面垫起，离开地面 20 ~ 40 cm，码放整齐，防止受潮。

（2）调整修理门窗扇时不得硬撬，以免损坏扇料和五金。

（3）安装工具轻拿轻放，不得乱扔，以防损坏成品。

(4)安装门窗扇时,严禁碰撞抹灰口角,防止损坏墙面抹灰层。

(5)安装好的门窗扇设专人管理,门扇下用木楔背紧,窗扇设专人开关,防止刮风时破坏。

(6)严禁将窗框、扇作为架子支点使用,防止脚手板等物砸碰、损坏。

(7)五金的安装应符合图纸要求,严禁丢漏。

(8)门扇安装好后,不得再在室内使用手推车。

4)装饰工程

(1)抹灰前必须事先把门窗框与墙连接处的缝隙用水泥砂浆塞密实,断桥铝合金门窗框安装前要粘贴保护膜,填缝砂浆应及时清理,以防污染。

(2)各层抹灰在凝结前应防止受冻、撞击和振动,以保证其灰层有足够的强度。

(3)经常行人处的口角、墙面要加强保护,防止推小车或搬运东西时碰坏口角、墙面,严禁踩蹬窗台、窗框,防止损坏。

(4)拆脚手架时,严禁碰撞门窗、墙面和口角。

(5)要保护好预埋件、卫生洁具、电气设备、玻璃等,防止损坏;电线槽盒、地漏、水暖设备、预留洞等不要堵死。

(6)油漆粉刷等工程施工时,不得污染地面、窗台、玻璃、墙面灯具、暖气片等已完工程。

(7)油漆未干时,不得打扫地面,防止灰尘污染油漆。

3. 竣工交验期间的成品保护

项目部应根据工程特点,制定竣工验收前成品保护措施,对竣工未验收的工程成品进行保护,对竣工工程进行必要的封闭、隔离并指派专人看管。工程竣工后,应尽快拆除临时设施,组织人员退场,控制流动人员。设施、设备未经允许,不得擅自启用。如合同或项目质量保证计划中对成品保护有特殊要求,应按其规定要求防护。工程竣工后,竣工资料应及时整理,按期上报验收,避免延长成品保护期。

三、职业健康与安全保证措施

(一)现场生产安全措施

施工中必须认真执行国家与企业颁发的各项安全生产管理制度,切实抓好项目的安全生产工作。认真按公司新颁发的安全生产达标实施办法组织实施,要明确树立管生产必须管安全的原则。现场生产安全措施包括组织措施、安全管理制度、安全技术措施。

1. 组织措施

(1)建立项目经理部安全保证体系(略)。

(2)建立现场安全管理机构,进行全面动态安全管理(略)。

(3)建立健全各项安全管理的规章制度(略)。

(4)建立健全安全资料管理制度(略)。

2. 安全管理制度

(1)安全教育及安全技术交底制度(略)。

(2)安全设施验收挂牌制度(略)。

(3)安全检查制度(略)。

(4)安全管理措施(略)。

3. 安全技术措施(略)

四、文明施工与CI保证措施(略)

五、环境保护措施

(一)防止扰民措施(略)

(二)防止扬尘措施(略)

(三)防止水污染措施(略)

(四)防止噪声污染措施(略)

(五)室内环境污染控制措施(略)

六、降低成本保证措施

(一)编制项目目标成本预算(略)

(二)控制工程项目管理成本的具体措施

(1)明确定额用量,实行限额领料;

(2)材料价格确定,实现货比三家;

(3)熟悉合同条款;

(4)有效缩短工期,减少成本费用;

(5)搞好"中结"、"两算"对比;

(6)竣工决算,综合分析;

(7)开展技术攻关;

(8)与业主的协调配合。

七、季节性施工保证措施(略)

八、工程技术资料保证措施

根据国家、××市及我公司对技术资料档案的管理规定,结合本工程的实际情况,成立专门的工程技术资料管理部门,配备合适的专业人员,并制定相应的规章制度,做到责任到人,有章可依。

该部门的工作任务是在工程施工前的准备阶段、施工过程阶段、竣工验收阶段进行各种工程技术资料的收集、整理、归档工作,为了保证施工合同的顺利进行,对分包单位、业主直接分包单位的资料要特别注意。

应注意的事项:①要保证资料的有效性;②在工程技术资料的收集、整理、归档工作中,要保证资料文件的真实、准确、及时、完整。

九、施工重点、难点保证措施

针对本工程的特点,影响工程质量的主要薄弱环节如下:原材料、成品、半成品的采购、制作加工及运输进场工作;断桥铝合金门窗安装质量控制;与各单位协调配合等。

(一)施工测量的质量预防措施

(1)施工所用的测量仪器要定期送检,始终保持在良好状态。

(2)测量员要严格遵守操作规程,按有关规定作业。

(3)在观测过程中,经常检查仪器圆水准气泡是否居中,检查后视方向是否有变化,并及时调整好。测量观测完成后,一定要闭合或附合检查,防止仪器变化或偶然读错造成误差。

(4)施工现场控制用点要经常复核、检查。

(5)轴线、标高竖向传递要与基点校核,控制在规范范围内,确保精度要求。

(6)测量人员固定,采用固定的仪器进行观测。

(二)与建设单位的配合

我们将本着一贯性服务宗旨，通过良好的合作配合甲方，服从甲方管理，对建设单位负责，对工程负责，确保本工程合同全面履行。

(1)在工程施工和工程管理过程中，以“履行承包合同，建造优质工程”为原则。

(2)我方要求与建设单位要求不一致，且建设单位要求不低于或高于国家规范要求时，服从建设单位要求。

(3)我方要求与建设单位要求不一致，且建设单位的要求可改善使用功能但并不增加我单位施工投入时，服从建设单位要求。

(4)建设单位要求超出合同范围，但我方有条件能够做到并由甲方提供费用时，服从建设单位要求。

(5)配合制度：

①定期例会制：定期召开碰头会，讨论解决施工过程中出现的各种矛盾及问题，理顺每一阶段的关系。

②预先汇报制：每周将下周的施工进度计划及主要施工方案和施工安排，包括质量、安全、文明施工的工作安排都事先以书面形式向甲方汇报，以便于监督，如有异议，我方将根据合同要求及时予以修正。

(三)与监理单位的配合

(1)积极参加监理工程师主持召开的生产例会或随时召集的其他会议，并保证一位能代表项目经理部当场作出决定的高级管理人员出席会议。

(2)严格按照监理工程师批准的施工规划和施工方案进行施工，并随时提交监理工程师认为必要的关于施工规划和施工方案的任何说明或文件。

(3)按监理工程师同意的格式和详细程度，向监理工程师及时提交完整的进度计划，以获得监理工程师的批准。

(4)在任何时候如果监理工程师认为工程或其任何区段的施工进度不符合批准的进度计划或不符合竣工期限的要求，则保证在监理工程师的同意下，立即采取任何必要的措施加快工程进度，以使其符合竣工期限的要求。

(5)承包范围内的所有施工过程和施工材料、设备，接受监理工程师在任何时候进入现场进行他们认为有必要的检查，并提供一切便利。

(6)当监理工程师要求对工程的任何部位进行计量时，我们保证立即派出一名合格的代表协助监理工程师进行上述审核或计量，并及时提供监理工程师所要求的一切详细资料。

(7)确保在承包范围内所有施工人员在现场绝对服从监理工程师的指挥，接受监理工程师的检查监督，并及时答复监理工程师提出的关于施工的任何问题。

(四)与设计单位的配合

项目部的职能部门——工程部将在技术负责人的指导下与本工程的设计单位进行友好协作，以获得设计方大力支持，保证工程符合设计方的构思、要求及国家有关规范、规定的质量要求。在施工过程中，及时有效地解决与工程设计和技术相关的一切问题，并随时了解新的设计意图，针对设计变更快速作出反应。

十、附件

附表 1　施工总进度计划表

律师培训中心工程装修总进度计划

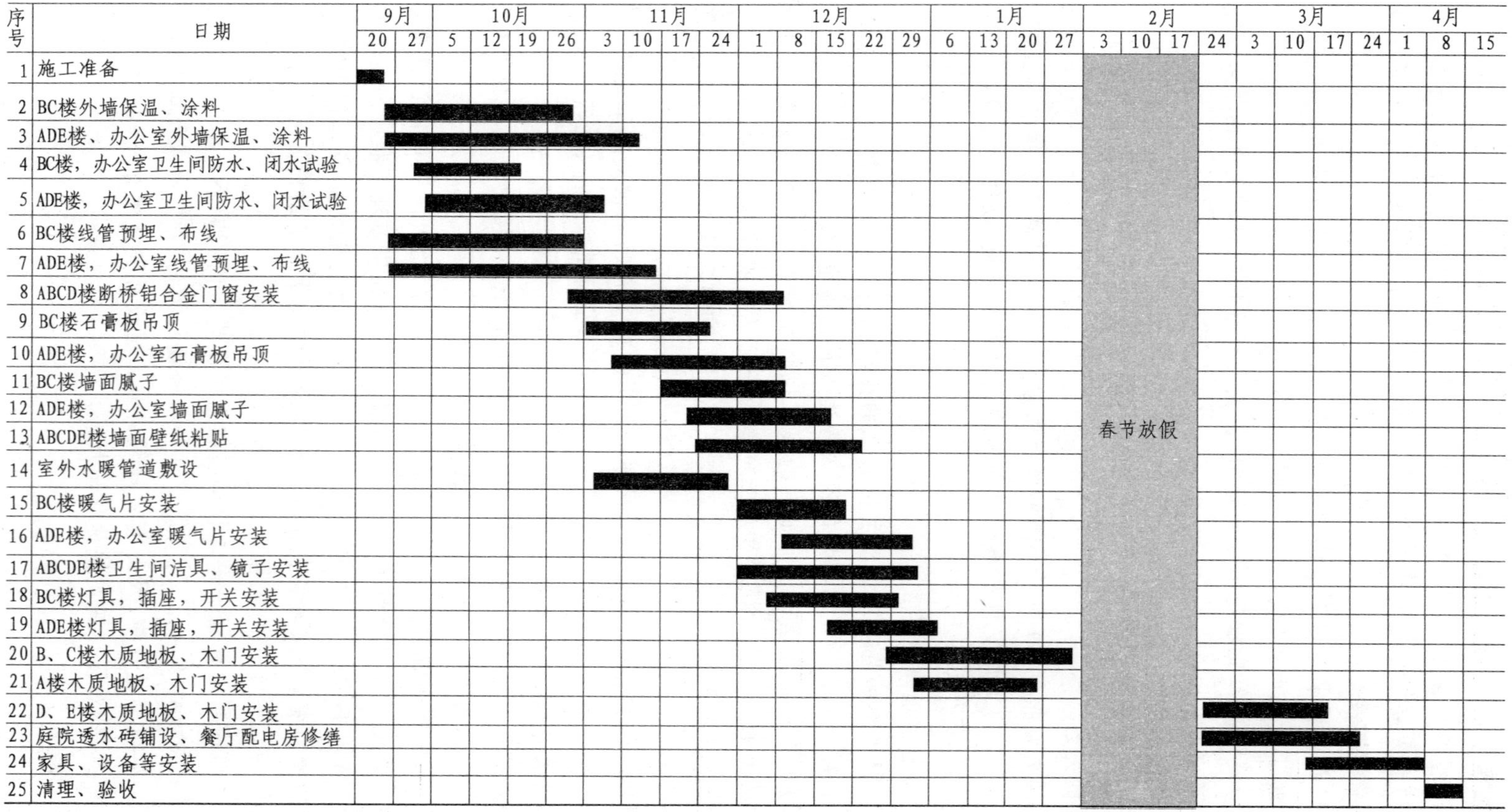

附表2　劳动力需用计划表　　（单位:人）

工种	按工程施工阶段投入劳动力情况							
	2012年9月	2012年10月	2012年11月	2012年12月	2013年1月	2013年2月	2013年3月	2013年4月
瓦工班组	5	10	20	10	10	5	15	5
木工班组	7	12	12	15	10	10	10	5
水电工班组	15	15	30	30	15	10	7	7
防水工班组		6	6					
油工班组			15	15	10	10	7	5
外墙保温班组	15	20	20					
窗户安装班组				7	7			
合计	52	63	103	77	52	35	39	22

附表3　主要施工机具一览表

序号	机械或设备名称	型号规格	数量	国别产地	制造年份	额定功率（kW）	生产能力	用于施工部位
1	电焊机	BX1－500	4台	国产	2009	12	良好	管道焊接
2	配电箱	XM9－1－4	10个	国产	2011		良好	全部
3	手提电钻	博世 GBM 400	20台	德国	2009	0.4	良好	墙、顶面
4	手提切割机	博世 GDM 12－34	12台	德国	2009	1.2	良好	墙、顶
5	电锤	博世 GSB 13	9个	国产	2009	0.5	良好	墙、顶
6	型材切割机	牧田 2416S	2台	国产	2009	1.5	良好	墙、顶
7	水准仪	NA720	2台	瑞士	2010		良好	测量
8	手推车		6辆	国产	2008		良好	全部
9	水钻		8台	国产	2009	0.5	良好	墙、楼板
10	台钻	RDM－2001BN	1台	国产	2008	0.75	良好	消防管道
11	气钉枪	博世 PTK14	36支	德国	2010		良好	墙、顶面
12	套丝机	ZT－R4	6台	杭州	2008	0.75	良好	水暖管道
13	压槽机	XW09－71	1台	常州	2005	1.1	良好	消防管道

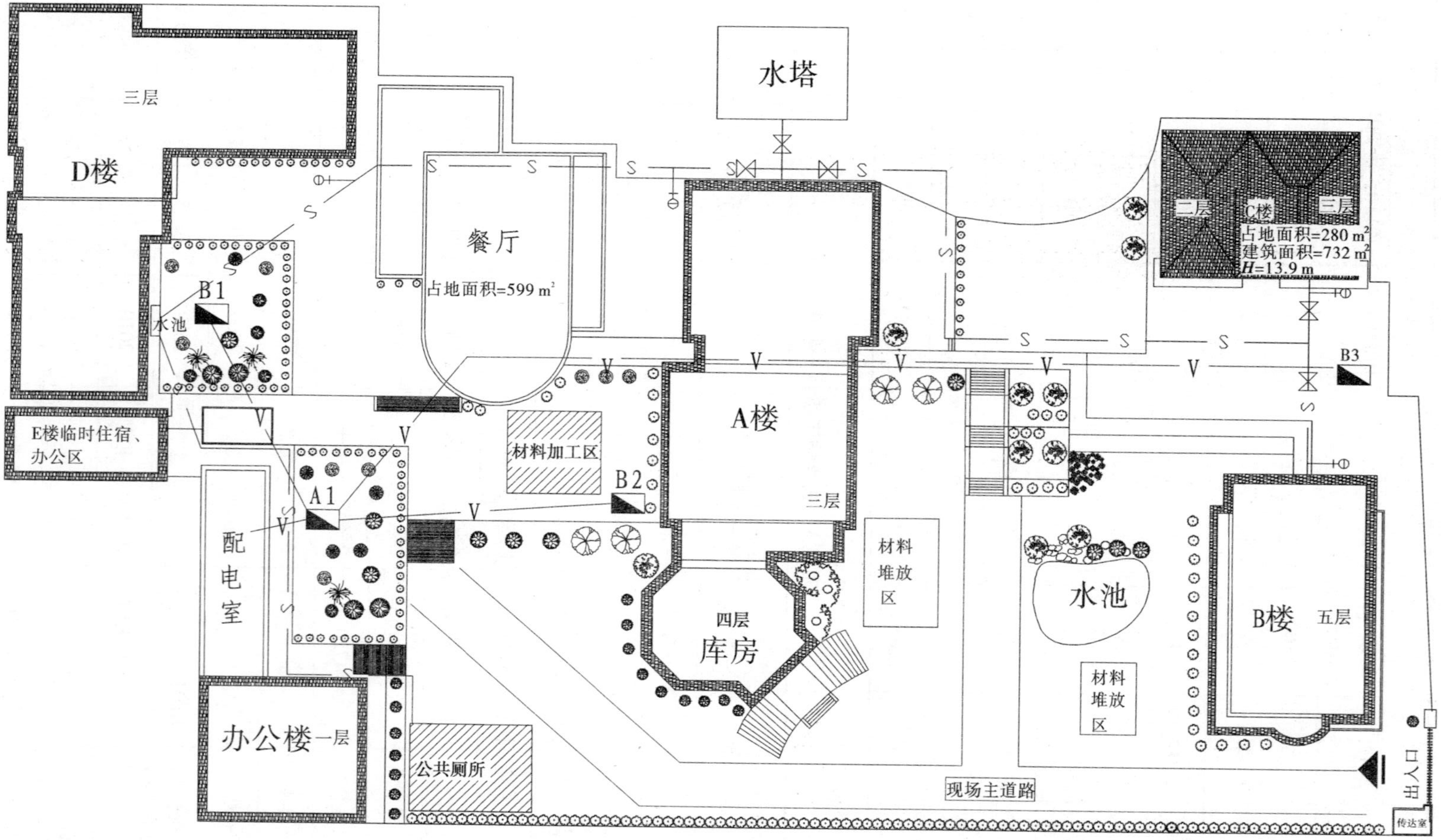

附图 1　施工现场平面布置图

二、一般装饰工程的分部(分项)施工方案的编制及典型案例

施工方案是用以指导分项、分部工程或专项工程施工的技术文件,是对施工实施过程中所耗用的劳动力、材料、机械、费用以及工期等在合理组织的条件下,进行技术经济分析,力求采用新技术,从中选择最优施工方法也即最优方案。

(一)一般装饰工程分部(分项)施工方案的编制内容

一般装饰工程分部(分项)施工方案应包含工程概况、编制依据、施工部署、主要施工方法、质量要求、其他要求等内容。

一般装饰工程分部(分项)施工方案的具体内容如下。

1. 目录

目录应检索到章、节、段。

2. 工程概况

主要描述分部(分项)工程的情况。

3. 编制依据

装饰工程施工组织设计中制订的编制计划。参照有关的技术标准。

4. 施工部署

施工部署是对分部(分项)工程涉及的人力、资源、时间、空间的总体安排。

5. 主要施工方法

详细描述分部(分项)工程的工艺要求。

6. 质量要求

详细描述分部(分项)工程质量保证体系、质量目标。

7. 其他要求

应说明的其他要求。

(二)一般装饰工程分部(分项)施工方案典型案例

××市轨道交通1号线一期工程Ⅲ标段
地下车站公共区装修施工项目吊顶施工方案

1. 目录(略)

2. 正文

Ⅰ 工程概况

本公司承建项目为××市轨道交通1号线一期工程Ⅲ标段地下车站公共区装修施工项目。起点站为世纪大道站,终点站为东环南路站。

站厅、站台、天花高度不低于3 000 mm,通道天花高度不低于2 500 mm(根据现场实际情况尽量提高净空间)。站厅、站台、通道天花以上的结构顶板底面,站台有效轨道侧墙表面,柱子顶部等装修界面可视范围内及天花以上所有设备及管道均要求喷涂深灰色防霉防潮涂料,出入口通道天花材料、色彩同站厅站台天花一致。

Ⅱ 编制依据

主要编制依据如下：

(1)《地铁设计规范》(GB 50157—2003)；

(2)《建筑设计防火规范》(GB 50016—2006)；

(3)《建筑内部装修设计防火规范》(GB 50222—95)(2001年版)；

(4)《城市道路和建筑物无障碍设计规范》(JGJ 50—2001)；

(5)《民用建筑工程室内环境污染控制规范》(GB 50325—2005)；

(6)《地下铁道照明标准》(GB/T 16275—1996)；

(7)《建筑材料放射性核素限量》(GB 6566—2001)；

(8)《建筑装饰装修工程质量验收规范》(GB 50210—2001)；

(9)《建筑工程施工质量验收统一标准》(GB 50300—2001)；

(10)其他相关规范和规定以及本工程施工图纸和施工组织设计。

Ⅲ 施工部署

一、施工安排

(一)人员安排

管理层：项目经理部成立以总工程师为领导核心的施工技术攻关小组，技术、质量、工程和材料部门人员参加，主要攻关课题为：高空间吊顶施工工艺。

作业层：计划7个班组70人。

(二)施工现场平面布置图

施工现场平面布置图根据现场实际情况确定。

(三)材料进场计划

材料依据工程进度分批进场。

二、施工准备

(一)技术准备

施工前项目总工程师组织相关技术人员认真查阅图纸(包括与建筑图对应情况)，熟悉方案、相关安全质量规范，将在图纸上发现的问题提前与设计联系解决。对图纸技术说明墙面施工部分，工程技术部组织作业层领班认真熟悉学习，领会设计意图。

(二)测量准备

根据现场实际情况和设计图纸要求，以轨道面中心线为基准弹出1 000 mm控制线，并引至墙面及柱面，使用油漆注明。

(三)机具准备(见表1)

(四)人员资质要求

现场所有木工必须具备上岗证，施工人员必须进行技术培训，经考核合格后方可执证上岗，未经培训的人员严禁操作设备。

(五)管理人员及劳务人员培训

项目技术部按规定对项目相关部门及作业层班长进行方案、措施交底，由作业层领班对具体作业人员进行技术交底，项目技术部和生产部参加。

表 1　机具概况

序号	设备名称	型号规格	数量	国别产地	制造时间	额定功率（kW）	生产能力	用于施工部位	备注
1	交流电焊机	BX1－300	10 台	上海	2011 年 6 月	18.7	完好	钢骨架焊接	自有
2	切割机	J3GB	10 台	江苏	2010 年 5 月	3.5	完好	钢材切割	自有
3	冲击电钻	HXYJ－GSB20－2RE	10 台	北京	2011 年 5 月	0.7	完好	打孔	自有
4	电动角磨机	S1M－FF－100A	10 台	浙江	2011 年 9 月	0.54	完好	焊渣清理	自有
5	手电钻	直径 6 mm	20 台	德国	2011 年 8 月	0.35	良好	基层板	自有
6	手电钻	HITACHI 直径 6 mm	10 台	德国	2011 年 8 月	0.65	良好	基层板	自有
7	手握电钻	10A 日立	10 台	日本	2011 年 4 月	2.6	良好	基层板	自有
8	木工电锯	MX4014	6 把	山西	2010 年 6 月	3.8	完好	装修部位	自有
9	干粉灭火器	45B－1.2MPA	若干	上海	2010 年 8 月	35 kg	完好	装修部位	自有
10	移动高架	LH－30－25/12	10 套	本工程	2010 年 8 月	完好		装修部位	租赁
11	型材切割机	400A	10 台	浙江	2008 年	2.2	完好	安装	自有
12	氩弧焊机	WS－200	10 台	上海	2008 年	4	完好	安装	自有

Ⅳ　吊顶施工工艺

一、吊顶施工工艺介绍

（一）施工工艺流程（见图 1）

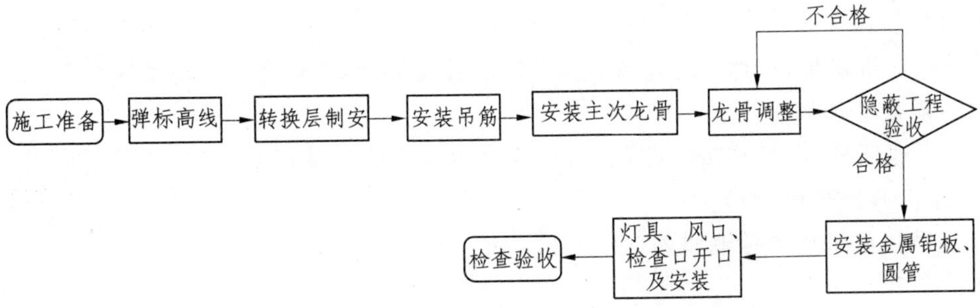

图 1　金属铝板、圆管吊顶施工工艺流程

（二）施工工艺

1. 弹线

根据设计图纸在吊顶的房间内的墙面上弹出吊顶面板的水平控制标高线，弹出吊顶主龙骨和次龙骨控制线，主龙骨最大间距 1 100 mm，次龙骨间距根据吊顶板规格来定。

2. 安装吊杆和挂件

吊杆采用ϕ8 全丝镀锌吊杆，吊杆吊点至龙骨末端最大距离不得大于 300 mm，吊杆间距不大于 1 100 mm。吊杆与楼板连接处使用ϕ 10 内膨胀螺栓固定牢固。安装吊杆时若遇到空调通风管道间距大于 1 100 mm，应在风管两侧固定角钢到结构底板，用 40 mm×40 mm×4 mm 角钢水平与两侧角钢焊接，然后再按规划好的吊点间距施工。若吊杆长度超过 1 500 mm 需要加反支撑。

3. 安装边龙骨

按照天花高度控制线，安装铝板天花龙骨及修边角。

4. 安装主龙骨

主龙骨应挂在主吊件上，主龙骨间距不大于 1 100 mm。主龙骨悬挑不得大于 300 mm。安装主龙骨时控制好起拱高度 。相邻的主龙骨对接头要错开。主龙骨挂好后调平。检查评定合格后进行下道工序施工。

5. 安装次龙骨

铝板次龙骨间距要符合设计要求，采用专用连接件与主龙骨连接，连接合理牢固。轻钢骨架局部节点构造应合理，吊顶轻钢骨架在留洞、灯具口、通风口等处，应按图纸上的相应节点构造设置龙骨及连接件，使构造符合图纸的要求，保证吊挂的刚度。

6. 安装吊顶板块、圆管

安装前，首先检查材料的几何尺寸、外观有无变形、表面有无划痕等缺陷。安装时轻力推按铝板、圆管，将之扣于龙骨凸齿上，切勿用力过猛。随时检查铝板的平整度及相邻板块的高低差。

金属吊顶安装的方法一般为：先从房间中线部分开始往两边安装，大面积整块安装完毕后，再安装墙边、灯孔、检修边等特殊部位。将金属吊顶侧面凹槽对准龙骨的翼缘轻轻插入，然后安插片和另一块金属吊顶板。在相邻次龙骨金属吊顶板安装完后，方能安装第二根龙骨，并依次进行。

二、工程质量要求及成品保护措施（略）

三、质量控制措施

（一）质量保证体系

质量保证组织机构（略）；质量管理组织机构（略）；过程质量控制流程见图 2。

（二）质量管理职责

项目经理职责；项目总工程师职责；项目执行经理的质量职责；质量工程师职责；工程部门职责；施工工长职责（略）。

（三）吊顶施工质量控制措施（见表 2）

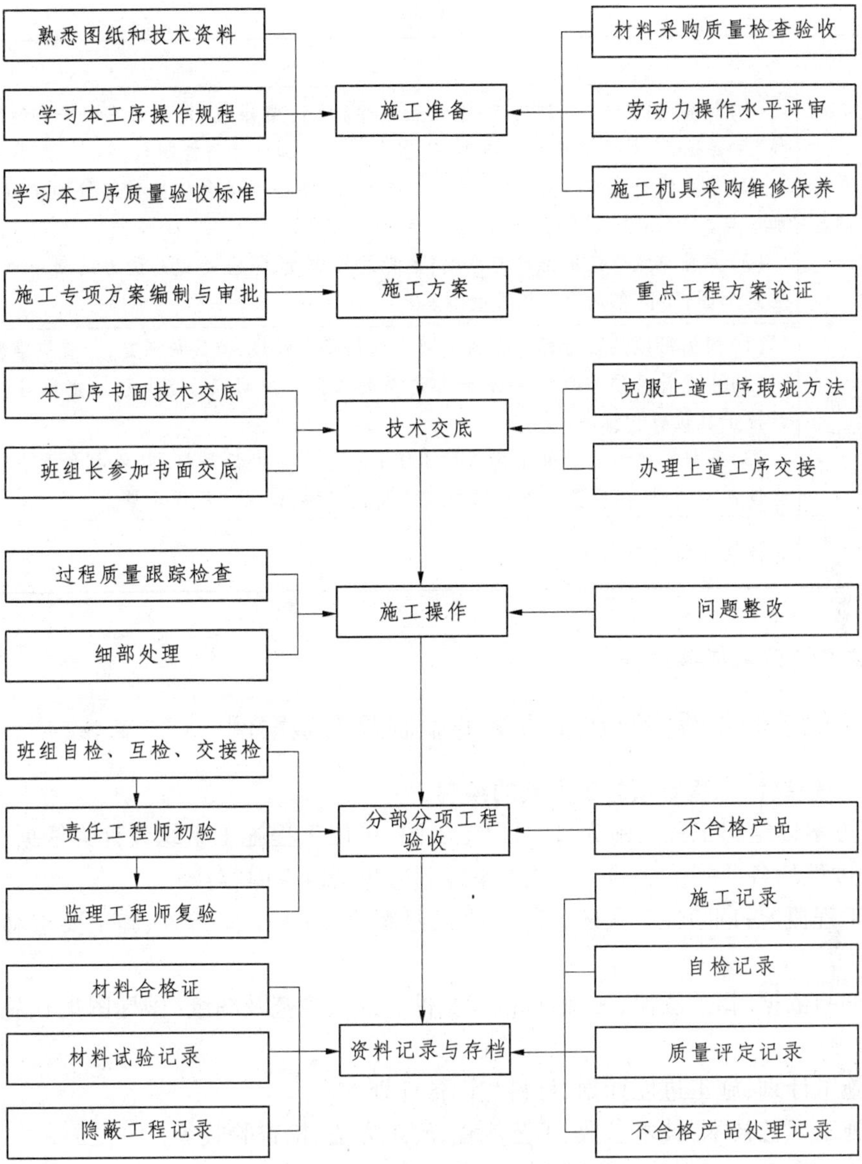

图 2　过程质量控制流程

表 2　吊顶施工质量控制措施

项目		内容
金属板吊顶	准备	吊顶内的灯槽、水电管道等作业应安装完毕，消防管道安装并试压完毕。
	材料要求	(1) 吊顶龙骨在运输安装时，不得扔摔、碰撞，龙骨应平放，防止变形，龙骨要存放于室内，防止生锈。 (2) 铝板运输和安装时应轻放，不得损坏板材的表面和边角，应防止受潮变形，放于平整、干燥、通风处。

续表2

项目		内容
金属板吊顶	吊顶的平整度	(1)标高线的水平控制要点:基准点和标高尺寸要准确;吊顶面的水平控制线应拉出通线,且要拉直;对跨度较大的吊顶,应在中间位置加设标高控制点。 (2)吊点的分布与固定:吊点的分布要均匀,在一些龙骨的接口部位和重载部位,应增加吊点。 (3)龙骨与龙骨架的强度与刚度:龙骨的接头处、吊挂处都是受力的集中点,施工中应注意加固;不得在龙骨上悬吊设备。
	龙骨安装	(1)根据吊顶的设计标高在四周墙上或柱子上弹线,弹线应清楚,位置应准确。 (2)主龙骨吊顶间距,应按设计推荐系列选择。中间部分应起拱。主龙骨安装后应及时校正其位置和标高。 (3)吊杆距主龙骨端部不得超过300 mm,否则应增设吊杆,以免主龙骨下坠。当吊杆与设备相遇时,应调整吊点构造或增设角钢过桥,以保证吊顶质量。
	罩面板安装	板块安装缝隙调直

四、安全消防保证措施(略)

三、一般装饰工程专项施工方案的编制及典型案例

(一)一般装饰工程专项施工方案的编制

专项方案以组织工程实施为目的,以施工图、单位工程施工组织设计为依据,指导某专项工程全过程的各项施工活动。专项方案编制应包括以下内容:

(1)工程概况:危险性较大的分部分项工程概况、施工平面布置、施工要求和技术保证条件;

(2)编制依据:相关法律、法规、规范性文件、标准、规范及图纸(国标图集)、施工组织设计等;

(3)施工计划:施工进度计划、材料与设备计划;

(4)施工工艺技术:技术参数、工艺流程、施工方法、检查验收等;

(5)施工安全保证措施:组织保障、技术措施、应急预案、监测监控等;

(6)劳动力计划:专职安全生产管理人员、特种作业人员等计划;

(7)计算书及相关图纸。

(二)一般装饰工程专项施工方案典型案例

××电厂二期2×1 000 MW机组扩建工程厂前区建筑装修工程
玻璃幕墙专项施工方案

Ⅰ 工程概况

工程名称:××电厂二期2×1 000 MW机组扩建工程厂前区建筑装修工程;

建设地点:××厂区内;

建设单位:××有限责任公司;
监理单位:××建设监理有限责任公司;
设计单位:××装饰工程有限公司;
施工承建范围:施工合同约定的内容;
建筑面积:约 15 000 m^2;
合同价款:1 590 万元;
建筑高度:18.6 m;
建筑层数:地上四层。

Ⅱ 工程要求

一、质量要求

符合国家及行业验收规范合格标准。

二、工期要求

合同工期 140 天,具体开工日期以施工监理发出的开工令时间为准。

Ⅲ 玻璃幕墙施工方案

一、角码的施工安装

(1)铝合金竖料的安装依据放线的具体位置进行,安装工作一般是从底层开始,然后逐层向上推移进行。

(2)为确保整个立面横平竖直,使幕墙的外立面处在同一垂直平面上,首先将角位与轴线垂直钢线布置好,作为左右前后的控制,而高低的控制用各层所弹的 1 m 标高线作为安装基准。安装施工人员依据钢线作为定位基准,进行角码立柱的安装。

(3)在同一立面同一楼层安装支座时,首先两端支座由技术水平较高的施工人员进行安装、定位,这关系到整个面的平整度,两端安装后,拉一根横向控制鱼丝线,这样,一般施工安装人员即可同时进行安装操作。

二、竖料的安装

(1)固定件连接好后开始安装竖料,竖料安装的精确度和质量影响着整个金属幕墙的安装质量,因此竖料的安装是幕墙安装施工的关键工序之一,幕墙的平面轴线与建筑物外平面轴线距离的偏差应控制在 1 mm 以内,特别是门厅、圆弧和四周封闭的幕墙,其内外轴线距离将影响到幕墙周长。

(2)竖料与连接件要用螺栓连接,连接螺栓采用不锈钢件,同时要保证足够的长度。螺母紧固后,螺栓要露出两牙以上。螺栓与连接件之间要设足够的镀锌方垫,垫片的强度和尺寸一定要满足设计要求,垫片的宽度要大于连接件螺栓孔的 3~4 倍。各连接件的螺栓孔都应是长孔,以利于竖料前后调整移动。

(3)连接件与竖料接触处要加设隔离垫,防止电位差腐蚀,隔离垫的面积不能小于连接件与竖料接触的面积。

(4)安装竖料之前首先在楼层内将竖料与钢角码用 M12×110 不锈钢螺栓连接起来,然后用带钩的绳子挂起来吊出楼层外。

(5)一般情况下,以建筑物的层高为一根竖料,随着温度的变化,铝型材在不断地伸缩,由于不同材料的热胀冷缩系数不同，材料内部将产生很大应力，轻则会使整个幕墙有影响，重则会导致幕墙变形，因此框与框之间、板与板之间要留有收缩缝。收缩缝处采用套筒连接法，这样可适应和消除建筑挠度变形及温度变形的影响，套筒插入竖料的长度每端 > 200 mm 以上，竖料与竖料之间收缩缝为 20 mm，待竖料调完毕，伸缩缝中要用硅胶进行密封，防止潮气及雨水等腐蚀铝合金材料的端面和内部。

(6)待角码吊入工艺调节螺栓后，放入垫圈，拧上螺帽，进行初拧，根据竖料上口相对标高，进行调校，水平仪跟踪检查调校的标高，调校后标高差应小于 1 mm。

(7)在竖料调校过程中应对立柱的轴向偏差严格控制，轴向偏差应小于 1 mm，若误差较大会影响横料安装精度与美观。

(8)相邻两根竖料调校后，应在钢角码连接处测量检查相邻竖料的间距，否则将发生误差，因竖料总长度允许有 *L*/180 挠度。

三、横梁角码的安装

(1)核对立柱上连接角码螺孔的位置；

(2)在角码与铝料的位置用柔性垫片隔离，固定角码，检查位置尺寸。

四、玻璃板块的安装施工

(1)首先检查与竖料连接的压板是否与图纸相符，其次检查到场的玻璃板块的压板是否与设计图纸尺寸一致，保证在安装半单元板块时不出现误差。

(2)玻璃安装前应将表面尘土、污物擦干净。

(3)玻璃安装位置正确，缝宽一致，压紧压板。

(4)玻璃安装完毕进行打胶工艺，打胶注胶应连续饱满，打胶完毕后用刮刀刮密实。

Ⅳ 工程质量保证体系

“质量是企业的生命”。我公司各级领导及各个职能部门都非常重视产品质量，并根据 ISO9001 质量保证体系的要求，采取了全过程的质量控制，具有一套完整的质量保证体系，保证产品的质量。

(1)严格按照 ISO9001 质量体系管理；

(2)工程质量实行项目经理负责制。

公司所施工的工程，全面实行项目法施工，推行项目经理负责制，项目各职能部门职责与分工明确具体，项目经理对工程质量负总责，项目质量体系运转顺利。

Ⅴ 质量保证管理制度

对于建筑产品的质量，工序控制及工艺流程控制是工程质量提高的关键环节。

一、施工前施工条件的准备与检查质量控制(略)

二、工序质量控制

工序先后顺序要合理；工序交接时的质量检验验收；工序间歇中质量控制。

三、技术质量控制

四、测量放线质量控制

五、加工制作质量控制

所有的型材、挂板、成品、半成品的加工，在每道工序上均严格按抽检方案检查，对整个生产过程进行闭环管理，具体做法略。

六、安装施工质量控制

（一）人员选择（略）

（二）进现场前的培训（略）

（三）现场施工管理

根据现场出现的实际问题，每周由项目经理组织一次工作总结会议，内容如下：施工方案、施工计划执行情况的总结；安全、质量、技术标准执行情况的总结；本周工作的总结，奖优罚劣。

七、工程隐蔽验收及“三检制”

（一）隐蔽工程验收项目

幕墙隐蔽工程是指那些在施工过程中上一工序的安装工作结果将被下一工序所掩盖，无法再进行复查的工程部位。幕墙前期的部分工序均为隐蔽工序。埋件、连接螺栓、骨架安装、层间防火、焊缝质量、结构胶打胶、隐蔽螺栓等，这些工序都可称为隐蔽工程。其主要部位有：

（1）幕墙构件与主体结构连接节点的安装。隐蔽工程验收项目有：

①后补件的品种、规格、形状、尺寸、数量、防腐处理、焊缝质量。

②防止电蚀垫片的材质、规格、尺寸。

③后补件与连接件连接的方法，焊接焊缝质量、防腐处理。

④固定支座的形体、尺寸、材质。

（2）幕墙四周，幕墙内表面与主体结构之间间隙节点的安装。隐蔽工程验收项目有：

①焊缝、填塞防火保温棉的品种、材质及填塞施工质量。

②表面密封的材质平整度、遮盖情况。

（3）幕墙伸缩缝、沉降缝、防震缝及墙面转角节点的安装。隐蔽工程验收项目有：

①幕墙各种变形缝的宽度，接缝严密度，接缝高低差。

②接缝处的水密性、柔性材料的材质及其他密封构件。

（二）幕墙安装隐蔽工程验收（略）

四、顶棚、幕墙等专项施工方案基本资料的收集

（一）须编制专项方案的工程

搭设高度 24 m 及以上的落地式钢管脚手架工程；吊篮脚手架工程；新型及异型脚手架工程；建筑幕墙安装工程；钢结构、网架和索膜结构安装工程；采用新技术、新工艺、新材料、新设备及尚无相关技术标准的分部分项工程。

（二）专项施工方案交底

（1）由项目专业技术人员负责编制，对现场管理人员（如专业工长）进行交底。

（2）交底内容应结合工程特点和实际情况，对设计要求、现场情况、工程难点、施工部位及工期要求、劳动组织及责任分工、施工准备、主要施工方法及措施、质量标准和验收，以及施工、安全防护、消防、临时用电、环保注意事项等进行交底。

（3）季节性施工方案的交底还应重点明确季节性施工特殊用工的组织与管理、设备及料具准备计划、分项工程施工方法及技术措施、消防安全措施等内容。

（三）专项方案的实施与变更

由于施工条件因素的变化，在实施过程中发生较大的施工措施和工艺变更时，需对原施工方案进行变更，并履行变更审批手续，作为施工方案补充部分予以实施并归档。

（四）顶棚专项方案资料收集

（1）吊顶分部施工计划、材料计划、工机具使用计划、检测设备计划及劳动力使用计划；

（2）吊顶工程施工区段的划分，施工流水的布置；

（3）吊顶施工工艺；

（4）吊顶质量验收标准；

（5）吊顶施工的质量保证体系；

（6）吊顶施工的安全管理体系，专职安全员及特种作业人员持证上岗情况；

（7）相关图纸，包括消防管道图、灯具布置图等。

（五）幕墙专项方案资料收集

（1）幕墙分部施工计划、材料计划、工机具使用计划、检测设备计划及劳动力使用计划；

（2）幕墙工程施工区段的划分，施工流水的布置；

（3）幕墙施工工艺；

（4）幕墙质量验收标准；

（5）幕墙施工的质量保证体系；

（6）幕墙施工的安全管理体系，专职安全员及特种作业人员持证上岗情况；

（7）计算书及相关图纸。

第二节　施工图及其他装饰工程技术文件识读

一、小型装饰工程施工图识读

（一）室内装饰工程施工图的识读

以某工程办公室装饰为例，室内装饰工程施工图的识读顺序为设计说明、平面图、顶棚平面图、立面图及节点图。

1. 设计说明识读

识读装饰工程施工图时，首先要仔细阅读设计说明内容，掌握整个工程的一般设计要求，如对木质龙骨的防火处理要求、吊顶吊杆间距要求、龙骨分格要求等。

2. 平面图识读

识读装饰工程平面图，应抓住面积、功能、装饰面、设施以及与建筑结构的关系，如图 1-1 所示。

（1）识读装饰工程平面图时，首先应了解房间的名称、功能，以及满足该功能对装饰面的要求、对设施的要求。

（2）通过装饰面的文字说明，了解施工图对材料、规格、品种的要求，对工艺的要求。

（3）通过装饰面的文字说明，了解各饰面的色彩要求，对室内装饰色调及风格有一个明确概念，以便进行配色的准备工作。

（4）通过装饰面的文字说明，了解各饰面的结构基层与饰面材料的衔接关系与固定

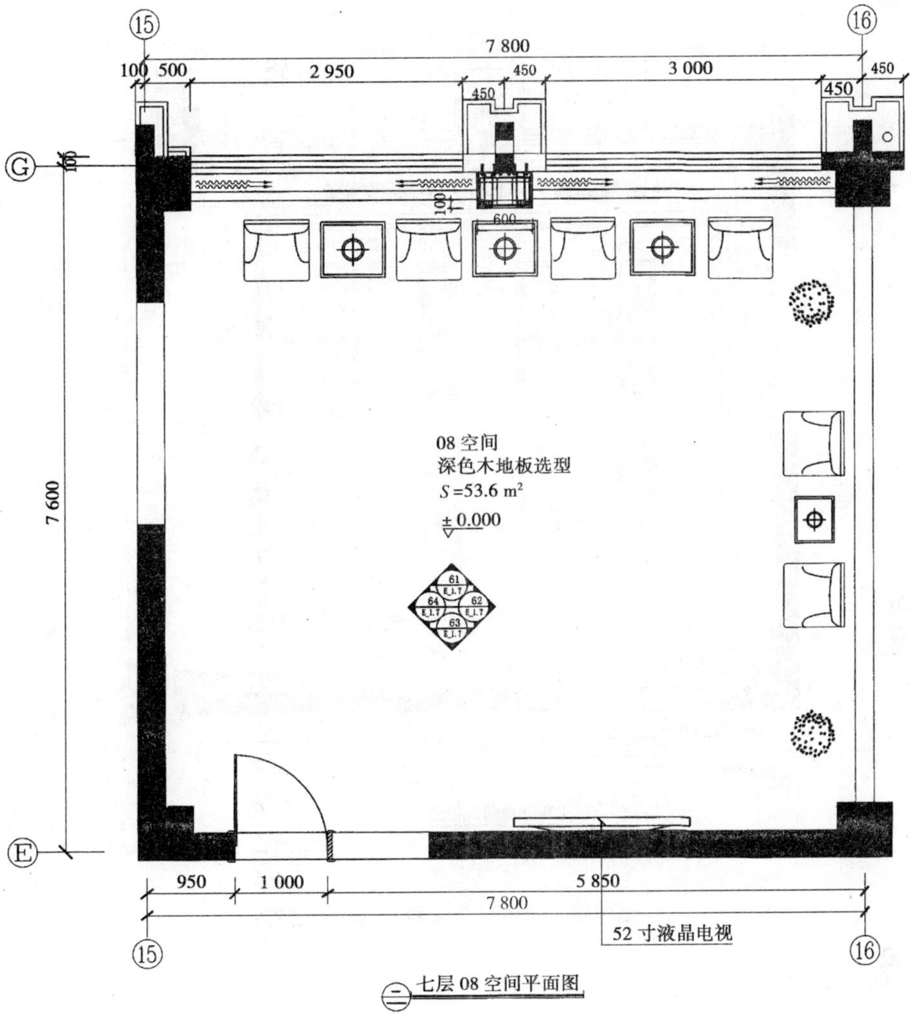

图 1-1　室内装饰工程平面图

方式。

(5)识图时,要能区分建筑尺寸和装饰尺寸,在装饰尺寸中,要能分清其中的定位尺寸、外形尺寸和结构尺寸。

3. 顶棚平面图识读

顶棚平面图是将建筑物内的吊顶面向地面投影而得到的投影视图,如图 1-2 所示。

顶棚平面图可以表现顶棚板装饰造型式样与尺寸,说明顶棚板所用的装饰材料、规格及灯具式样、空调风口位置、消防报警系统及音响系统位置等。

(1)注意顶棚板装饰造型式样、位置及尺寸。

(2)注意顶棚板所用的装饰材料及装饰施工工艺。

(3)注意顶棚板上设备与顶棚面的衔接方式。

(4)注意空调风口位置、消防报警系统及音响系统位置与顶棚面位置关系。

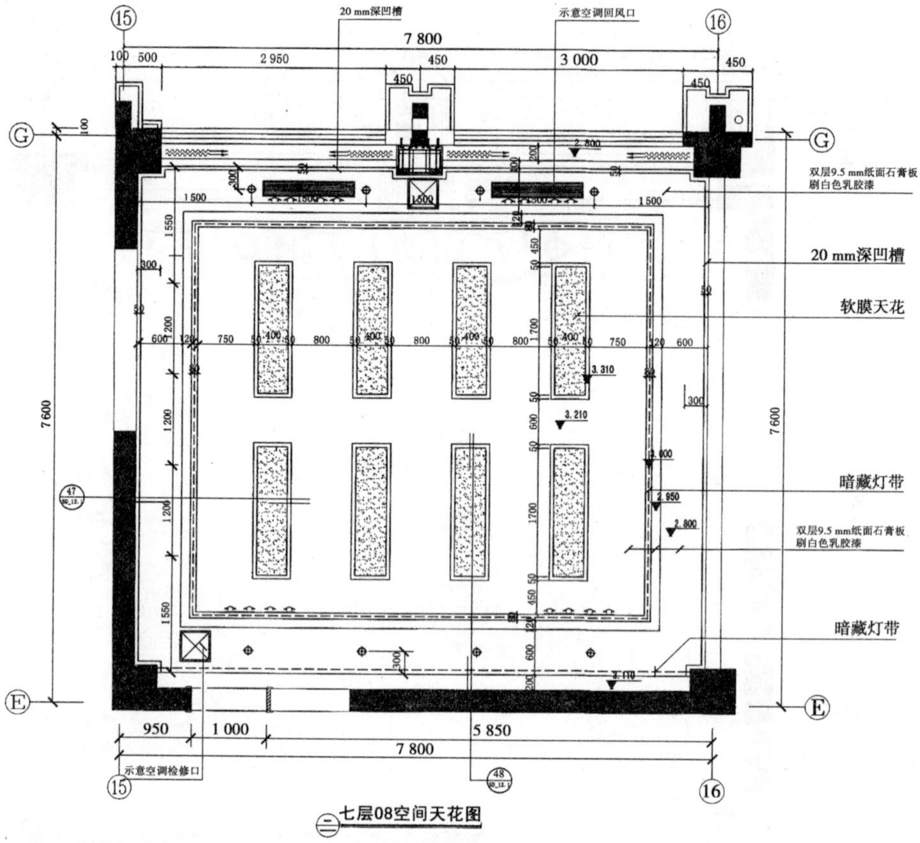

图 1-2　室内装饰工程顶棚平面图

4. 立面图识读

装饰工程立面图就是建筑物内部墙与物体的正立面投影图。它表示建筑室内各墙身、墙面以及各种设置的相关尺寸、相关位置，如图 1-3 所示。

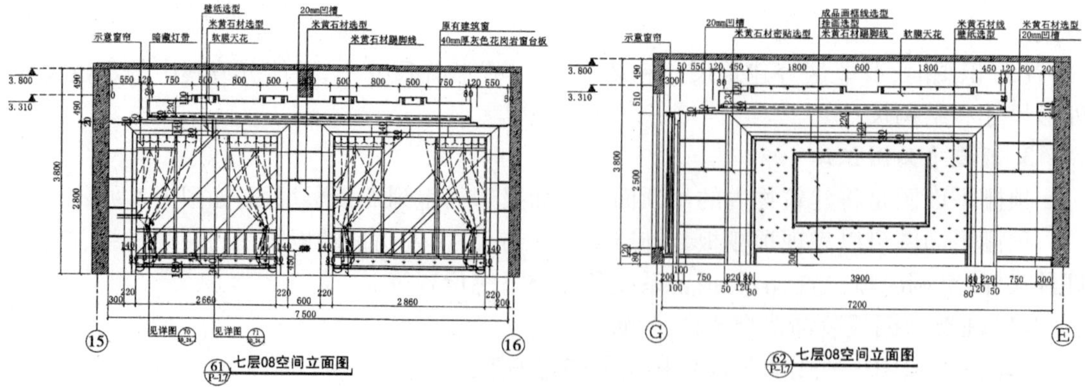

图 1-3　室内装饰工程立面图

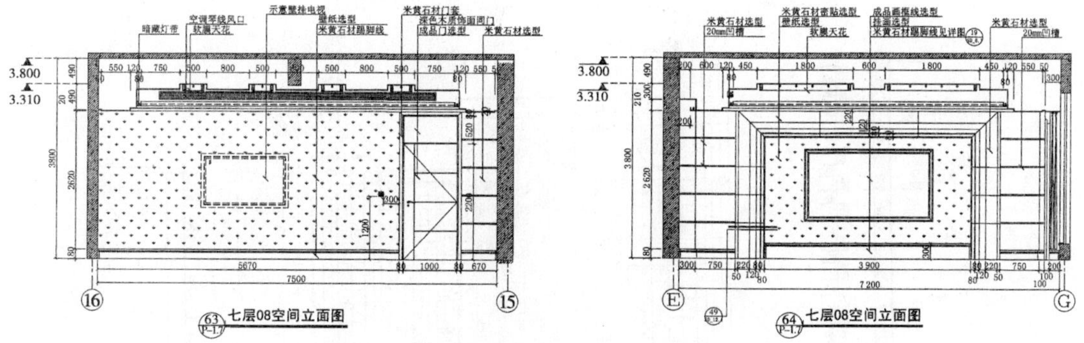

续图 1-3

(1)识图时,注意地面标高与楼层地面高度、吊顶顶棚高度之间的关系。

(2)注意墙面装饰造型和所用的设备位置、尺寸及文字说明,所需装饰材料及工艺要求。

(3)搞清楚每个立面上有几种不同的装饰面,这些装饰面所用材料以及施工工艺要求。

(4)装饰结构与建筑结构的衔接,装饰结构之间的连接方法和固定方式应搞清楚,以便提前准备预埋件和紧固件。

(5)要注意设施的安装位置、电源开关、插座的安装位置和安装方式。

(6)要注意门、窗、隔墙、装饰隔断物等设施的高度尺寸和安装尺寸。

(二)室外幕墙工程施工图的识读

以某工程外立面幕墙为例,室外幕墙工程施工图的识读顺序为设计说明、立面图、平面图、大样图、节点图。

1. 设计说明识读

了解该工程所选用的铝型材及玻璃型号,干挂石材选用钢骨架的规格、型号及表面处理方式,五金件的选用标准等。

2. 立面图识读(见图 1-4)

(1)掌握西立面 F ~ A 轴外立面石材幕墙,如大样图$\frac{1}{06-11}$所示;石材造型,如大样图$\frac{1}{06-14}$所示;玻璃幕墙,如大样图$\frac{1}{07-01}$所示。

(2)掌握西立面 F ~ A 轴各种幕墙的高度、宽度,如 D ~ G 轴石材造型宽度 5.7 m、高度(69.95 +0.45)m。

3. 平面图识读(见图 1-5)

(1)对应西立面 F ~ A 轴,在平面图上识读建筑物的该立面外形尺寸。

(2)掌握西立面 F ~ A 轴各类幕墙在平面图上的展开尺寸,如 D ~ G 轴石材造型两侧向内凹进,计算该处工程量时,应按展开尺寸。

4. 石材幕墙大样图与节点图识读(见图 1-6、见图 1-7)

(1)大样图是对西立面 F ~ A 轴各类幕墙的放大,计算工程量时,便于识读计量尺寸。

(2)设计图纸均标注有比例尺,对部分未明确标注的尺寸,可依据比例提取。

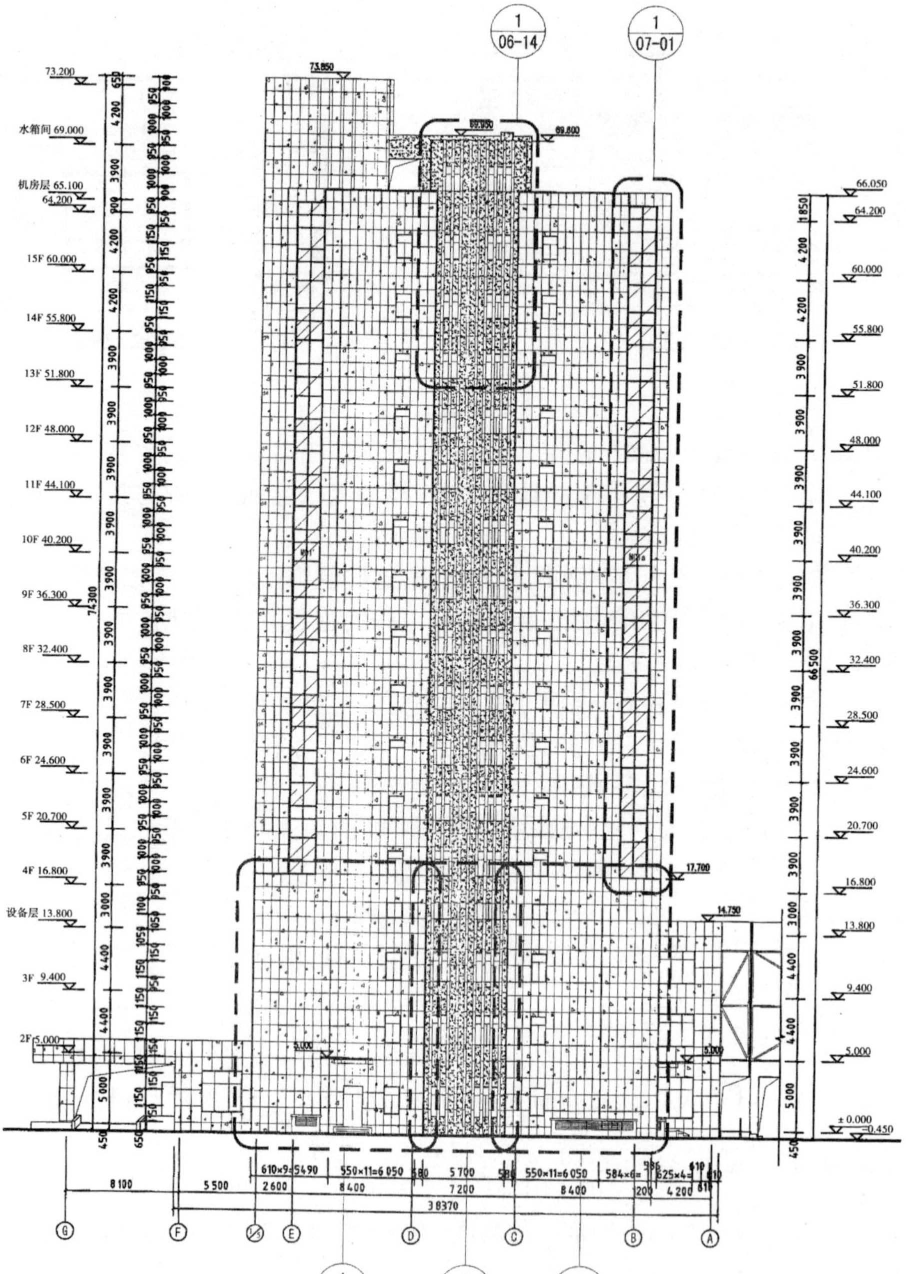

图 1-4　室外幕墙立面图

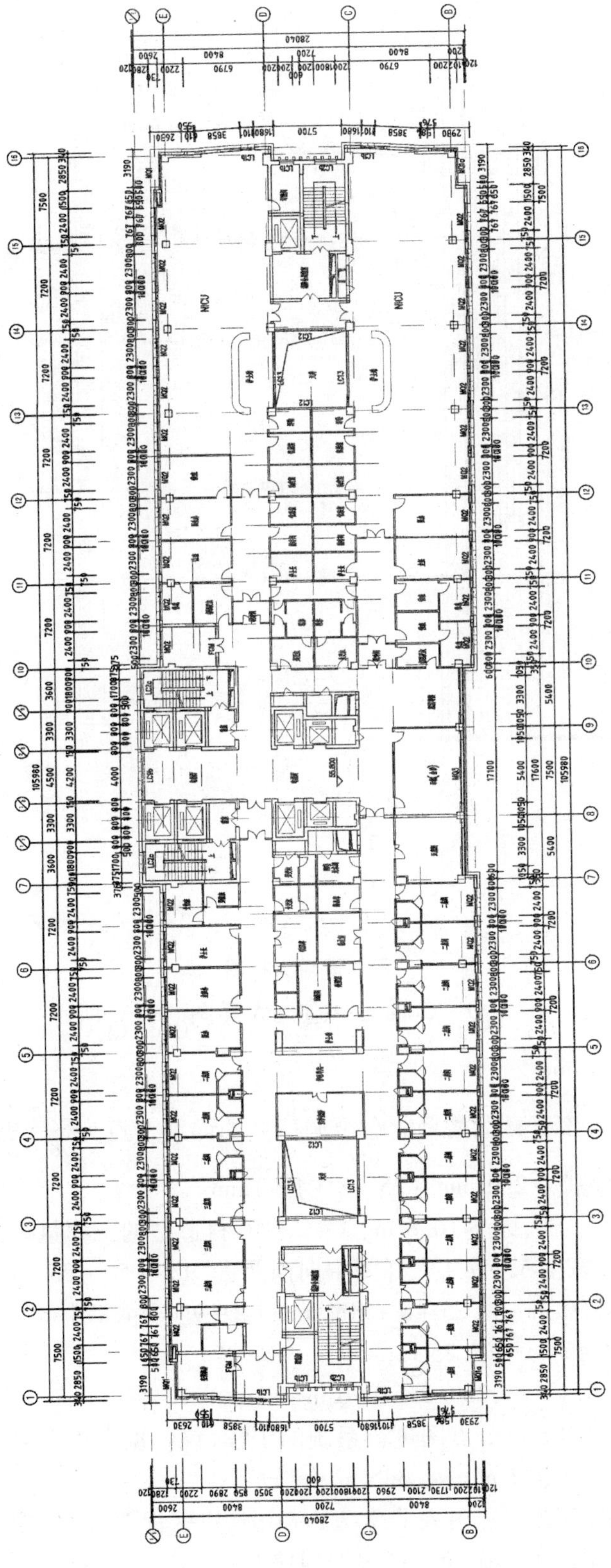

十四层幕墙平面分格图

图 1-5　室外幕墙平面图

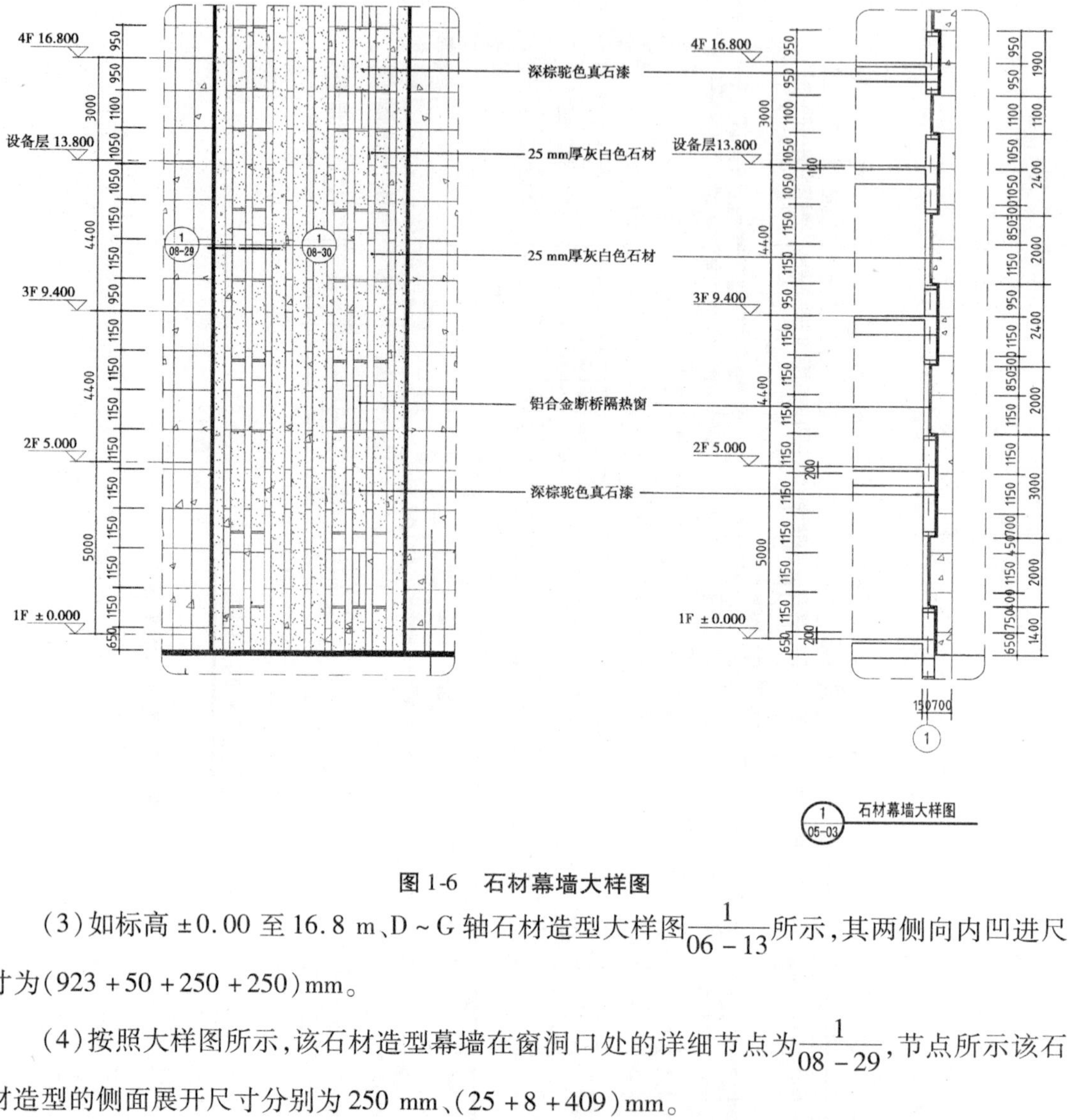

图 1-6　石材幕墙大样图

(3)如标高 ±0.00 至 16.8 m、D ~ G 轴石材造型大样图$\frac{1}{06-13}$所示，其两侧向内凹进尺寸为(923 + 50 + 250 + 250)mm。

(4)按照大样图所示，该石材造型幕墙在窗洞口处的详细节点为$\frac{1}{08-29}$，节点所示该石材造型的侧面展开尺寸分别为 250 mm、(25 + 8 + 409)mm。

(5)由此，西立面 F ~ A 轴、标高 16.8 m、D ~ G 轴石材造型的工程量为：

宽度尺寸：D ~ G 轴的宽度 5.7 m + 大样图中向内凹进(923 + 50 + 250 + 250)mm × 2 侧 + 节点图中造型侧面展开[250 mm + (25 + 8 + 409)mm] × 9 处 = 14.874 m；

高度尺寸：(16.8 + 0.45)m = 17.25 m；

石材造型面积为 14.874 × 17.25 = 256.576 m^2。

(6)若未对平面图、大样图及节点图进行系统的识读，仅依据立面图来计算石材造型面积，则为高度 17.25 m × 宽度 5.7 m = 98.325 m^2。

(7)两者对比，计算的石材面积出入非常大，其内在的钢骨架、用胶量、人工工日等人、材、机消耗都将因此工作量的不准确而出现很大的偏差。

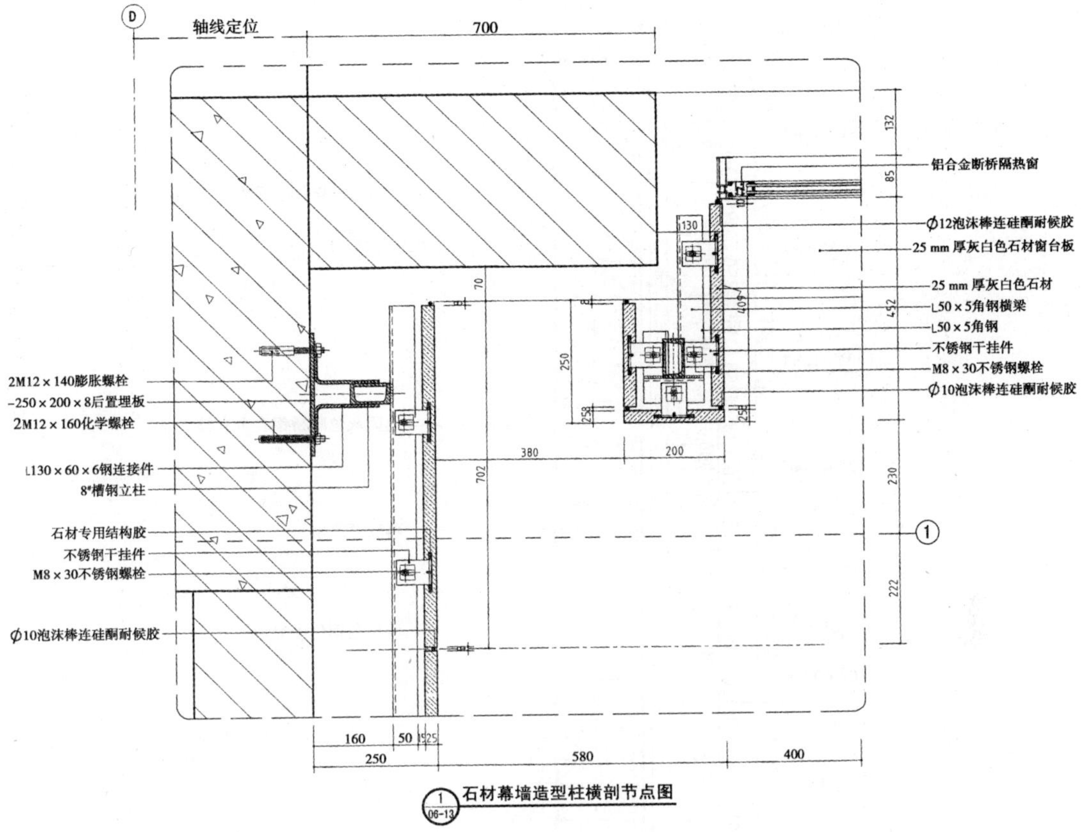

图 1-7　石材幕墙节点图

5. 玻璃幕墙大样图与节点图识读(见图 1-8、图 1-9)

(1)识读玻璃幕墙大样图,可知 MQ1a 为浅蓝灰色断桥明框玻璃幕墙。

(2)其外形尺寸为宽度(1 435 + 1 425) mm + (929 + 941) mm = 4 730 mm;高度为(64.2 − 20.7) m + (950 + 900 + 3 000) mm = 48 350 mm。

(3)由此可计算出 MQ1a 的面积为 228.7 m^2。

(4)而仅由立面图中计算出的 MQ1a 面积为(0.929 + 0.941) m × 48.350 m = 90.4 m^2。

(5)两者对比,计算的玻璃幕墙面积出入非常大,其内在的铝合金骨架、用胶量、人工工日等人、材、机消耗都将因此工作量的不准确而出现很大的偏差。

(6)从玻璃幕墙标准横、竖剖节点图中,则主要识读立柱、横梁、扣盖、压板及开启扇料的型号,以便计算玻璃幕墙铝合金含量时查取。

二、装饰水电工程施工图识读

(一)室内装饰工程电气施工图的识读

以某四楼阅览室室内装饰工程电气施工图为例,其识读顺序为设计说明、照明平面图、插座平面图、配电系统图。

1. 设计说明识读

识读灯具、插座、开关的安装高度,配管配线的敷设方式,配电箱的安装高度等。

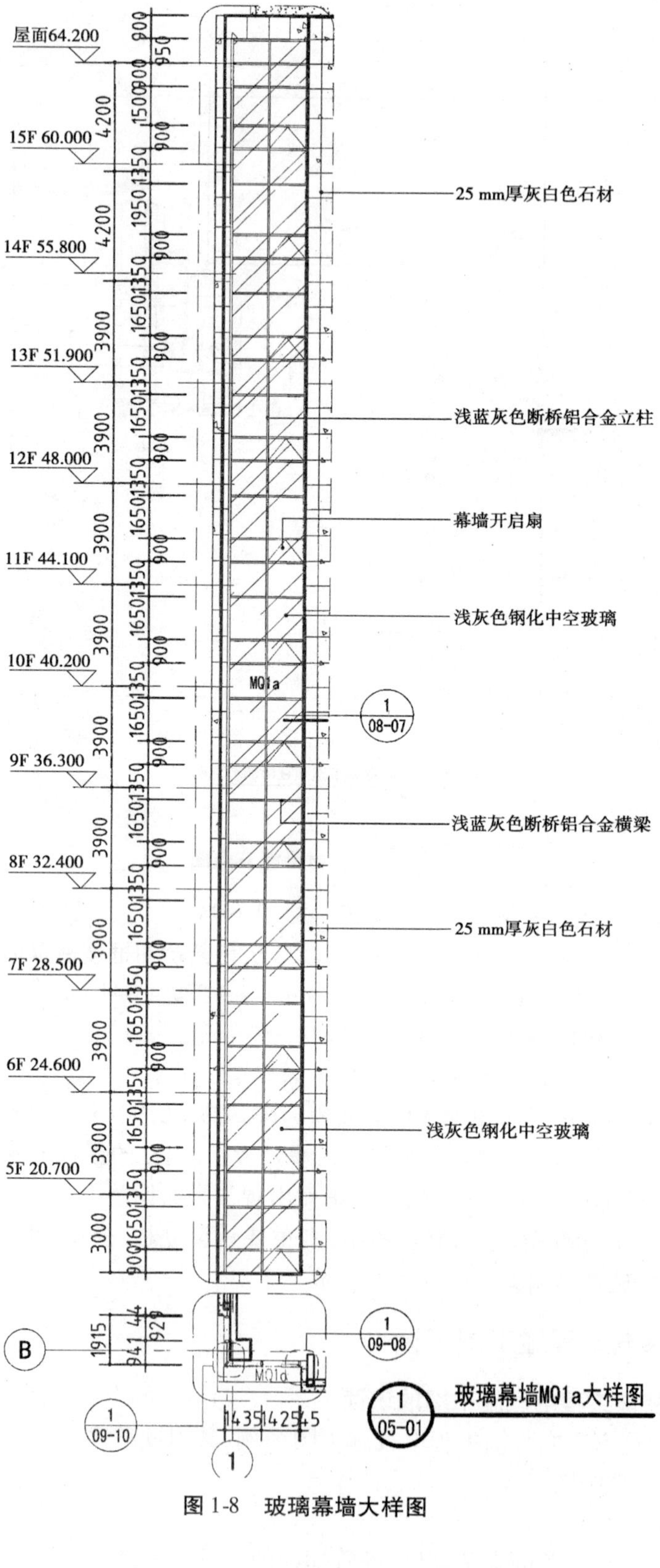
屋面64.200
15F 60.000
14F 55.800
13F 51.900
12F 48.000
11F 44.100
10F 40.200
9F 36.300
8F 32.400
7F 28.500
6F 24.600
5F 20.700
25 mm厚灰白色石材
浅蓝灰色断桥铝合金立柱
幕墙开启扇
浅灰色钢化中空玻璃
MQ1a
浅蓝灰色断桥铝合金横梁
25 mm厚灰白色石材
浅灰色钢化中空玻璃
MQ1d
玻璃幕墙MQ1a大样图

图 1-8　玻璃幕墙大样图

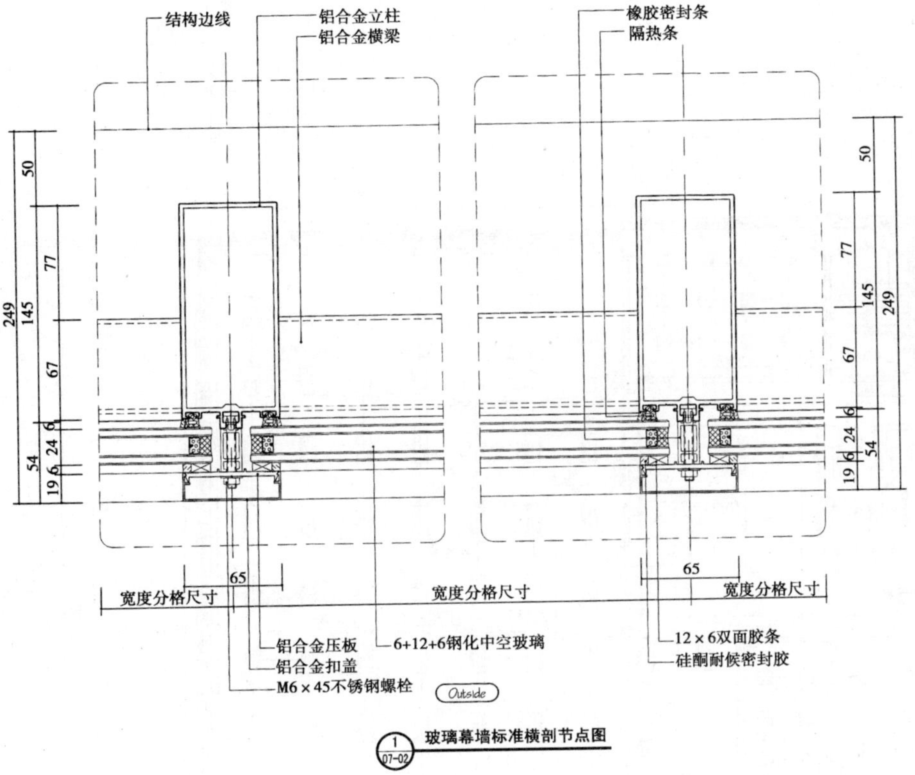
结构边线
铝合金立柱
铝合金横梁
橡胶密封条
隔热条
50
77
145
249
67
6
24
54
19
65
宽度分格尺寸
铝合金压板
铝合金扣盖
M6×45不锈钢螺栓
6+12+6钢化中空玻璃
12×6双面胶条
硅酮耐候密封胶
Outside
1
07-02
玻璃幕墙标准横剖节点图

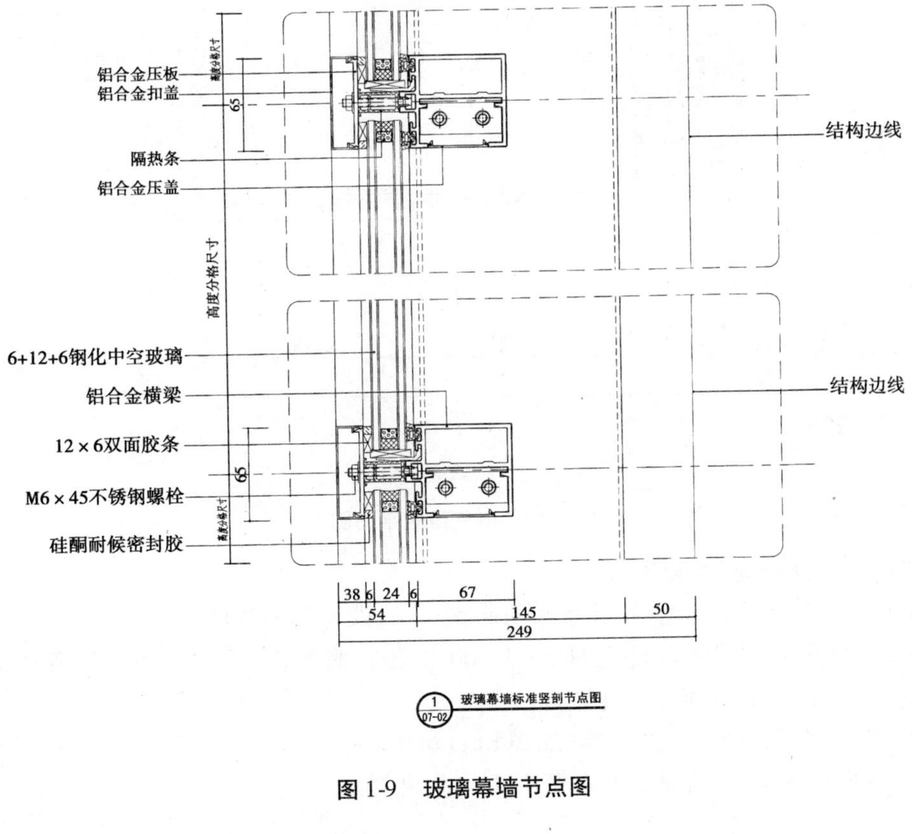
铝合金压板
铝合金扣盖
隔热条
铝合金压盖
结构边线
65
高度分格尺寸
6+12+6钢化中空玻璃
铝合金横梁
12×6双面胶条
M6×45不锈钢螺栓
硅酮耐候密封胶
38
6
24
67
54
145
50
249
1
07-02
玻璃幕墙标准竖剖节点图

图 1-9　玻璃幕墙节点图

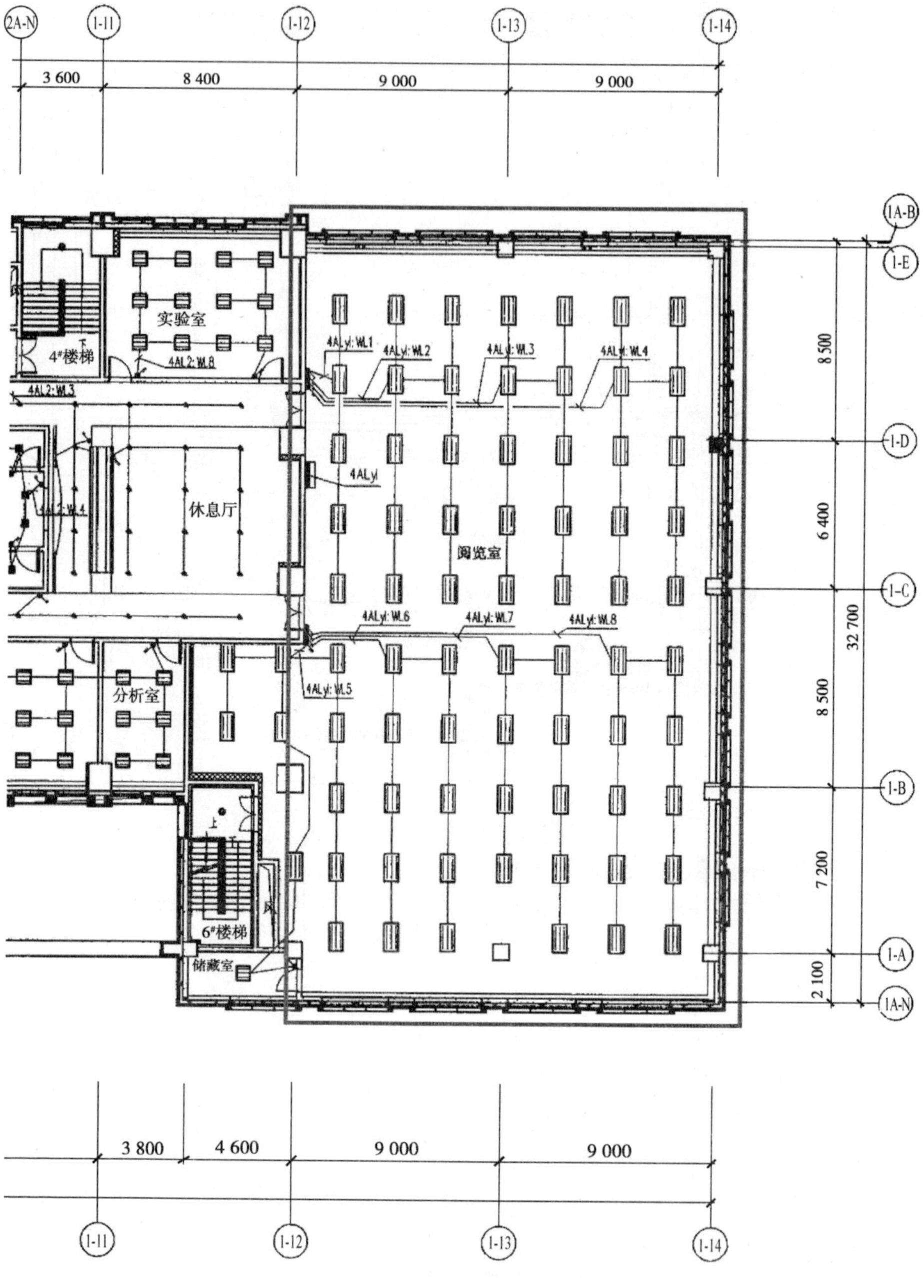

图 1-10　**电气照明平面图**

2. 照明平面图识读(见图 1-10)

(1)在阅览室照明平面图中,共有照明回路 8 条,即 WL1 ~ WL8。

(2)阅览室中所用照明灯具为 600 × 1 200 格栅日光灯,74 套;600 × 600 格栅日光灯,1 套;单联开关,1 个;照明配电箱 4ALy1,1 套。

(3)8 条照明回路的工程量计算,如 WL1:(6.4 + 8.5)m + 灯具至配电箱 4ALy1 距离;WL2:(6.4 + 8.5)m × 2 + 灯具至配电箱 4ALy1 距离等。

(4)灯具至配电箱的距离计算除按照两点间的直线距离，依图纸比例提取尺寸外，每条回路的配管配线尺寸还应加上配电箱在墙面安装的高度。

(5)在 WL5 回路中，存在 1 个单联开关，其配管配线尺寸还应增加开关在墙面安装的高度。

3. 插座平面图识读(见图 1-11)

(1)在阅览室插座平面图中，共有插座回路 2 条，即 WX1、WX2。

(2)阅览室中所用插座为五联暗插座，15 套。

(3)2 条照明回路的工程量计算，如 WX1：(6.4 + 8.5) m + (9 + 9) m + (8.5 + 6.4 + 8.5) m + 插座至配电箱 4ALy1 距离等。

(4)插座至配电箱的距离计算除按照两点间的直线距离，依图纸比例提取尺寸外，每条回路的配管配线尺寸还应加上配电箱在墙面安装的高度。

(5)插座安装距离地面 300 mm，因此每条回路的配管配线尺寸还应增加每个插座在墙面安装的高度。

4. 配电系统图识读(见图 1-12)

(1)在阅览室 4ALy1 的配电系统图中，照明线路采用 3 × NHBV2.5 mm，插座线路采用 3 × NHBV4 mm；

(2)阅览室 4ALy1 的照明线路采用空气开关 BM65N - 63(16A)，共 8 个，插座线路采用漏电保护器 BM65L - 63(20A)，共 2 个，另备用两条线路采用漏电保护器 BM65L - 63(20A)，共 2 个；总空气开关采用 BM65 - 63N(40A)共 1 个。

(3)各回路进入配电箱应增加 500 mm 的预留线。

(二)室内装饰工程给排水施工图的识读

以某一层室内装饰工程给排水施工图为例，其识读顺序为设计说明、给排水平面图、给排水大样图。

1. 设计说明识读

识读管道的材质、规格及敷设要求，防腐、保温要求等。

2. 给排水平面图识读(见图 1-13)

(1)在给排水平面图中，一层共有 1#、2#、5#卫生间。

(2)1#卫生间给水主管道 JL2、排水主管道 WL1；2#卫生间给水主管道 JL3、排水主管道 WL2；5#卫生间给水主管道 JL4、排水主管道 WL6。识读这些给排水管道的位置，用来计算从室外引来的距离。

3. 给排水大样图识读(见图 1-14)

以 5#卫生间为例，识读其给排水系统图。

(1)在给排水平面详图中，5#卫生间有蹲便器 2 个、洗面盆 2 个、淋浴器 1 个、地漏 3 个。

(2)给水系统图识读：实线为给水管道线路，在平面图中识读其走向，在大样图中识读给水管道不同的直径，量取的尺寸即为给水管道的水平用量。

在系统大样图中，识读不同给水口的标高，如洗脸盆角阀处给水管道 DN15 的标高为 +0.5 m，其上段主管道 DN20 标高为 +1.0 m，则末端洗脸盆的每段给水管道应增加 0.5 m 的长度。

(3)排水系统图识读：虚线为排水管道线路，在平面图中识读其走向，在大样图中识读

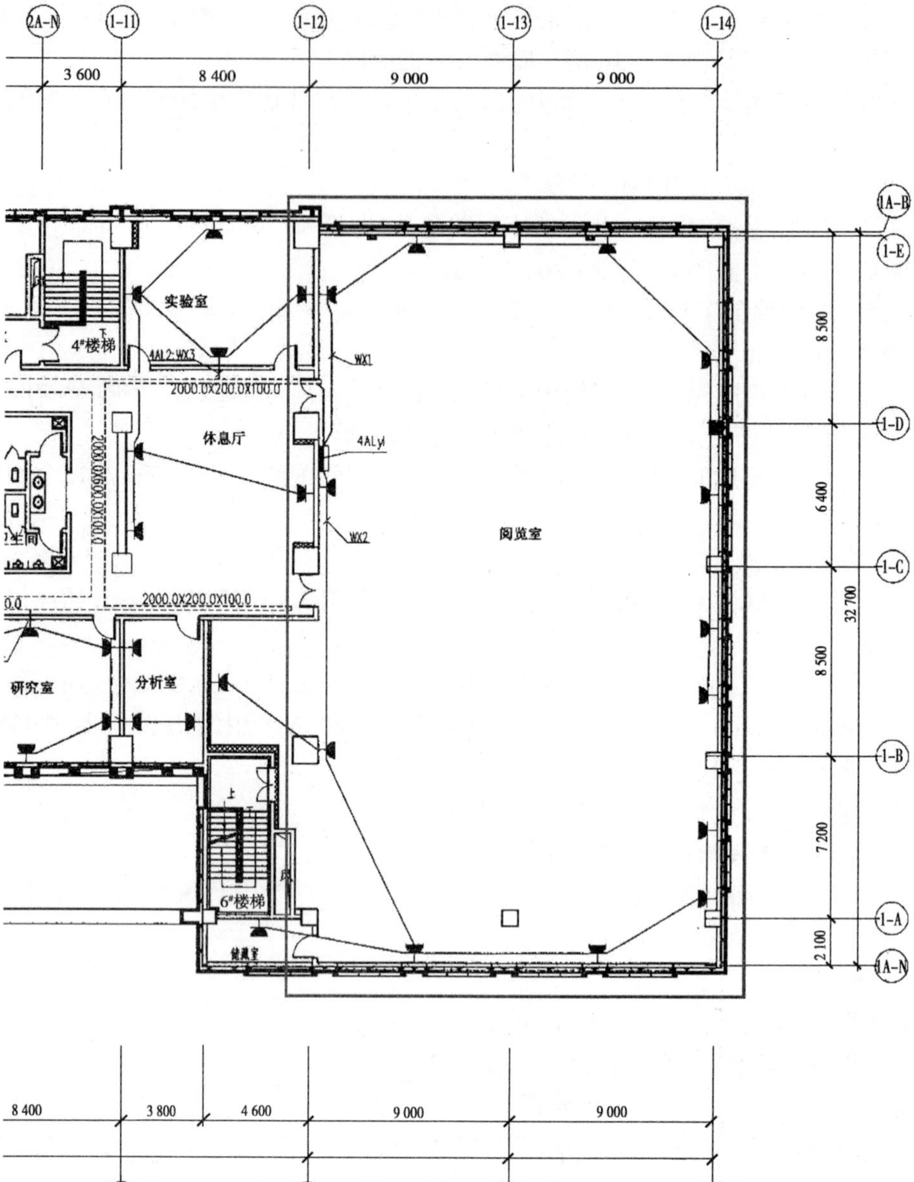

图 1-11　电气插座平面图

排水管道不同的直径，量取的尺寸即为排水管道的水平用量。

在系统大样图中，识读不同排水口的标高，如在排水立管处标注，所有排水支管均低于5#卫生间室内地坪 450 mm，则末端每段排水管道应减少 0.45 m 的长度。

三、其他装饰工程技术文件识读

（一）图纸审查、图纸会审管理

（1）施工单位领取工程施工图纸后，由项目技术负责人组织技术、生产、预算、质量、测

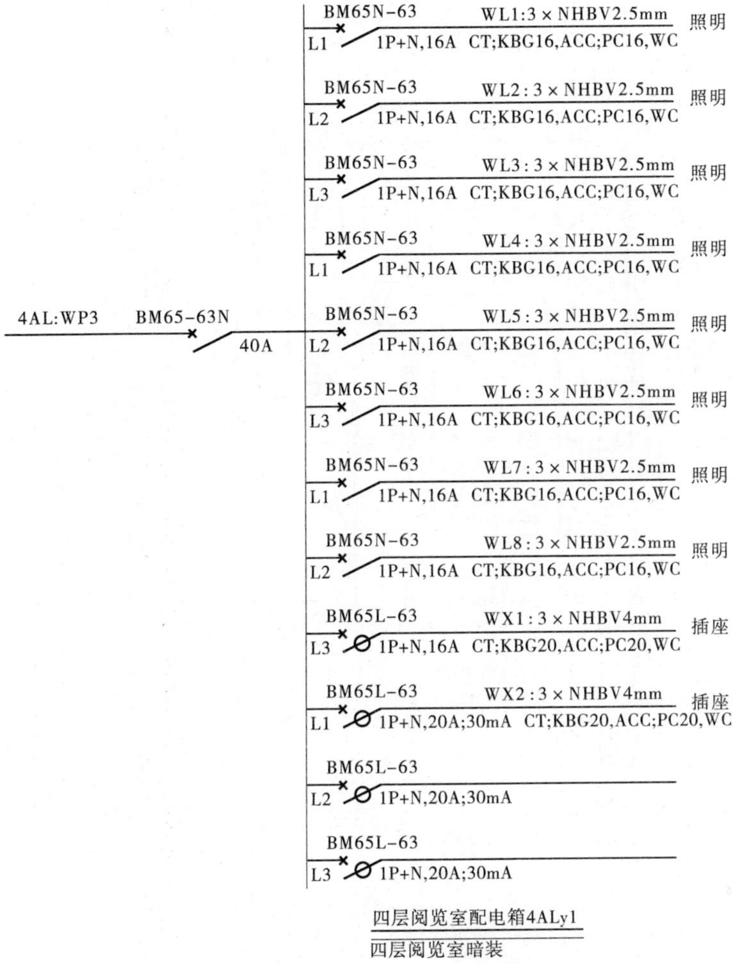

图 1-12　配电系统图

量及分包单位有关人员对图纸进行审查。

(2)监理、施工单位将各自提出的图纸问题及意见,按专业整理、汇总后报建设单位。

(3)建设单位组织设计、监理和施工单位技术负责人及有关专业人员参加,由设计单位对图纸存在问题进行设计交底,施工单位技术人员负责将设计交底内容按装饰装修专业汇总、整理,形成图纸会审记录。

(4)图纸会审记录应由建设、设计、监理和施工单位的项目相关负责人签认,形成正式图纸会审记录。图纸会审记录属于正式设计文件,四方签字后方可生效,不得擅自在会审记录上涂改或变更其内容。

(5)图纸会审工作应在正式施工前完成,重点审查施工图的有效性,对施工条件的适应性,各专业之间、全图与详图之间的协调一致性等。

图纸会审记录示例见表 1-1。

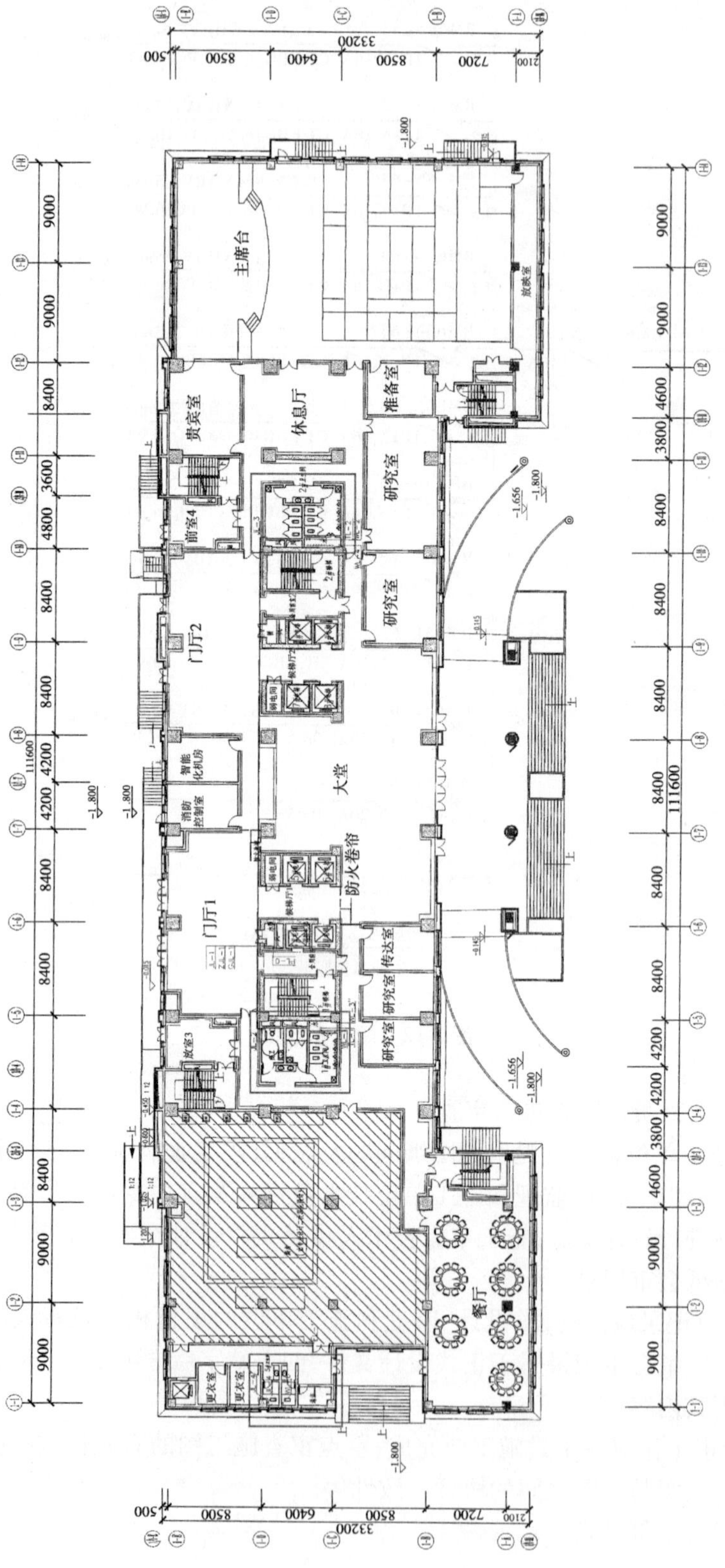

一层给排水平面图

图 1-13　给排水平面图

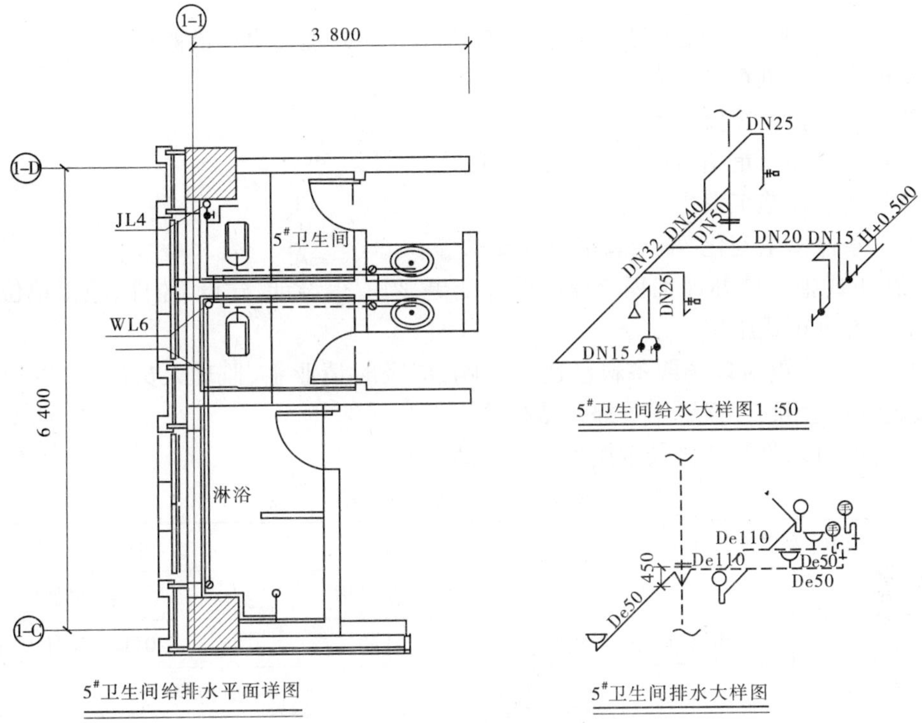

图 1-14　给排水平面详图及大样图

表 1-1　图纸会审记录

工程名称		××工程	日期	2012 年 12 月 21 日
地点		现场甲方办公室	专业名称	装饰装修工程
序号	图号	图纸问题		图纸问题交底
1	建施 -1	大堂地坪石材与西侧走道石材之间有一条线,是否代表使用过渡石材		无需过渡,两石材直接对接,缝要贯通
2	建施 -3	所有门未见详图,是否采用带门套的装饰门,门的颜色为何种		门均带有门套,深棕褐色,送样板后再确定
3	建施 -26	盥洗室地坪与外侧地坪同一标高,盥洗室地坪是否应降低一些		降低 1 cm
⋮				
签字栏	建设单位	监理单位	设计单位	施工单位
	×××	×××	×××	×××

(二)设计变更、工程洽商记录

(1)设计变更通知单由设计单位下达,工程洽商由施工单位提出,由项目技术人员办理。

(2)在装饰装修工程施工过程中,发生如下情况应办理变更或洽商:

①发现设计图纸存在问题或缺陷;

②某种主要材料需要代换;

③涉及主体和承重结构改动或增加荷载;

④与其他专业施工发生冲突;

⑤施工条件发生变化,不能满足设计要求等。

(3)在正式施工前办理工程洽商或设计变更,须取得设计、建设、监理、施工单位共同认可并签字后方可正式施工。

(4)若设计变更对现场或备料已造成影响,应及时请业主、监理人员确认,以便为工程结算、质量责任追溯、工程维修等提供依据。

设计变更通知单及其目录示例见表1-2、表1-3。

表1-2 设计变更通知单

<table>
<tr><td colspan="2">设计变更通知单</td><td>编号</td><td>03-C2-005</td></tr>
<tr><td>工程名称</td><td>××大厦A幢</td><td>专业名称</td><td>装饰装修</td></tr>
<tr><td>设计单位名称</td><td>北京市××建筑设计院</td><td>日期</td><td>2011年8月10日</td></tr>
<tr><td>序号</td><td>图号</td><td colspan="2">变更内容</td></tr>
<tr><td>1</td><td>DD-08</td><td colspan="2">F06层6~9/C~F轴办公室因梁底标高为3.250 m,风机盘管高度为0.450 m(贴梁底安装),所以室内吊顶高度无法达到原设计要求。现将标高降低为2.800 m</td></tr>
<tr><td>2</td><td>7F-XX-02</td><td colspan="2">F07~F09层6~9/E~F轴大厅休息厅吊顶内局部管线过低,无法按原设计施工,所以将方案进行更改(略)</td></tr>
<tr><td>⋮</td><td></td><td colspan="2"></td></tr>
<tr><td rowspan="2">签字栏</td><td>建设(监理)单位</td><td>设计单位</td><td>施工单位</td></tr>
<tr><td>×××</td><td>×××</td><td>×××</td></tr>
</table>

注:1. 本表由建设单位、监理单位、施工单位和城建档案馆各保存一份;

2. 涉及图纸修改的必须注明应修改图纸的图号;

3. 不可将不同专业的设计变更办理在同一份变更上;

4. "专业名称"栏应按专业填写,如建筑、结构、给排水、电气、通风空调等。

表1-3 通用分目录(1)

<table>
<tr><td colspan="6">通用分目录</td></tr>
<tr><td>工程名称</td><td>××大厦A幢</td><td>资料类别</td><td colspan="3">设计变更通知单</td></tr>
<tr><td>序号</td><td>内容摘要</td><td>编制单位</td><td>日期
(年·月·日)</td><td>页次</td><td>备注</td></tr>
<tr><td>1</td><td>F10层2~3轴大客房会客厅水井取消U玻璃安装,大客房会客厅厨房顶部标高改为2.7 m等</td><td>北京市××建筑设计院</td><td>2011.7.28</td><td>1~4</td><td>—</td></tr>
</table>

续表 1-3

通用分目录					
工程名称	××大厦 A 幢	资料类别	设计变更通知单		
序号	内容摘要	编制单位	日期（年·月·日）	页次	备注
2	F06 层 6～9/C～F 轴办公室贴梁底安装 0.45 m 风机盘管，将原 3.250 m 标高降为 2.800 m 等	北京市××建筑设计院	2011.8.10	5～6	—
⋮					

注：本表适用于 C2 施工技术资料中施工组织设计、施工方案、设计变更、洽商记录、技术交底以及其他分目录不适合的施工资料编目。

工程洽商记录及其目录示例见表 1-4、表 1-5。

表 1-4　工程洽商记录

工程洽商记录		编号	03－C2－022
工程名称	××大厦 A 幢	专业名称	装饰装修
设计单位名称	北京市××建筑设计院	日期	2011 年 8 月 22 日
内容摘要	F01 层防火门上端封堵，出屋面台阶做法防火门变更内容及附图		
序号	图号	洽商内容	
1	建施－7	F01 层 13/(1/Q)～R 轴，由于走廊上空调设备管线比较多，所以防火门上端采用 75 轻钢龙骨双面双层 12 mm 防火石膏板夹 75 mm 岩棉封堵	
2	建施－13、14、14a	F07～F09 层①～⑥/E～F 轴客房走廊由于设备管道密集无法安装吊杆，所以采用 50 主龙骨固定在走廊两侧墙上，具体做法见附图一	
3	建施－16	F11 层⑨～(1/9)/(1/Q)～S 轴走道吊顶做法见附图二	
4	建施－9	F03 层走廊窗户封堵做法见附图三	
⋮			
签字栏	建设（监理）单位	设计单位	施工单位
	×××	×××	×××

注：1. 本表由建设单位、监理单位、施工单位和城建档案馆各保存一份；
2. 涉及图纸修改的必须注明应修改图纸的图号；
3. 不允许将不同专业的工程洽商办理在同一份上；
4. "专业名称"栏应按专业填写，如建筑、结构、给排水、电气、通风空调等；
5. 附图一～附图五此处略，组卷时应附图。

表 1-5　通用分目录(2)

通用分目录					
工程名称	××大厦 A 幢	资料类别	工程洽商记录		
序号	内容摘要	编制单位	日期 (年·月·日)	页次	备注
1	本门节点大样变更及附图	北京市××建筑设计院	2011.7.18	1~4	—
2	U 玻处栏杆做法、楼梯间栏杆做法及附图	北京市××建筑设计院	2011.7.26	5~7	—
3	混凝土结构墙体无法暗埋处增加轻钢龙骨隔墙及附图、F11~F12 层出屋门面修改	北京市××建筑设计院	2011.8.9	8~13	—
4	幕墙内立面收口、F11 层夹层增加防火门、卫生间、空调机房 U 玻栏杆做法及附图	北京市××建筑设计院	2011.8.12	14~15	—
5	U 玻处墙体碍脚,电梯厅墙面、F10 层大客厅墙面做法及附图	北京市××建筑设计院	2011.8.18	16~20	—
6	走道吊顶材料变更	北京市××建筑设计院	2011.8.18	21	—
7	F10 层防火门上端封堵,出屋面台阶做法、防火门变更内容及附图	北京市××建筑设计院	2011.8.22	22~27	—
8	走道吊顶排板变更、大会议室配电箱包封、防火卷帘包封做法及附图	北京市××建筑设计院	2011.8.23	28~32	—

注:本表适用于 C2 施工技术资料中施工组织设计、施工方案、设计变更、洽商记录、技术交底以及其他分目录不适合的施工资料编目。

第三节　技术交底及技术交底文件的编写

一、防火、防水工程施工技术交底文件的编写

(1)防火工程施工技术交底示例见表1-6。

表1-6　防火工程施工技术交底

<table>
<tr><td colspan="2">技术交底记录</td><td colspan="2">编号</td><td colspan="2">03－10－C2－001</td></tr>
<tr><td colspan="2">工程名称</td><td colspan="2">××大厦A幢</td><td>交底日期</td><td>2012年××月××日</td></tr>
<tr><td>施工单位</td><td>××装饰公司</td><td colspan="2">分项工程名称</td><td colspan="2">细部工程</td></tr>
<tr><td>交底提要</td><td colspan="5">木质龙骨、板材防火处理</td></tr>
<tr><td colspan="6">1.作业条件
1)机具准备
电动机具:电动搅拌器等。
手动工具:拌料桶、磅秤;涂刷涂料用的滚筒刷、短把棕刷、油漆毛刷、油漆小桶等。
2)材料准备
(1)进场材料复验:防火涂料必须有生产厂家提供的材料质量检验合格证。
(2)对防火处理后的木质龙骨、板材按要求进行抽样检验。
3)作业准备
(1)在施工前应熟悉施工图纸及设计说明。
(2)木质材料在进行阻燃处理时,木质材料含水率不大于12%。
2.施工工艺
(1)木质龙骨、板材进场,防火处理前,不得对表面进行涂刷油漆等操作,并将材料包装打开,散开平放。
(2)防火涂料搅拌均匀,用滚筒刷对木质龙骨、板材六面均匀涂刷一遍,静置晾干后,再重复操作两遍。
(3)用磅秤对每次防火处理的木质龙骨、板材进行称量,达到设计要求的涂刷防火涂料用量,即500 g/m^2。
(4)抽样送检:防火处理后的木质龙骨和板材,每种取4 m^2 检验燃烧性能。
(5)检验合格的材料即可投入使用,不合格的材料增加防火处理遍数,直至合格方可转入下道工序。</td></tr>
<tr><td>审核人</td><td>×××</td><td>交底人</td><td>×××</td><td>接受交底人</td><td>×××</td></tr>
</table>

(2)防水工程施工技术交底示例见表1-7。

表1-7　防水工程施工技术交底

技术交底记录		编号	03－01－C2－001
工程名称	××大厦A幢	交底日期	2012年××月××日
施工单位	××装饰公司	分项工程名称	地面工程
交底提要	涂膜防水工程		

续表 1-7

1. 作业条件

1）机具准备

电动机具：电动搅拌器等。

手动工具：拌料桶、磅秤；涂刷涂料用的短把棕刷、油漆毛刷、油漆小桶、油漆嵌刀、塑料或橡皮刮板等。

2）材料准备

进场材料复验：供货时必须有生产厂家提供的材料质量检验合格证。材料进场一批，抽样复验一批，各项复验指标合格后，方可用于施工。

储存：材料进场后，设专人保管和存放，在 0 ℃以上储存，受冻后的材料不能使用。

3）作业准备

（1）基层处理。

清理基面，基层表面应平整、干净、牢固、无积水，对基层表面的油污、灰尘、油漆、泛碱等必须清除干净。预先进行细部处理，阴阳角、穿楼面管道、蜂窝缺陷及特殊部位如有缺陷、裂缝等均应用水泥砂浆修补、抹平后再进行大面积施工。

（2）材料配制。

将聚氨酯甲乙料按 1∶3（质量比）比例配合，然后用电动搅拌机搅拌均匀（3 ~ 5 分钟），每次调制的涂料，尽可能在 30 分钟内用完，混合物变稠时要频繁搅动，中间不能加水。

2. 施工工艺

本工程卫生间等有防水要求的楼面采用 1.5 mm 厚 JS 涂膜防水。

1）施工工艺流程图

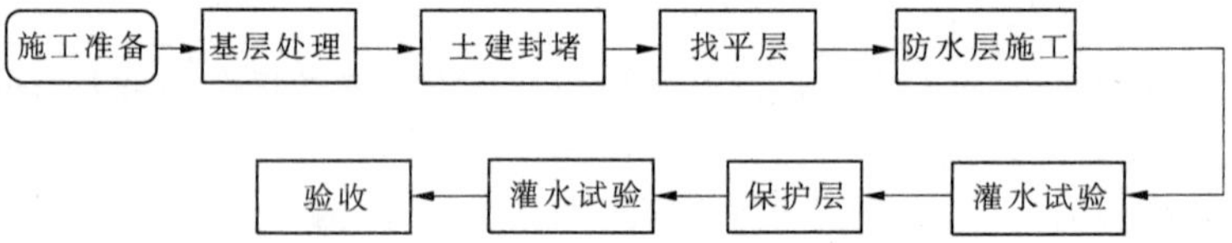

2）施工操作要点及要求（略）

审核人	×××	交底人	×××	接受交底人	×××

二、吊顶工程技术交底及技术交底文件的编写

（1）轻钢龙骨石膏板吊顶技术交底示例见表 1-8。

表 1-8　轻钢龙骨石膏板吊顶技术交底

技术交底记录		编号	03－04－C2－001
工程名称	××大厦 A 幢	交底日期	2012 年××月××日
施工单位	××装饰公司	分项工程名称	暗龙骨吊顶
交底提要	轻钢龙骨石膏板吊顶安装		

续表 1-8

<table>
<tr><td colspan="6">1. 作业条件
1)机具准备
电动机具:电锯、电钻、冲击电锤、电焊机。
手动工具:拉铆枪、手锯、手刨子、钳子、螺丝刀、扳子、钢尺、钢水平尺、线坠等。
2)材料准备
(1)轻钢龙骨 1.2 mm 厚 UC38、0.5 mm 厚 U60 次龙骨。
(2)轻钢骨架主件:中、小龙骨;配件:吊挂件、连接件、插接件。
(3)零配件:吊杆、膨胀螺栓、自攻螺钉。
(4)饰面板:1 200 mm × 3 000 mm × 12 mm 纸面石膏板。
3)作业准备
(1)在施工前应熟悉施工图纸及设计说明;
(2)在施工前应熟悉现场;
(3)在施工前应按设计要求对房间的净高、洞口标高和吊顶内的管道、设备及其支架的标高进行交接检验;
(4)对吊顶内的管道、设备的安装及水管试压进行验收;
(5)应做好各项施工记录,收集好各种有关文件;
(6)做好材料进场验收记录和复验报告,技术交底记录;
(7)板安装时室内湿度不宜大于 70%。
2. 施工工艺
1)施工工艺流程图(略)
2)施工操作要点及要求(略)</td></tr>
<tr><td>审核人</td><td>× × ×</td><td>交底人</td><td>× × ×</td><td>接受交底人</td><td>× × ×</td></tr>
</table>

(2)金属铝板、圆管吊顶技术交底示例见表 1-9。

表 1-9　金属铝板、圆管吊顶技术交底

<table>
<tr><td colspan="2">技术交底记录</td><td>编号</td><td>03 – 04 – C2 – 004</td></tr>
<tr><td>工程名称</td><td>地铁一号线工程</td><td>交底日期</td><td>2012 年 × × 月 × × 日</td></tr>
<tr><td>施工单位</td><td>× × 装饰公司</td><td>分项工程名称</td><td>明龙骨吊顶</td></tr>
<tr><td>交底提要</td><td colspan="3">金属铝板、圆管吊顶安装</td></tr>
<tr><td colspan="4">本工程地铁一号线工程在车站站厅、站台、出入口通道等区域设计采用了铝合金组合吊顶。吊顶形式主要为平板铝板、铝合金圆管,考虑到地铁会产生一定震动,故加设承载龙骨以使整体性更好。</td></tr>
</table>

续表 1-9

1. 铝板吊顶施工流程图

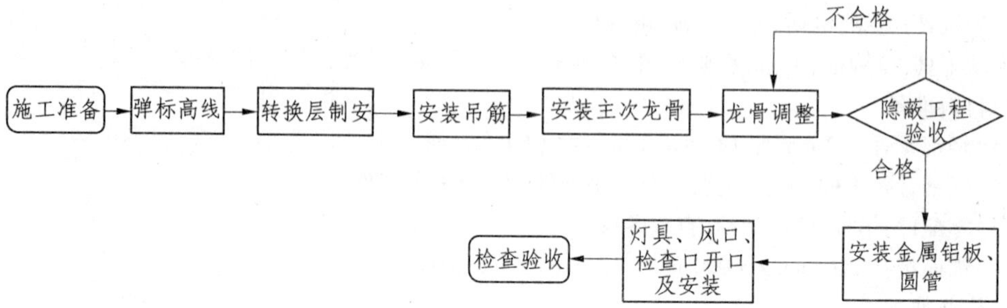

2. 施工工艺及技术要求(略)

3. 质量标准(略)

4. 施工注意事项

(1)铝板与灯口、箅子口等相交处,铝板套割整齐,不漏缝隙,排板时作详图,采用生产厂家加工方式,避免现场切割,以保证吊顶美观性。

(2)吊顶不平:主龙骨安装时吊杆调平不认真,造成各吊杆点的标高不一致。施工时应认真操作,检查各吊点的紧挂程度,并拉通线检查标高与平整度是否符合设计要求和规范标准的规定。

(3)轻钢骨架吊固不牢:顶棚的轻钢骨架吊在主体结构上,并拧紧吊杆螺母,以控制固定设计标高;顶棚内的管线、设备件不得固定在轻钢骨架上。

(4)罩面板分块间隙缝不直:罩面板规格有偏差,安装不正。施工时注意板块规格,拉线找正,安装固定时保证平整对直。

(5)方块铝合金吊顶要注意板块的色差,防止颜色不均的质量弊病。

(6)钢结构转换层安装:地铁站层高较高的位置和有大型设备遮挡位置,吊顶与结构必须设置转换层,转换层用角钢制作,与顶板结构连接方式应符合设计图纸要求及有关施工及验收规范的规定。

5. 成品保护

(1)铝板吊顶施工时,注意保护顶棚内的各种管线。

(2)轻钢龙骨吊杆不得吊挂在通风管道及其他设备上面。

(3)已经安装好的吊顶骨架不得上人踩踏。

(4)其他工种的吊杆不得固定在龙骨上面。

(5)安装罩面板时安装人员要戴手套,防止污染罩面板。

审核人	×××	交底人	×××	接受交底人	×××

三、墙面工程技术交底及技术交底文件的编写

(1)墙面干挂石材施工技术交底示例见表 1-10。

表 1-10　墙面干挂石材施工技术交底

技术交底记录		编号	03－06－C2－001
工程名称	××大厦 A 幢	交底日期	2012 年××月××日
施工单位	××装饰公司	分项工程名称	饰面砖安装
交底提要	墙面干挂石材工程		

1. 施工工艺流程图

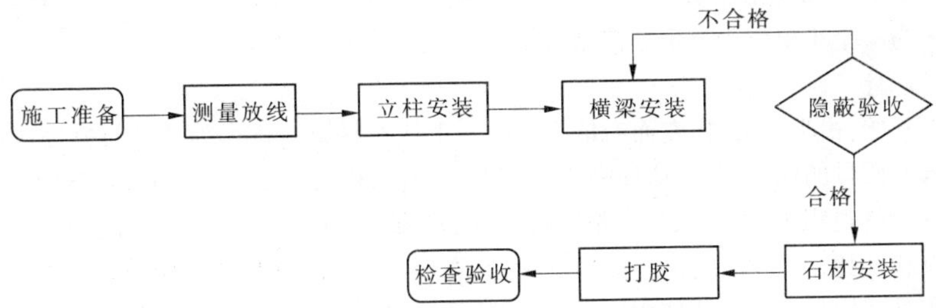

2. 施工控制方法

1) 饰面石材的准备

石材色差是石材干挂外观效果的最主要影响因素之一。由于取材矿脉的不同,开采出来的石材表面肯定存在色差;石矿开采出来以后,切割面不同,容易造成单块石材表面出现阴阳面现象,又或者同一石矿切割出来的两片石材面板颜色是有区别的;同一矿石切割的石材因切割时间不同,其表面颜色也会产生一定的差别,不过这种色差可以随时间推移而趋于消失。

2) 分格放线

横向控制线:用水准仪引测 +0.5 m 标高线作为主基准线,然后设置横向基准线。横向分格由墙顶开始,以一片板材干挂高度值作为分格单位由上而下进行,并利用板块层的基准线进行微调,消除误差。

纵向控制线:首先应对原结构偏差进行一次系统测量,分析实际尺寸和设计尺寸的偏差值,如果现场实际尺寸偏差比较小,只要通过合理地分格便可以消除误差,反之就需要对结构进行处理。

用经纬仪在结构墙面上按每隔 5 m 设置一道纵向基准线。根据分格尺寸(以两片板材干挂宽度值为单位)对结构墙面进行纵向分格,用铅垂引线,并测量上下点与基准线之间的距离,纠正偏差后弹线。纵向控制线和横向控制线构成了放线的平面控制网。

3) 龙骨安装质量控制

龙骨安装质量直接影响到石材的干挂效果。龙骨安装不牢固容易产生安全隐患,龙骨安装如果不在同一个平面上,容易造成后续工序石材扭曲、石材拼缝不合格等缺陷。

一级控制网:预埋件定位后,确定主龙骨的型号、位置。根据分格来确定主龙骨的型号规格,并给龙骨编号,以保证所加工龙骨使用部位无偏差。在主龙骨安装过程中,严格与分格线相对应并拉线控制确保安装龙骨在同一平面,安装完成派专人逐层检查,并做好监控记录。主龙骨安装完成后及时做防腐及防锈处理,工序完成验收后进入下道工序。

续表 1-10

二级控制网:首先,确定次龙骨的型号、位置,主龙骨安装完成验收后将横向分格线引测到主龙骨上,弹线记号,次龙骨根据弹好的线安装;其次,备料上要求现场测量次龙骨实际尺寸,然后按实际尺寸加工次龙骨,并编号安装;再次,在次龙骨安装过程中,要求次龙骨顶面平直,外侧面控制与立柱处于同一平面上,也可少部分进行微调;最后,次龙骨安装完成后,由班组自检并及时通知相关人员验收。次龙骨一端为螺栓连接的伸缩端,一端为固定的焊接端,焊接节点必须进行防腐、防锈处理。

石材干挂是三级控制网中的最后一级,本道工序直接影响到以后石材干挂饰面的感观效果。所以,我们采用样板先施工的原则,挑选适当位置作为样板,进行部分石材干挂作业,根据样板施工的效果不断改进施工工艺。

3. 背栓工艺

1)建立板材安装平面控制体系

以每四块板为一个小单位进行干挂控制。

2)石材安装顺序

从主要饰面开始,由下而上、由左而右依次进行。干挂石材第一排作为基准石材完成面(基准石材完成面是石材墙面质量的保证,若无法使完成面依设计制作,很容易变成收头破口、斜面墙或波浪状,破坏整体效果),在干挂过程中,安排人员旁站监督,完成并统一验收合格后才进入下排石材干挂施工。

3)石材与背栓连接

石材板块通过背栓与铝合金挂件相连,石材安装是按照板块布置图编好的号码一一对应,由下而上进行安装的。安装时将石材板块通过背栓挂钩挂在横向龙骨挂件上即可,安装简便易行。通过顶丝的微调,保证外立面的垂直、水平和表面平整。

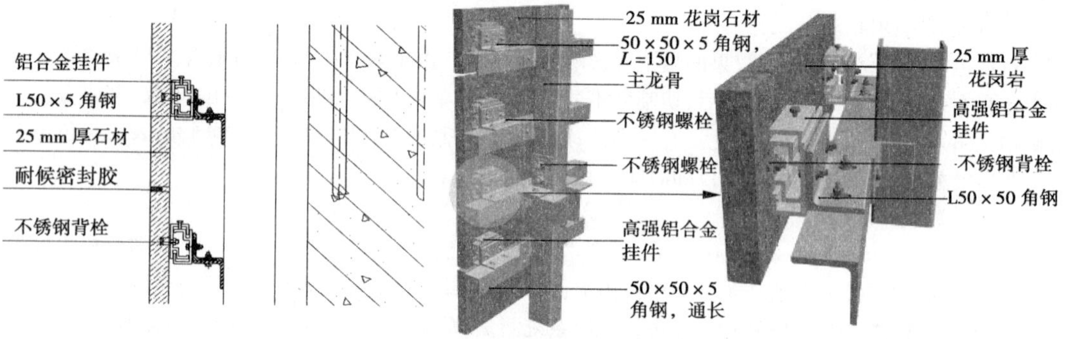

背栓石材节点安装效果图

4)细部处理

细部石材采用整板套割,不能使用零星碎料拼装,所需的板材做到现场量取、现场套割、现场安装(现场切割的石材注意防护剂刷到位),在窗洞位置石材压边正确。细部周边的干挂板材安装固定要准确,及时对凸出部位进行处理,保证横平竖直。对于破损的石材考虑石材加工周期要提前更换。

5)石材洗缝及打胶过程控制

(1)大面石材安装完成后,需要对局部位置进行洗缝,让纵、横缝看起来更加均匀顺直,增加饰面效果。

(2)石材干挂施工完毕后,进行表面清洁和清除缝隙中的灰尘。在缝两侧的石材上,靠缝粘贴 10 ~ 15 mm 宽的胶带,以防止打胶嵌缝时污染板面。然后用打胶枪填满密封胶。如果发现密封胶污染板面,必须立即擦净。在窗洞位置,先沿花岗岩石板的缝塞泡沫棒,然后选择品质优良的密封胶进行打胶。为了让打胶面看起来连续、平整,应专门挑选熟练工人进行操作。

续表 1-10

4. 质量要求(略)

5. 成品保护措施(略)

6. 应注意的问题

(1)饰面板面层颜色不均:其主要原因是施工前没有进行试拼、编号和认真挑选。

(2)线角不直、缝格不均、墙面不平整:主要是施工前没有认真按照图纸核对实际结构尺寸,进行龙骨焊接时位置不准确,未认真按加工图纸尺寸核对来料尺寸,加工尺寸不正确,施工中操作不当等造成。针对线角不直、缝格不均问题应对进场材料严格进行检查,不合格的材料不得使用;线角不直、墙面不平整应通过施工过程中加强检查来进行纠正。

(3)墙面污染:主要原因是打胶勾缝时未贴胶带或胶带脱落,打胶污染后未及时进行清理,造成墙面污染。可用小刀进行刮净。竣工前要自上而下地进行全面彻底的清理、擦洗。

审核人	×××	交底人	×××	接受交底人	×××

(2)墙砖镶贴施工技术交底示例见表 1-11。

表 1-11 墙砖镶贴施工技术交底

技术交底记录		编号	03-06-C2-002
工程名称	××大厦 A 幢	交底日期	2012 年××月××日
施工单位	××装饰公司	分项工程名称	饰面砖安装
交底提要	墙砖镶贴		

1. 墙砖镶贴工艺流程图

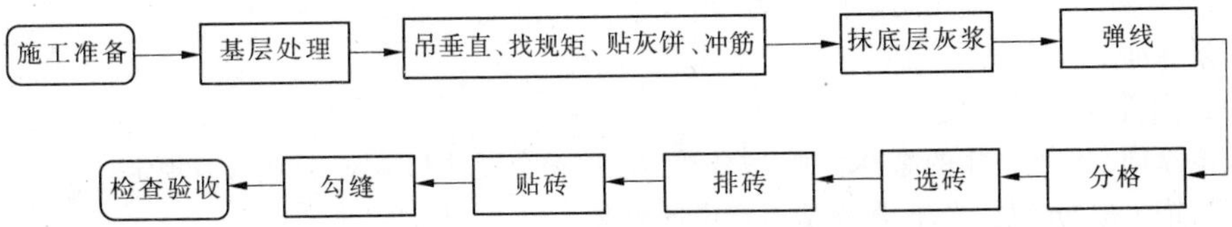

2. 施工方法及技术措施(略)

3. 施工注意事项

(1)面层空鼓:底层未清理干净,未能洒水湿润透,面砖浸泡时间不够或风干太快,影响面层与下一层的黏结力,造成空鼓。

(2)缝隙控制不均匀:工人操作不细致、面砖尺寸偏差等因素所致。应严格选砖,将砖按照 ±0.5 mm 分成三组,同一房间内使用同一组材料镶贴。

审核人	×××	交底人	×××	接受交底人	×××

(3)乳胶漆施工技术交底示例见表1-12。

表1-12　乳胶漆施工技术交底

技术交底记录		编号	03－08－C2－004
工程名称	××大厦A幢	交底日期	2012年××月××日
施工单位	××装饰公司	分项工程名称	水性涂料涂饰
交底提要	乳胶漆		

1. 涂料施工工艺流程图

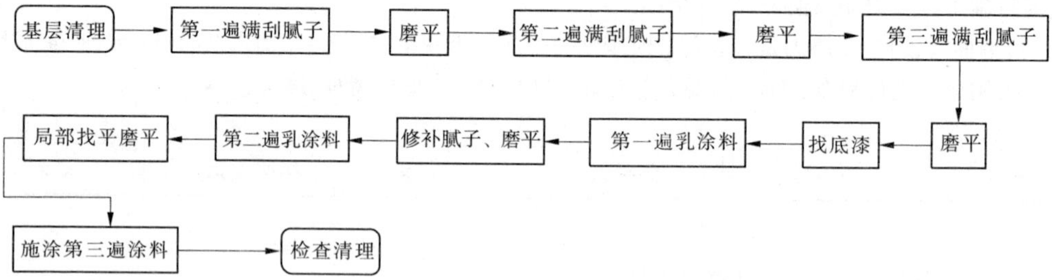

2. 施工要求(略)

3. 施工注意事项

(1)乳胶漆涂料在使用前要充分摇动容器,使其充分混合均匀,然后打开容器,用木棍充分搅拌;喷涂时,喷嘴应始终保持与装饰面垂直,距离为0.3～0.5 m,用0.2～0.3 mm^2 喷枪呈Z字形向前推进,横纵交叉进行。喷枪移动要平衡涂布,量要一致,不得时停时移,以免发生堆料、流挂或漏喷现象。

(2)与其他面层材料分界线要清晰、顺直,临界面喷涂时可采用织带粘贴方法。

(3)板缝处理措施为:先使用壁纸刀在板块相接部位开V形缝隙,刮嵌缝石膏,粘贴的确良布,再刮石膏,可以有效避免板缝开裂。

(4)阴阳角不顺直时采取以下措施:先弹线粗修后,阴角采用阴角刨平整;阳角采用长靠尺逐步修正的办法,分多次修正完成,避免阴阳角出现脱落现象。

4. 质量标准

1)主控项目

乳胶漆涂饰工程所选用的涂料品种、型号和性能应符合设计和国家、行业规范规定。

涂料涂饰工程的颜色、光泽、图案应符合设计要求。

涂料涂饰工程应涂饰均匀、黏结牢固,不得漏涂、透底、起皮和掉粉。

2)一般项目

序号	项目	高级涂料	检验方法
1	颜色	均匀一致	观察
2	光泽、光滑	均匀一致	观察、手摸
3	刷纹	无刷纹	观察
4	裹棱、流坠、皱皮	不允许	观察
5	分色线允许偏差	1 mm	拉5 m线

续表 1-12

5. 成品保护 (1)操作前将不需涂刷的门窗及其他相关部位遮挡好。 (2)拆除脚手架时要轻拿轻放,严禁碰损墙面。 (3)乳胶漆未干时严禁打扫室内卫生。 (4)工人施工时严禁踩踏已经涂好的墙面,以免污染墙面。 6. 安全环保措施 (1)施工前检查脚手架、马凳等是否牢固。 (2)高空作业时不得乱扔杂物和工具。 (3)禁止穿硬底鞋、拖鞋在脚手架上面施工,架子上面的工人不得集中在一起,工具要放稳,以防止伤人。 (4)在两层的脚手架上面施工的人员避免在同一直线上工作,必须时,要采取必要的保护措施。

审核人	×××	交底人	×××	接受交底人	×××

(4)裱糊与软包施工技术交底示例见表 1-13。

表 1-13 裱糊与软包施工技术交底

技术交底记录		编号	03－09－C2－005
工程名称	××大厦 A 幢	交底日期	2012 年××月××日
施工单位	××装饰公司	分项工程名称	裱糊、软包
交底提要	壁纸粘贴和软包		

1. 壁纸施工工艺(略)

2. 软包施工技术交底

1)施工工艺流程

房间内的地、顶内装修已基本完成,墙面和细木装修底板做完,开始做面层装修时插入软包墙面镶贴装饰和安装工作。具体流程如下:

基层或底板处理→吊直、套方、找规矩、弹线→计算用料、套裁填充料和面料 → 粘贴面料→安装贴脸或装饰边线、刷镶边油漆→修整软包墙面。

2)施工方法(略)

3. 质量标准

1)保证项目

软包墙面木框或底板所用材料的树种、等级、规格、含水率和防腐处理,必须符合设计要求和《木结构工程施工质量验收规范》(GB 50206—2012)的规定。软包面料及其他填充材料必须符合设计要求,并符合室内设计防火的有关规定。

软包木框的构造作法必须符合设计要求,钉粘严密,镶嵌牢固。

2)基本项目

表面面料平整,经纬线顺直,色泽一致,无污染。压条无错台、错位。在同一房间,同种面料,花纹图案、位置相同。

单元尺寸位置正确,松紧适度,面层挺秀,棱角方正,周边弧度一致,填充饱满,平整,无皱折、无污染,接缝严密,图案拼花端正、完整、连续、对称。

续表 1-13

3)允许偏差项目

项目	允许偏差(mm)	检验方法
垂直度	3	用1 m垂直检测尺检查
边框宽度、高度	0,-2	用钢尺检查
对角线长度	3	用钢尺检查
裁口、线条接缝高低差	1	用钢尺和塞尺检查

4)成品保护

软包墙面装饰工程已完的房间应及时清理干净,不准做料房或休息室,避免污染和损坏成品,应设专人管理(加锁,定期通风换气、排湿)。

在整个软包墙面装饰工程施工过程中,严禁非操作人员随意触摸成品。

在暖卫、电气及其他设备等安装或修理工作中,应注意保护墙面,严防污染或损坏墙面。

严禁在已完软包墙面装饰房间内剔眼打洞。若属设计变更,也应采取相应的可靠有效的措施,施工时要小心保护,施工后要及时认真修复,以保证成品完整。

二次修补油、浆工作及地面磨石、清理打蜡时,要注意保护好成品,防止污染、碰撞和损坏。

软包墙面施工时,各项工序必须严格按照规程施工,操作时要做到干净利落,边缝要切割修整到位,胶痕及时清擦干净。

5)应注意的质量问题

垂直或不水平:相邻两卷材接缝不垂直或不水平,或卷材接缝虽垂直,但花纹不水平,故造成花饰不垂直等,因此在粘贴第一张卷材时,必须认真吊垂直线并注意对花和拼花,尤其是刚开始粘贴时必须注意检查,发现问题及时纠正。特别是采取预制镶嵌软包工艺施工时更应注意。

花饰不对称:有花饰的卷材粘贴后,由于两张卷材的正反面或阴阳面的花饰不对称,或者门窗口两边或室内对称的柱子拼缝下料宽窄不一,因而造成花饰不对称。预防办法是通过做不同房间的样板间,找出原因,采取试拼的措施,解决花饰不对称的问题。

离缝或亏料:相邻卷材间的接缝不严合,露出基底,称为离缝;卷材的上口与挂镜线,下口与台度上口或踢脚线上口接缝不严,显露基底,称为亏料。主要原因是卷材粘贴产生歪斜,故出现离缝;上下口亏料的主要原因是裁卷材不方、下料过短或裁切不细、刀子不快等。

翘边:主要是接缝和边缘处胶粘剂刷涂过少,或局部漏刷及边缝没压实,干后出现翘边、翘缝等现象。发现后应及时补刷胶并辊压修补好。

墙面不洁净,斜视有胶痕:主要原因是没有及时用温湿毛巾将胶痕擦净,或虽清擦,但不彻底、不认真,或由于其他工序造成墙面污染等。

面层颜色不一致,花形深浅不一:主要原因是卷材质量差,施工时没有认真挑选。

周边缝隙宽窄不一致:主要原因是在拼装、预制、镶嵌过程中,由于安装不细、捻边时松紧不一或在套割底板时弧度不均匀等。应及时修整和加强检查、验收工作。

墙面表面不平整、斜视有疙瘩:主要原因是基层墙面清理不彻底,或虽清理,但没有认真清扫,因此基层表面仍有积尘、腻子包、小砂粒、胶浆疙瘩等,造成墙面表面不平、斜视有疙瘩。因此,施工时一定要重视墙面基底的清理工作。

边框、贴脸及装饰边线宽窄不一、接茬不平、扒缝等:主要原因是制作不细、套割不认真、拼装时钉子过稀缺胶,以及木料含水率过大等。施工时应重视边框、贴脸及装饰边线的制装工作,如果把装饰线条做好,则将整个精装修观感质量提高了档次。

审核人	×××	交底人	×××	接受交底人	×××

四、楼地面工程技术交底及技术交底文件的编写

(1)地面砖铺贴工程施工技术交底示例见表1-14。

表1-14　地面砖铺贴工程施工技术交底

技术交底记录		编号	03－01－C2－001
工程名称	××大厦A幢	交底日期	2012年××月××日
施工单位	××装饰公司	分项工程名称	地面工程
交底提要	地面砖铺贴工程		

1. 地砖铺贴施工工艺流程图

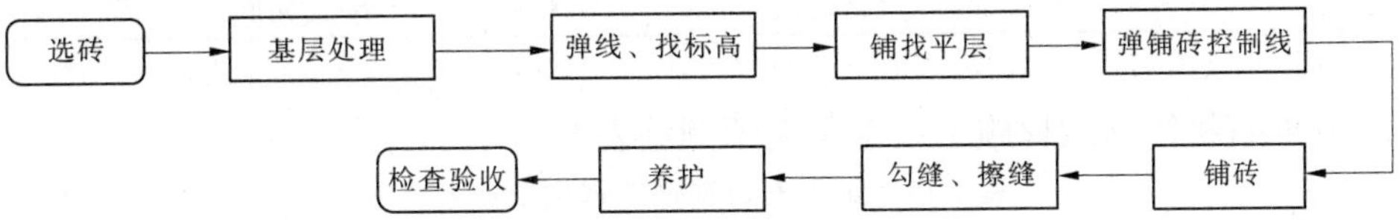

2. 作业条件

(1)施工图纸已交底,墙上四周弹好+0.5 m水平控制线。

(2)室内墙面润湿作业已经做完,穿楼地面的管洞已经堵严塞实。

(3)楼地面垫层已经做完,卫生间防水层已验收完毕。

(4)板块预先用水浸湿,并码放好,铺时达到表面无明水。

(5)施工前,绘制施工大样图,并做出样板间,经检查合格后,方可大面积施工。

(6)安全环保交底已进行。

3. 材料及主要机具准备

(1)地砖为瓷质砖,且卫生间地砖为防滑瓷质砖,厚度大于等于0.9 mm,防滑系数大于等于0.6,地面砖规格应符合设计要求以及技术等级、光泽度、外观质量要求。

(2)水泥:硅酸盐水泥、普通硅酸盐水泥或矿渣硅酸盐水泥,其标号不宜小于325号。

(3)砂:中砂或粗砂,其含泥量不应大于3%。

(4)机具:手推车、铁锹、靠尺、浆壶、水桶、喷壶、铁抹子、木抹子、墨斗、钢卷尺、尼龙线、橡皮锤(或木锤)、铁水平尺、弯角方尺、钢錾子、合金钢扁錾子、台钻、合金钢钻头、笤帚、砂轮锯、钢丝刷等。

4. 操作要点(略)

5. 成品保护

(1)在铺贴板块操作过程中,对已安装好的门框、管道都要加以保护,如门框钉装保护铁皮,运灰车采用窄车等。

(2)切割地砖时,不得在刚铺贴好的砖面层上操作。

(3)刚铺贴的砂浆抗压强度达1.2 MPa时,方可上人进行操作,但必须注意油漆、砂浆不得存放在板块上,铁管等硬器不得碰坏砖面层。喷浆时要对面层进行覆盖保护。

6. 应注意的质量问题

(1)板块空鼓:基层清理不净、洒水湿润不均、砖未浸水、水泥浆结合层刷的面积过大、风干后起隔离作用、上人过早影响黏结层强度等因素都是导致空鼓的原因。

(2)踢脚板空鼓原因,除与地面相同外,还有踢脚板背面黏结砂浆挤不到边角,造成边角空鼓。

续表 1-14

<table>
<tr><td colspan="6">（3）踢脚板出墙厚度不一致：由于墙体抹灰垂直度、平整度超出允许偏差，踢脚板镶贴时按水平线控制，所以出墙厚度不一致。因此，在镶贴前，先检查墙面平整度，进行处理后再进行镶贴。
（4）板块表面不洁净：做完面层之后，成品保护不够，油漆桶放在地砖上、在地砖上拌和砂浆、刷浆时不覆盖等，都会造成层面被污染。
（5）有地漏的房间倒坡：做找平层砂浆时，没有按设计要求的泛水坡度进行弹线找坡。因此，必须在找标高、弹线时找好坡度，抹灰饼和标筋时，抹出泛水。
（6）地面铺贴不平，出现高低差：主要原因是对地砖未进行预先挑选，砖的厚度不一致造成高低差，或铺贴时未严格按水平标高线进行控制。
（7）地面标高错误：多出现在厕浴间，原因是防水层过厚或结合层过厚。
（8）厕浴间泛水过小或局部倒坡：原因是地漏安装过高或 +0.5 m 水平控制线不准。</td></tr>
<tr><td>审核人</td><td>×××</td><td>交底人</td><td>×××</td><td>接受交底人</td><td>×××</td></tr>
</table>

（2）地面石材铺贴工程施工技术交底示例见表 1-15。

表 1-15　地面石材铺贴工程施工技术交底

<table>
<tr><td colspan="2">技术交底记录</td><td>编号</td><td>03 - 01 - C2 - 002</td></tr>
<tr><td>工程名称</td><td>××大厦 A 幢</td><td>交底日期</td><td>2012 年××月××日</td></tr>
<tr><td>施工单位</td><td>××装饰公司</td><td>分项工程名称</td><td>地面工程</td></tr>
<tr><td>交底提要</td><td colspan="3">地面石材铺贴工程</td></tr>
<tr><td colspan="4">1. 石材地面施工工艺流程图
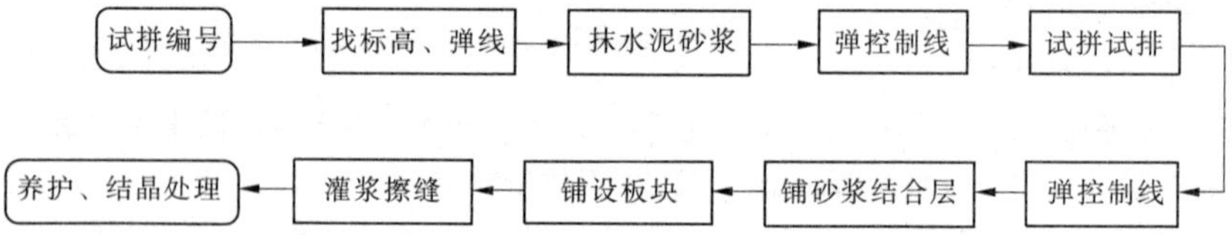

2. 技术准备
施工前每位管理人员都能掌握地面石材铺装施工的重点、难点，在施工中能正确操作。
根据精装修图纸、方案并结合工程结构的实际情况，对节点大样及特殊做法，绘制出详细的大样图。
施工前对现场进行实测，根据实测的数据再来修改现有的设计排板图纸，然后根据修改后的设计图纸来加工石材板块；对各区域地面不同材质、规格板块进行统一编号处理，出具石材铺装编号图，方便工人操作。
3. 石材使用计划
按设计图纸提出采购计划，使用计划必须写明石材规格、型号、数量和进场日期。根据施工进度及流水段划分情况，制订详细材料分批进场计划。
4. 石材技术要求
材质规格：根据本工程图纸设计地面石材规格：600 mm×600 mm×20 mm 及 300 mm×300 mm×25 mm。
颜色要求：室内地面以深灰色和浅灰色花岗岩石材为主，室外为灰麻花岗岩，同一批板块的颜色基本调和、花纹基本一致。</td></tr>
</table>

续表 1-15

外观质量：不允许出现缺棱、缺角、裂纹、色斑；不允许有超过两边顺延至板边长度的 1/10（长度 <4 mm 的不计）的色线。

加工质量：优等品，长宽尺寸允许偏差在 0 ~ −0.5 mm（0 ~ −1.0 mm），厚度尺寸允许偏差在 +1.0 ~ −2.0 mm，表面平整度公差在 0.7 mm（1.2 mm）以内。

5. 其他技术要求

石材进场后按照要求统一进行码放，在运输及搬运过程中严禁磕碰，每个石材加工厂必须派专业管理人员及工人进驻施工现场。

材料的保管：按施工总平面图布置，在规划好的场地上按批分别堆放整齐，板底铺 100 mm × 100 mm 木方。

材料进场后派专人挂上标志牌，标志牌上的主要内容包括材料名称、规格、数量、生产日期、进场日期、使用部位、检验状态。

6. 施工准备

1）人员准备

序号	工种	每标段班组数（个）	总人数（人）	主要工作内容
1	瓦工	3	60	地面石材铺贴
2	其他辅工	3	24	运砂、石材搬运等

2）机具准备

石材切割机、小水桶、笤帚、方尺、平锹、铁抹子、大杠、筛子、窄手推车、钢丝刷、喷壶、橡皮锤、小线、云石机、擦地机、水平尺、打磨机等。

3）现场石材运输

石材进场后应堆放在室外石材一次堆放区，侧立堆放，底下应加垫木方。然后进行二次转运，运至石材所需区域进行石材二次堆放。

4）作业条件

与地面施工有关的构造已处理完毕。

地面下敷设的沟、槽、线、管等隐蔽项目已检验合格。

基层的强度、平整度符合施工要求，并验收完毕。与其他地面材料的衔接做法已经确定。

施工前放出铺设花岗石地面的施工大样图。

站厅（台）地面面层应在吊顶和柱（墙）面装饰完工后施工。

地面工程施工时，用掺有水泥的拌和料铺设面层、找平层、结合层和垫层时，温度不应低于 5 ℃，并应保持其强度不低于设计强度的 50%。

7. 施工工艺（略）

8. 主要细部说明

（1）石材地面伸缩缝：站台石材伸缩缝为 8 mm，用氯丁橡胶满填，间距 20 m 左右。

（2）石材留缝：为了弥补石材加工缺陷，方便施工，石材之间留缝 1.2 mm，偏差控制在 ±0.5 mm，并勾填缝剂。

9. 质量要求

1）主控项目

石材面层所用板块的品种、规格、颜色和性能应符合设计要求。面层与下一层应结合牢固，无空鼓。地面石材铺装完毕后，不得出现泛碱、返潮现象。

站厅（台）地面必须以地铁中线位置及高程为基准，测放其高程位置，其允许偏差为：距离 +30 mm，高程 ±3 mm。

站台边沿与地铁方向平行铺设的安全线标志的位置及材料的规格和颜色符合设计要求。

2）基本项目

花岗岩石材面层的表面应洁净、平整、无磨痕，且应图案清晰、色泽一致、接缝均匀、周边顺直、镶嵌正确，板块无裂纹、掉角、缺棱等缺陷。台阶板块的缝隙宽度应一致、齿角整齐，楼层梯段相邻踏步高度差不应大于 10 mm。面层表面的坡度应符合设计要求，不倒泛水、无积水；与地漏、管道结合处应严密牢固，无渗漏。

续表 1-15

3)允许偏差项目

项次	项目	允许偏差(mm)	检验方法
1	表面平整度	0.7	用2 m靠尺、楔形塞尺检查
2	缝格平直度	0.5	拉5 m线(不足5 m拉通线)尺量检查
3	接缝高低差	0.5	用直尺和塞尺检查
4	板块间隙宽度	0.5	用塞尺量检查(标准缝宽定为2.0 mm)

10. 成品保护措施

(1)石材施工过程与设备安装专业紧密配合,不得破坏已安装好的设备管线,如有设备管线等妨碍施工,请与现场相关管理人员联系协调解决。

(2)刚施工完毕的石材地面做好警示围挡,严禁人员行走、踩踏、刻划。

(3)不得在铺装完毕后的石材地面上堆放杂物、材料。在地面石材铺装过程中要预留好施工通道,方便材料运输。

(4)石材表面设备及标志预留孔洞需在地面铺装前预先开孔,严禁后开洞。

(5)提前与设备安装队伍确认设备进场日期、数量、规格、安装部位、现场搬运方式等,预先留置设备运输通道。防止运输设备过程中破坏已施工完毕的石材地面。

(6)在拭净的地面上,用塑料薄膜、夹板或细木工板覆盖保护,2~3天内禁止上人。

审核人	×××	交底人	×××	接受交底人	×××

(3)地面塑料板铺贴工程施工技术交底示例见表1-16。

表1-16　地面塑料板铺贴工程施工技术交底

技术交底记录		编号	03－01－C2－003
工程名称	××大厦A幢	交底日期	2012年××月××日
施工单位	××装饰公司	分项工程名称	地面工程
交底提要	地面塑料板铺贴工程		

1. 施工准备

1)材料及主要机具

塑料板:板块表面平整、光洁、无裂纹、色泽均匀,厚薄一致,边缘平直,板内不应有杂物和气泡,并符合产品的各项技术指标,进场时要有出厂合格证。

塑料卷材:材质及颜色符合设计要求。

在运输塑料板块及卷材时,防止日晒雨淋和撞击;在储存时,堆放在干燥、洁净的仓库,并距热源3 m以外,其环境温度不宜大于32 ℃。

胶粘剂:根据基层所铺材料和面层材料使用的要求,通过试验确定。胶粘剂存放在阴凉通风、干燥的室内。超过生产期3个月的产品,须取样检验,合格后方可使用。超过保质期的产品,不得使用。

水泥宜采用硅酸盐水泥、普通硅酸盐水泥,其标号不低于425号。其他有二甲苯、丙酮、硝基稀料、醇酸稀料、汽油、软蜡等。

续表 1-16

2)作业条件

(1)水暖管线已安装完,并已经试压合格,符合要求后办完验收手续。

(2)顶、墙喷浆或墙面裱糊及一切油漆工作已完成。

(3)室内细木装饰及油漆工作已完成。

(4)地面及踢脚线的水泥砂浆找平层已抹完,其含水率不大于9%。

(5)室内相对湿度不大于80%。

(6)施工前先做样板,对于有拼花要求的地面绘出大样图,经甲方及质检部门验收后,方可大面积施工。

2. 操作工艺(略)

3. 质量标准

1)保证项目

(1)塑胶类板块和塑料卷材的品种、规格、颜色、等级必须符合设计要求和国家现行有关标准的规定,黏结料应与之配套。

(2)粘贴面层的基底表面必须平整、光滑、干燥、密实、洁净,不得有裂纹、胶皮和起砂。

(3)面层黏结必须牢固,不翘边,不脱胶,黏结处无溢胶。

2)基本项目

(1)表面洁净,图案清晰,色泽一致,接缝顺直、严密、美观。拼缝处的图案,花纹吻合,无胶痕,与墙边交接严密,阴阳角收边方正。

(2)踢脚线表面洁净,黏结牢固,接缝平整,出墙厚度一致,上口平直。

(3)地面镶边用料尺寸准确,边角整齐,拼接严密,接缝顺直。

3)允许偏差项目

项次	项目	允许偏差(mm)	检验方法
1	表面平整度	2	用2 m靠尺和楔形塞尺检查
2	缝格平直	1	拉5 m线(不足5 m拉通线)检查
3	接缝高低差	0.5	尺量和楔形塞尺检查
4	踢脚缝上口平直	1	拉5 m直线检查,不足5 m时拉通线检查
5	相邻板块排缝宽度	0.3~0.5	尺量检查

4. 成品保护

(1)塑料地面铺贴完后,房间设专人看管,非工作人员严禁入内,必须进入室内工作时,应穿拖鞋。

(2)塑料地面铺贴完后,及时用塑料薄膜覆盖保护好,以防污染。严禁在面层上放置油漆容器。

(3)电工、油工等工种操作时所用木梯、凳腿下端头,要包泡沫塑料或软布头保护,防止划伤地面。

5. 应注意的质量问题

(1)塑料板地面翘曲、空鼓:基层不平或刷胶后没有风干就急于铺贴,都易造成翘曲现象。基层清理不净、铺设时滚压不实、胶粘剂刷得不均匀、板块面上有尘土或环境温度过低,都易导致空鼓的发生。

(2)板块高低差超过允许偏差:主要原因是板块薄厚不一致,或涂刷胶粘剂厚度不匀。铺设前要对塑料板块进行挑选,凡是不方正、薄厚不均的,要剔除不用。

(3)踢脚板上口不平直及局部空鼓:铺贴踢脚板时上口未拉水平线,易造成板块之间高低不平。铺贴时基层清理不净或上口胶漏刷、滚压不实以及阴阳角处煨弯尺寸角度与实际不符等,都易造成空鼓。

(4)塑料板面不洁净:主要是在铺设塑料板时刷胶太厚,铺贴后胶液外溢未清理干净,造成接缝处胶痕较多。另外,地面铺完之后未进行覆盖保护,其他工种如油工进行油漆、喷浆等时也易造成地面污染。

(5)塑料板面层凹凸不平:主要原因是基层处理不认真,凹处未进行修补,突出部位未铲平处理(黏结在基层上的砂浆、混凝土)。因此,在进行基层处理时必须认真按操作工艺要求进行,并用2 m靠尺检查,符合要求后再进行下道工序。

审核人	×××	交底人	×××	接受交底人	×××

五、细部装饰工程技术交底及技术交底文件的编写

（1）栏杆扶手工程施工技术交底示例见表1-17。

表1-17　栏杆扶手工程施工技术交底

技术交底记录		编号	03－10－C2－001
工程名称	××大厦A幢	交底日期	2012年××月××日
施工单位	××装饰公司	分项工程名称	细部工程
交底提要	栏杆扶手		

本工程栏杆扶手采用的不锈钢栏杆和玻璃栏杆，主要有不靠墙楼梯栏杆及通道靠墙栏杆扶手、分区栏杆、回廊栏杆等。分区回廊栏杆、不靠墙楼梯栏杆采用玻璃栏杆、不锈钢扶手，通道扶手采用不锈钢扶手。

1.施工工艺流程图

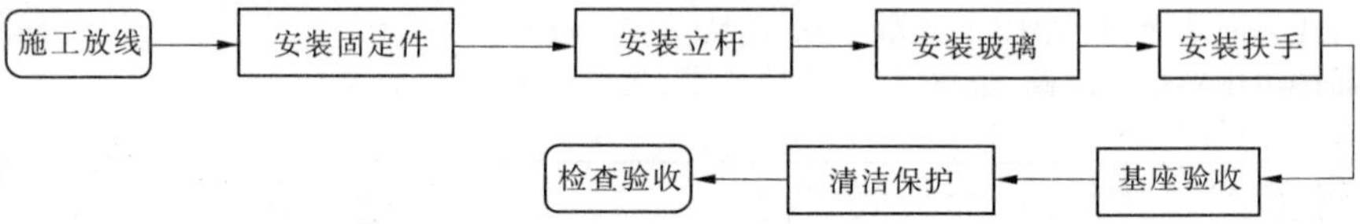

2.施工测量放线

安装玻璃栏杆的主体结构已完成，其他附近装饰也基本完成。将玻璃栏杆安装所需的标高线按设计要求引至明显部位，将轴线位置标注在相应的地面和墙面上。

3.固定件的安装

在土建工程全部完成后，以螺栓连接的方式进行后埋式安装。根据弹线确定的固定件的位置打孔安装，每个固定件用4个ϕ10的膨胀螺栓固定，固定件的大小、规格尺寸必须符合设计要求。通道靠墙扶手用同样类型的方法把扶手固定件固定在墙体上。

4.焊接立杆

焊接立杆时，在固定铁件上放出所有立杆位置中心线，每根立杆先点焊临时定位，经检查分格尺寸准备、垂直满足要求后，再分段满焊。焊接立柱由双人配合，一个人扶住不锈钢立柱使其保持垂直，在焊接时不能晃动，另一人施焊，要四周施焊，应符合焊接规范，焊点应进行处理。玻璃栏杆扶手立杆的水平和垂直度直接影响玻璃的安装质量，焊接完成后应检测是否符合规范要求。

5.安装玻璃

地铁站的玻璃的安装节点按照设计深化和规范要求安装，本工程采用12 mm夹胶玻璃，按照玻璃固定方法的不同，玻璃栏杆分以下几类：

（1）全玻璃式：玻璃与玻璃之间没有任何连接材料，玻璃块与块之间在安装时留8 mm左右的空隙，以免玻璃块之间互相碰撞或因温度变化产生应力而损坏玻璃。玻璃的固定由上边的扶手和下边的地面通过与玻璃的连接来实现（如图1所示）。

（2）镶嵌式：通过玻璃两侧设置立柱，立柱两边开槽口，或地面三面，或扶手三面开槽。把玻璃直接装入这两面或三面槽口，通过向槽口内注入玻璃胶进行固定。不锈钢立柱先在管材的两侧开槽，要求裁口平整光滑，不得有高低不平或带有毛刺（如图2所示）。

续表 1-17

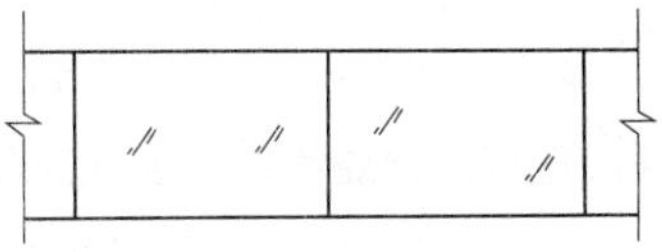

图 1　全玻璃式

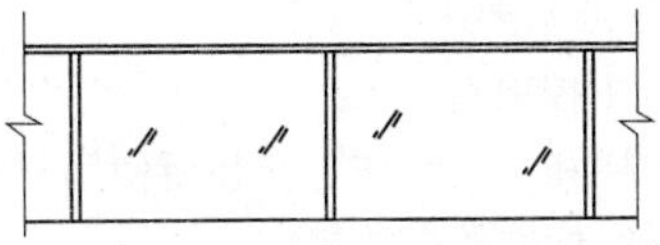

图 2　镶嵌式

(3)吊挂式:玻璃的重量通过扶手所设置的吊件来承受的一种形式。无论采用什么扶手都要在扶手的下边设置不锈钢吊挂卡,卡子的数量一般按每块玻璃安装两个或三个考虑。为了使玻璃安装后保持稳定状态,在玻璃下边或在靠下边的两个侧边还要与立柱或地面进行固定。先在地面留槽,使玻璃入槽,或在立柱上焊接卡子把玻璃卡住,最后用玻璃胶注入槽口或卡口内,以便把玻璃固定牢(如图 3 所示)。

(4)夹板式:通过立柱上焊接的卡槽把玻璃卡住。金属柱上每根至少要设置两个或两个以上卡槽,卡槽与立柱焊好后要打磨光滑,手感或目测无焊痕。在一根立柱上的所有卡槽必须在一条垂线上,每条栏板所有立柱也必须确保垂直和顺直。每两个立柱间的卡槽应在一个垂直面上。安装玻璃时一定要将玻璃入槽卡紧,应适当控制夹紧力,不得超过设计的要求范围,避免因夹力过大而损坏玻璃(如图 4 所示)。

也可以在立管上焊接通长的横卡子,玻璃上下口全部插入卡槽内,玻璃的两侧宜与立柱留 2 ~ 3 mm 空隙。用玻璃胶粘贴的方式有多种形式,可以随意选择,但一定注意安全和美观。

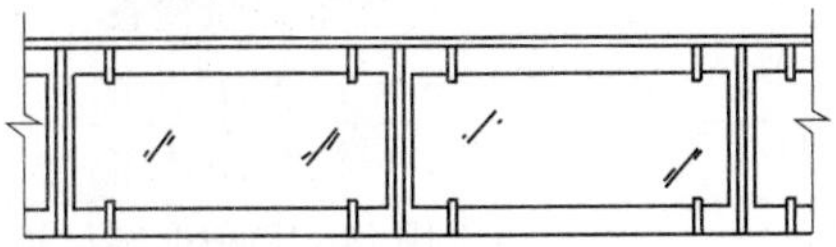

图 3　吊挂式

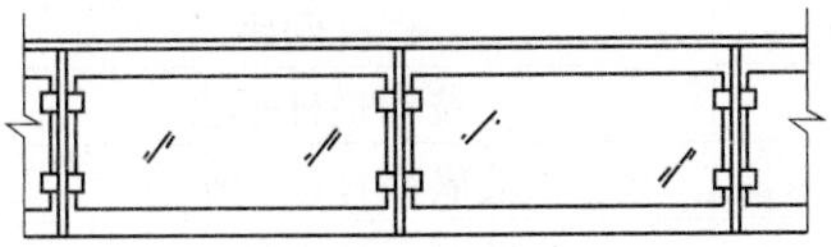

图 4　夹板式

6. 安装扶手

扶手通过螺丝安装在玻璃栏板上,本工程图纸设计扶手采用可调螺母连接固定在玻璃栏板上,更便于施工和调节控制,扶手上盲文的部位尺寸和儿童扶手的部位尺寸及固定方法严格按设计要求和地铁站相关规范。

7. 打磨抛光

全部焊接好后,用手提砂轮打磨机将焊缝打平磨光,直到不显焊缝。抛光时采用绒布砂轮或毛毡进行抛光,同时采用相应的抛光膏,直到与相邻的母材基本一致,不显焊缝为止。

8. 底座装饰施工

玻璃安装固定后,要做好基座维护和装饰,根据楼地面的饰面用材,基座饰面与其保持一致,外饰石材或面砖,内填细石砂或砂浆或加强肋板等,基座完成养护到设计强度后,在玻璃栏杆下口与槽口空隙内注入硅酮密封胶做好密封。

9. 注硅酮密封胶

在玻璃栏杆与扶手、金属立柱及基座饰面等相交部位的缝隙处,均应注入密封胶固定。胶要均匀,要防止胶污染玻璃或其他饰面。

10. 施工注意事项

(1)立柱安装需牢靠。

(2)注意不锈钢扶手、栏杆接头处施工工艺,接头处平滑。

(3)焊接部位防锈焊渣清理干净、防锈漆涂刷到位。

续表 1-17

<table>
<tr><td colspan="6">

11. 质量要求

1)主控项目

护栏和扶手制作与安装所使用材料的材质、规格、数量和木材、塑料的燃烧性能等级应符合设计要求及国家标准的有关规定。

护栏和扶手的造型、尺寸及安装位置应符合设计要求。

护栏和扶手安装预埋件的数量、规格、位置以及护栏与预埋件的连接节点应符合设计要求。

护栏高度、栏杆间距、安装位置必须符合设计要求。护栏安装必须牢固。

2)一般项目

护栏和扶手转角弧度应符合设计要求,接缝应严密,表面应光滑,色泽应一致,不得有裂缝、翘曲及损坏。

玻璃栏杆安装时应与周围固定件吻合,无缝隙、扭曲,接头处理严密,表面平直光滑,洁净美观,造型符合设计要求。

玻璃栏杆安装允许偏差和检验方法应符合下表的有关规定。

<table>
<tr><th>项次</th><th>项 目</th><th>允许偏差(mm)</th><th>检验方法</th></tr>
<tr><td>1</td><td>扶手直线度</td><td>0.5</td><td>拉通线,尺量检查</td></tr>
<tr><td>2</td><td>玻璃栏杆垂直度</td><td>1</td><td>吊线,尺量检查</td></tr>
<tr><td>3</td><td>栏杆间距</td><td>2</td><td>尺量检查</td></tr>
<tr><td>4</td><td>玻璃栏杆平直</td><td>1</td><td>拉线,尺量检查</td></tr>
<tr><td>5</td><td>玻璃栏杆接缝平直</td><td>1</td><td>拉线,尺量检查</td></tr>
<tr><td>6</td><td>玻璃栏杆阳角方正</td><td>1</td><td>用方尺和楔形塞尺检查</td></tr>
<tr><td>7</td><td>弧形扶手栏杆与设计轴心位置差</td><td>2</td><td>拉线,尺量检查</td></tr>
<tr><td>8</td><td>扶手纵向弯曲</td><td>3</td><td>拉通线,尺量检查</td></tr>
<tr><td>9</td><td>高度差</td><td>+2</td><td>尺量检查</td></tr>
</table>

</td></tr>
<tr><td>审核人</td><td>×××</td><td>交底人</td><td>×××</td><td>接受交底人</td><td>×××</td></tr>
</table>

(2)门窗工程施工技术交底示例见表 1-18。

表 1-18　门窗工程施工技术交底

<table>
<tr><td colspan="2">技术交底记录</td><td>编号</td><td>03-10-C2-004</td></tr>
<tr><td>工程名称</td><td>××大厦 A 幢</td><td>交底日期</td><td>2012 年××月××日</td></tr>
<tr><td>施工单位</td><td>××装饰公司</td><td>分项工程名称</td><td>细部工程</td></tr>
<tr><td>交底提要</td><td colspan="3">门窗工程</td></tr>
<tr><td colspan="4">

1. 作业条件

(1)门框和扇进场后,及时组织油工将框靠墙靠地的一面涂刷防腐涂料。然后分类水平堆放平整,底层应搁置在垫木上,在仓库中垫木离地面的高度不得小于 200 mm,临时的敞棚垫木离地面高度应不小于 400 mm,每层间垫木板,使其能自然通风。木门露天堆放。

(2)安装前先检查门框有无翘扭、弯曲、窜角、劈裂,榫槽间结合处松散等情况,如有则应进行修理。

(3)预先安装的门框,以楼地面基层标高为准,当墙砌到窗台标高时安装,后装的门框,在主体工程验收合格、门洞防腐木砖埋设齐备后进行。

</td></tr>
</table>

续表 1-18

门扇的安装在饰面完成后进行。

2. 操作工艺

1)门框预先安装(略)

2)门框的后安装

(1)主体结构完工后,复查洞口标高、尺寸及木砖位置。

(2)将门框用木楔临时固定在门洞口内相应位置。

(3)用吊线坠校正框的正、侧面垂直度,用水平尺校正框冒头的水平度。

3)门扇的安装

(1)量出樘口净尺寸,考虑留缝宽度。确定门扇的高、宽尺寸,先画出中间缝处的中线,再画出边线,并保证梃宽一致。

(2)若门扇高、宽尺寸过大,则刨除多余部分,修刨时应先锯掉余头,再进行修刨。门扇为双扇时,先做打叠高低缝,并以开启方向的右扇压左扇。

(3)若门扇高、宽尺寸过小,在下边或装合页一边用胶和钉子绑刨光的木条。钉帽砸扁,钉入木条内 1 ~2 mm,然后锯掉余头刨平。

试装门扇时,先用木楔塞在门扇的下边,然后再检查缝隙。合格后画出合页的位置线,剔槽,安装合页。

4)门小五金的安装(略)

3. 质量标准

1)保证项目

(1)门框安装位置必须符合设计要求。

(2)门框必须安装牢固,固定点符合设计要求和施工规范的规定。

2)基本项目

(1)门框与墙体间需填塞保温材料时,填塞饱满、均匀。

(2)门扇安装裁口顺直,刨面平整光滑,开关灵活、稳定,无回弹和倒翘。

(3)门小五金安装应位置适宜,槽深一致,边缘整齐,尺寸准确。小五金安装齐全,规格符合要求,木螺丝拧紧卧平,插销开启灵活。

(4)门盖口条、压缝条、密封条的安装尺寸一致,平整光滑,与门结合牢固严密,无缝隙。

3)允许偏差项目

项目		留缝限值(mm)		允许偏差(mm)		检验方法
		普通	高级	普通	高级	
门槽口对角线长度		—	—	3	2	用钢尺检查
门框的正、侧面垂直度		—	—	2	1	用 1 m 垂直检测尺检查
框与扇、扇与接缝高低差		—	—	2	1	用钢尺和塞尺检查
门扇对口缝		1 ~2.5	1.5 ~2	—	—	用塞尺检查
门扇与上框间留缝		1 ~2	1 ~1.5	—	—	
门扇与侧框间留缝		1 ~2.5	1 ~1.5	—	—	
窗扇与下框间留缝		2 ~3	2 ~2.5	—	—	
门扇与下框间留缝		3 ~5	3 ~4	—	—	
双层门内外框间距		—	—	4	3	用钢尺检查
无下框时门扇与地面间留缝	外门	4 ~7	5 ~6	—	—	用塞尺检查
	内门	5 ~8	6 ~7	—	—	
	卫生间门	8 ~12	8 ~10	—	—	

4. 成品保护

(1)在安装过程中,需采取防水防潮措施。在雨季时及时油漆门。

续表 1-18

(2)调整修理门时不能硬撬,以免损坏门和五金。 (3)安装工具轻拿轻放,以免损坏成品。 (4)已安装门的洞口不得再作运料通道,如用作运料通道,必须先加钉板护条。 5. 施工注意事项 (1)立框时掌握好抹灰层的厚度,确保有贴脸的门框安装后与抹灰面平齐。 安装门框时必须事先量一下洞口尺寸,计算并调整缝隙宽度,避免门框与门洞之间的缝隙过大或过小。 (2)木砖的埋置一定要满足数量和间距的要求,即高 2 m 以内的门每边不少于 3 块木砖,木砖间距以 800 ~ 900 mm 为宜;高 2 m 以上的门框,每边木砖间距不大于 1 m,以保证门框安装牢固。 (3)安装合页时,合页槽应里平外卧,木螺丝严禁一次钉入,钉入深度不能超过螺丝长度的 1/3,拧入深度不小于螺丝长度的 2/3,拧时不能倾斜。若遇木节,可在木节上钻孔,重新塞入木塞后再拧紧木螺丝,这样才能保证铰链平整。木螺丝应拧紧卧平。					
审核人	×××	交底人	×××	接受交底人	×××

六、小型雨篷、幕墙工程技术交底及技术交底文件的编写

金属幕墙工程技术交底文件示例见表 1-19。

表 1-19　金属幕墙工程技术交底

技术交底记录		编号	03 - 07 - C2 - 001
工程名称	××大厦 A 幢	交底日期	2012 年××月××日
施工单位	××装饰公司	分项工程名称	金属幕墙
交底提要	铝塑板与保温板安装		
1. 作业条件 1)机具准备 吊篮、电钻、钢卷尺、靠尺、胶枪、拉钉枪、螺丝刀。 2)材料准备 保温岩棉,1.2 mm 厚、1.5 mm 厚热镀锌铁皮背板,铝合金型材立柱芯套,热镀锌钢垫片,2 mm 厚扁铝,1 mm 厚防腐垫片,1 mm 厚铝折片,滤水海绵,橡胶垫块,3 mm 厚槽铝,3 mm 厚单层铝板(通风槽铝板、外装饰面铝板),尼龙套管,不锈钢防虫网,不锈钢拉钉,不锈钢螺钉,耐候密封胶,成品保护胶。 3)作业准备 (1)技术准备:详细阅读、查看《塔楼幕墙施工图》和相关规范,熟悉掌握安装流程和质量控制标准。 (2)安装前详细检查内外装饰面铝板是否有划伤或损坏现象,确认无划伤或损坏后,再进行安装。若有划伤或损坏现象要进行修补或更换,达到要求后方可进行安装。 2. 施工工艺(略) 3. 质量要求 (1)所有工序开始施工前必须先进行样板施工,用样板引路的方法,只有先通过样板验收,才能进行正式施工。 (2)所有需要注胶的位置在注胶前必须进行彻底的清洁,保证注胶质量、宽度及厚度。			

续表 1-19

(3)精度要求：严格按照《塔楼幕墙施工图》的要求，进行铝板幕墙施工。框架立柱垂直度偏差≤2 mm，横梁水平度偏差≤1 mm，立柱左右位置偏差≤2 mm，相邻两根立柱标高偏差≤2 mm，同层立柱最大标高偏差≤5 mm。外装饰面平整度≤2 mm，胶缝宽度偏差≤1 mm，胶缝厚度偏差≤1 mm。

4. 注意事项

1)成品保护措施

(1)铝板堆放时要搭设临时架子，进行分层堆放，严禁将铝板成堆堆放，防止铝板之间摩擦划伤。

(2)铝板安装施工时，注意吊篮可能与铝板接触的位置要贴一层海绵，防止吊篮上下移动时将铝板划伤，进行铝板的位置调节时严禁用坚硬的施工用具直接与铝板接触，要垫木方等较软的工具进行间接施工。每天安排专人巡视、检查现场成品保护情况，并将各阶段各楼层内现场的施工情况按照施工总包单位提供的格式提供给施工总包单位。

(3)在施工时，注意对其他专业(如空调机房)的成品保护，防止将空调机房表面划伤。

2)文明施工措施

(1)将现场施工后废弃的成品保护胶带和其他施工垃圾及时清理，运送到项目指定垃圾堆放站，做到工完场清，保证工地现场清洁。

(2)现场严禁使用大功率施工用具，避免干扰附近居民正常工作、生活。

3)施工过程中的安全要求

(1)每天使用吊篮前，要对吊篮进行全方位的检查，若发现问题要及时进行检修。确认安全无故障后方可使用。

(2)吊篮内的施工人员最少 2 个，最多 3 个，严禁单人、4 人及 4 人以上施工人员在吊篮内进行施工作业。

(3)雨、雪、风力 5 级以上(含 5 级)天气不得进行吊篮的施工作业。

(4)夜间施工要有足够的照明设备。

审核人	×××	交底人	×××	接受交底人	×××

本章小结

1. 小型装饰工程施工组织设计编制及典型案例，一般装饰工程的分部(分项)、专项施工方案的编制及典型案例，顶棚、幕墙等危险性较大工程专项施工方案基本资料的收集。

2. 装饰工程施工图识读，装饰水电工程施工图识读，设计变更、图纸会审记录等装饰工程技术文件识读。

3. 防火防水工程、吊顶工程、墙面工程、楼地面工程、细部装饰工程、小型雨篷、幕墙工程技术交底及技术交底文件的编写案例。

第二章　装饰工程技术技能拓展

【学习目标】

通过本章学习，能够正确使用经纬仪、水准仪等测量仪器进行施工测量；能够正确划分施工区段，合理确定施工顺序；能够进行资源平衡计算，编制施工进度计划及资源需求计划，控制调整计划；能够进行基础装修、装修水电改造工程量计算及初步的工程清单计价；能够确定防火防水、吊顶、墙面、楼地面等工程的施工质量控制点，编制质量控制文件，实施质量交底；能够确定施工安全防范重点，编制职业健康安全与环境技术文件，实施安全和环境交底；能够识别并分析施工质量缺陷和危险源；能够参与装饰装修施工质量、职业健康安全与环境问题的调查分析；能够记录施工情况，编制相关工程技术资料；能够利用专业软件对工程信息资料进行处理。

第一节　装饰工程施工测量

一、使用经纬仪、水准仪进行室内外定位放线

（一）轴线投测

1. 经纬仪竖向投测

（1）设定轴线控制桩或控制点时，要将建筑物轴线延长至建筑物长度以外，或延长至附近较低的建筑物上；

（2）把经纬仪安装在轴线控制桩或控制点上，后视首层轴线标点，仰起望远镜在楼板边缘或墙、柱顶上标出一点，仰角不应大于45°；

（3）用倒镜重复一次，再标出一点，若正、倒镜标出的两点在允许误差范围之内，则取其中点弹出轴线；

（4）用钢尺测量各轴线之间的距离，作为校核，其相对误差不大于1/2 000。

2. 吊线坠投测

高50～100 m的建筑，可用10～20 kg的线坠配以直径0.5～0.8 mm的钢丝，向上引测轴线。其测设要求如下：

（1）首层设置明显、准确的基准点；

（2）各层楼板的相应位置均预留孔洞；

（3）为保证线坠稳定，刮风天设风挡；

（4）在线坠静止后，要在上层预留洞边弹线，标定轴线位置。

（二）标高传递

（1）在建筑物首层外墙、边柱、楼梯间或电梯井用水准仪测设至少3处以上标高基准点（一般取±0.00），然后用油漆画出明显标志；

（2）以首层标高基准点为起始点，用钢尺沿竖直方向往上，或往下量取各层标高基

准点；

(3)在各层上用水准仪对引来的基准点标高进行校核，若各点标高误差≤3 mm，则取其平均值弹出该层标高基准线。

(三)示例

测量放线方案

一、准备工作

(1)熟悉图纸和有关资料；

(2)掌握质量标准、熟练使用仪器；

(3)检查测量仪器是否有年检合格证，检查测量仪器的精度及有效性；

(4)初拟弹线方案(进行会议讨论)；

(5)总包方提供的基线、控制线设置情况，需总包方配合交底签认；

(6)清理总包方原弹各种基线，及时与总包方沟通。

二、测量任务

(1)测设施工测量控制网(包括坐标和高程)，本工程施工测量控制网的布设遵循由整体到局部再到细部的原则；

(2)根据施工设计图纸的要求，通过测量工作的定位、放线，将建筑物的位置(平面和标高)施测到施工作业面上，为外墙装饰及内部装饰施工提供准确的依据。

三、测量、放样施工的内容

(1)基线、轴线复核；

(2)水平标高的布置；

(3)放内、外控制线；

(4)弹分割线；

(5)垂直钢线的布置；

(6)结构预埋件的检查。

四、质量标准

(1)《建筑幕墙》(GB/T 21086—2007)；

(2)《城市测量规范》(CJJ/T 8—2011)；

(3)《工程测量规范》(GB 50026—2007)；

(4)《玻璃幕墙工程质量检验标准》(JGJ/T 139—2001)；

(5)《金属与石材幕墙工程技术规范》(JGJ 133—2001)。

五、施工测量的依据

(1)平面图、立面图、节点大样图；

(2)工程建筑图、结构图、幕墙施工图；

(3)总包单位提供的内控点布置图及现场提供的原始点。

六、资料汇总

(1)技术交底记录；

(2)基线复核记录；

(3)结构检查记录；

(4)埋件偏位记录;

(5)自检记录;

(6)测量仪器年检合格证。

七、弹线放样的人员及设备的配置

(1)根据结构图及建筑图所示情况,本工程平面及立面造型较为简单,变化不多,从人员配备上来说,我公司将只设立1个测量组进行测量放样工作;

(2)测量组设1名负责人,2名协助放线员;

(3)测量仪器的配置如下:

①北光经纬仪1台;

②DIS3-1自动安平水准仪2台;

③50 m、30 m钢卷尺各1把;

④7.5 m、5 m钢卷尺6把;

⑤墨盒3个及红蓝铅笔若干。

八、测量放线

(一)测量要求

为保证工程的整体施工的精度要求,施工测量控制网必须进行整体布设,测设达到精度要求的平面控制网和高程控制网,并使主要控制网点能够稳固保存至竣工。

(二)测量方法(部分)

1.每层细部放线,应按下列要求操作:

(1)放线使用的仪器应定期校验,发现问题及时上报解决。

(2)用经纬仪进行测角、设角、延长直线和轴线的竖向投测必须采用正倒镜取中法。

(3)在采用钢尺量距时应加尺长、温度和高差改正。

(4)每层细部施工前,必须将+50 cm线抄至框架柱、墙混凝土表面。

(5)首层二次结构完成后,应在门窗洞外墙上向上用线坠引垂直线,做好明显标记,以提供准确位置,上部隔层作线,并定期用经纬仪观测监视,以免门窗洞口出现偏斜。

2.装饰工程及设备安装工程施工测量

1)装饰工程与设备安装工程施工测量的精度要求

(1)水平线:每3 m两端高差应不超过±1 mm,同一条水平线的标高允许误差为±3 mm,在不便于用水准仪的地方或立面上可安装连通水准器。

(2)室外铅垂线:使用经纬仪投测,两次投测结果较差应小于2 mm,特殊情况下,倾角超过40°时,可采用陡角棱镜或弯管目镜。

(3)室内铅垂线:可用线坠或经纬仪投测,其精度应高于1/3 000。

2)地面面层施工测量

(1)标高控制线:在四周墙面与柱身上测设出+50 cm水平线,作为地面面层施工的标高控制线。

(2)检测标高用水准仪的选择:测量允许误差超过±2 mm时,宜选用DS3级,测量允许误差小于1 mm时,宜选用DS1级水准仪。

(3)检测标高和水平度的点距:大厅宜小于5 m,房间宜小于2 m或按照施工交底。

3)墙面装饰施工测量

(1)竖直控制线及水平控制线：竖直控制线应按1/3 000的精度投测，水平控制线应符合装饰工程测量的一般要求。

(2)分格分块：应按高于1/10 000的精度测量。

4)窗的安装测量

(1)安装前检测结构：检测门窗洞口的净尺寸偏差，检查外墙偏差。

(2)控制线：按照装饰工程测量的一般要求，弹+50 cm控制线，使用DJ6级经纬仪作竖向投测，根据需要在外墙面弹竖直通线。

二、使用经纬仪、水准仪进行放线复核

主体结构工程完成之后，再对每一层的标高线、控制轴线进行复查，核查无误以后，必须分间弹出基准线，并依此进行装饰细部弹线。

(一)测设分间基准线

(1)某一层主体结构完成之后，须依照轴线对结构工程进行复核，并将结构构件之间的实际距离标注在该层施工图上。

(2)计算实际距离与原图示距离的误差，并根据不同情况，研究采取消化结构误差的相应措施。消化结构误差应遵循的总原则是保证装修精度高的部位的尺寸，将误差消化在精度要求较低的部位。

(3)根据调整后的误差消化方案，在施工图上重新标注放线尺寸和各房间的基准线。

(4)根据调整后的放线图，以本层轴线为直角坐标系，测设各间十字基准线。

(5)根据调整后的各间楼面建筑标高，弹出各间“一米线”或“五零线”，即楼面建筑标高以上100 cm或50 cm的基准线。

(二)填充墙及外墙衬里弹线

1. 砌筑填充墙

(1)根据放线图，以分间十字线为基准，弹出墙体砌筑线。

(2)确定门洞位置，在边线外侧注明洞口顶标高；窗口或其他洞口相对标高位置，并在边线外侧注明洞口尺寸(宽×高)和洞口底标高。

(3)嵌贴装饰面层的墙体，在贴饰面一侧的边线外弹一条平行的参考线，并在线旁注明饰面种类及其外皮到该参考线的距离。

2. 外墙衬里

(1)按房间的图示净空尺寸，沿外墙内侧的地面上弹出衬里外皮的边线；

(2)用线坠或接长的水平尺，把地面上的弹线返到顶棚上；

(3)对于龙骨罩面板式的衬里，须加弹龙骨外边线(罩面板内皮边线)；

(4)检查所弹边线与外墙之间的距离是否满足衬里厚度的需要，若不能满足，则标出须加以剔凿或修补的范围。

(三)嵌贴饰面弹线

1. 外墙嵌贴饰面

(1)在外墙各阴、阳角吊铅垂线，依线对外墙面进行找直、找方(包括剔凿、修补等)，抹出底灰；

(2)在门、窗洞口两侧吊铅垂线，在洞口上、下弹水平通线；

(3)重新测量外墙面各部分尺寸，然后根据嵌贴板材的本身尺寸，计算板材之间的留缝宽度，画出板材排列图；

(4)根据确定的板材排列图，在墙面上弹出嵌贴控制线，外墙面砖一般5~10块弹一条控制线，需要“破活”的特殊部位应加弹控制线，石材类大块饰面应逐块弹出分界线。

2. 室内墙地瓷砖

(1)对墙面进行找直、找方(包括剔凿、修补和砂浆打底)；

(2)在墙面底部弹出地面瓷砖顶标高线；

(3)在沿墙的地面上弹出墙面瓷砖外皮线；

(4)在有对称要求的地面或墙面上弹出对称轴；

(5)从对称轴向两侧测量墙、地面尺寸，然后根据墙、地面瓷砖的尺寸计算砖缝宽度，安排“破活”位置，绘出排砖图；

(6)按墙、地面排砖图，每相隔5~10块瓷砖弹一砖缝控制线，在需要“破活”的位置加弹控制线，若墙、地面瓷砖的模数相同，应将墙、地面砖缝控制线对准。

3. 楼梯踏步镶贴饰面

(1)在楼梯两侧墙面上弹出上、下楼层平台和休息平台的设计建筑标高；

(2)确定最上一级踏步的踢面与楼层平台的交线位置，并在两侧墙面上标出点$P_{顶}$；

(3)根据梯段长度和两端的高差，计算楼梯坡度；

(4)过$P_{顶}$按计算得出的楼梯坡度，在两侧墙面上弹出斜线，与休息平台设计建筑标高线的交点称为$P_{底}$；

(5)将线段$P_{顶}P_{底}$按该梯段踏步数等分，过各等分点作水平线，即为各踏面镶贴饰面的顶标高；

(6)根据楼梯踏步详图所确定的式样，弹出各踏步踢面的位置；

(7)对休息平台以下的梯段，重复上述(2)~(6)各步骤。

(四)吊顶弹线

(1)查明图纸和其他设计文件上对房间四周墙面装饰面层类型及其厚度的要求；

(2)重新测量房间四周墙面是否规方；

(3)考虑四周墙面留出饰面层厚度，将中间部分的边线规方后弹在地面上；

(4)对于有对称要求的吊顶，先在地面上弹出对称轴，然后从对称轴向两侧量距、弹线；

(5)对有高度变化的吊顶，先在地面上弹出不同高度吊顶的分界线，对有灯盒、风口和特殊装饰的吊顶，也应在地面上弹出这些设施的对应位置；

(6)用线坠或接长的水平尺将地面上弹的线返到顶棚上，对有标高变化的吊顶，在不同高度吊顶分界线的两侧标明各自的吊顶底标高；

(7)根据以上的弹线，再在顶棚上弹出龙骨布置线；

(8)沿四周墙面弹出吊顶底标高线；

(9)在安装吊顶罩面板后，还须在罩面板上弹出安装各种设施的开洞位置及特殊饰物的安装位置。

(五)玻璃幕墙定位放线

(1)仔细查阅玻璃幕墙节点详图，弄清其构造，推算幕墙骨架锚固件与幕墙墙面的相对位置关系。

(2)根据玻璃幕墙分格布置图,查清幕墙墙面与建筑轴线之间的位置关系。

(3)根据上述关系,准确推算每一个锚固件相对于建筑物轴线的位置。

(4)复核各层的轴线。

(5)以轴线为基准,利用经纬仪、钢尺等仪器工具,将锚固件位置弹在结构物上,要求纵、横两个方向的误差均小于1 mm;同时,根据分格图将竖向龙骨线弹出,不同材质的幕墙,竖向龙骨线一定要进行闭合检测,并在分界处弹出分界线,在两侧注明所使用的材质。

(6)在第一层,将室内标高线引测到外墙施工面,每层之间进行标高闭合检测。根据标高线和分格图,在每一层弹出一条水平龙骨控制线,不同材质的水平龙骨控制线要根据详细节点设计进行校核检测,并在分界处弹出分界线。

(7)框式玻璃幕墙,在竖向龙骨安装时用水平龙骨控制线进行校验,以保证横向龙骨连接点高度一致,整层各竖向龙骨的标高误差应小于或等于2 mm。

(六)示例

某幕墙测量放线施工

一、基准点、线的确认

该工程幕墙测量放样,依据总包单位提供的内控线及基点布置图、原结构初始已弹的控制线、轴线、起始标高以及底层的基准点,进一步了解具体的位置,以及相互之间的关系,结合幕墙设计图、建筑结构图进行认可,经检查确认后,填写轴线、控制线记录表,请总包单位有关负责人给予认可。

二、标准层的设立

建筑的测量工作重点是轴线竖向传递。控制建筑物的垂直偏差,保证各楼层的几何尺寸,满足放样要求。依据整个大楼首层总包单位设置的原基准点,我们以轴线控制线作为一级控制点,通过一级基准控制点将轴线引到结构外沿,用经纬仪以 ±1 mm 的精度传递基准点。

三、外围结构的测量

内控线布置后,以总包单位提供的轴线、基准点、控制线作为一级基准点,在底层投出外控线,用测距仪测出外控线的长度,监控作出各外控线延长线的交会点,通过确定延长线上的交会点作出二级控制点,各基准点之间互相连线,呈闭合状。二级控制网建立后,用全站仪测出与棱镜两点间的距离,总长度误差应≤2 mm,然后测出各面、角的基础结构,对轮廓线检查建筑结构外围实际尺寸与设计尺寸之间的偏差程度,对大于或小于设计偏差要求的结构区域,与业主及监理单位进行协商解决。

四、层间标高的设置

在轴线控制线上,用经纬仪采取直线延伸法,在便于观察的外围作一观察点,由下而上设立垂直线。在垂直线上的楼层外立面上悬挂10 kg重物和30 m钢卷尺,30 m钢卷尺垂直钢丝挂靠牢固,用大力钳把钢卷尺与钢丝夹紧,在小于4级风的气候条件下,静置后用等高法分别测量计算出各楼层的实际标高和建筑结构的实际总高度。每层设立1 m水平线作为作业时的检查用线,并将各层高度分别用与总包单位不同颜色的标记记录在立柱同一位置处(在幕墙施工安装直至施工完毕之前,高度标记、水平标记必须清晰完好,不被消除破坏)。标高测量误差,层与层之间 < ±2 mm,总标高 >10 mm。

第二节　施工段划分及施工顺序的确定

一、装饰工程施工段的划分

施工段划分,就是将每一个施工层面划分为两个或几个工作量大致相同的区段。合理安排施工段,可提高建筑工程的综合施工效益。

(一)划分施工段的目的

由于建筑工程体型庞大,可以将其划分成若干个施工段,为组织流水施工提供足够的空间。在一般情况下,一个施工段在同一时间内,只安排一个专业工作队施工,各专业工作队遵循施工工艺顺序依次投入作业,同一时间内在不同的施工段上平行施工,使流水施工均衡地进行。

(二)划分施工段的原则

划分施工段时应把握以下四个原则:

(1)施工段的数目要适宜。过多,会降低效率,延缓工期;过少,则不利于充分利用工作面,可能造成窝工。

(2)施工段的界限应尽可能与结构界限(如沉降缝、伸缩缝等)相吻合。

(3)各个施工段上的劳动量要大致相等,相差不宜超过15%。

(4)组织具有层间联系的流水施工时,每层施工段数应满足:施工段数 $M \geqslant$ 施工过程数 N。

(三)示例

某医院门诊病房综合楼为框剪结构,其中地上22层,地下1层,建筑面积约70 000 m^2,××公司承接三标段2~22层区域内装饰施工,施工内容包括:病房间、走道及医护办公室吊顶;地面地板砖铺设;墙面砖及乳胶漆;病房间衣柜及医护更衣柜制作、油漆;成品门窗制安。

一、施工区域划分

采用“平行施工与流水施工”相结合的原则及根据本工程实际情况,将工地划分为四个施工区域,即17~22层、12~16层、8~11层、2~7层施工区,四个施工区域同时进行施工。

二、施工流水段划分

根据大楼现场实际情况,施工顺序由上往下,四个施工区域即17~22层、12~16层、8~11层、2~7层施工区同时开工。按先墙面、柱面后顶棚再地面的施工顺序,地面面层需等到吊顶、墙面全部完成后,方可进行施工,成品门窗安装安排在石材地面施工之后。专业上,先完成电气、给排水、通风空调(其他分包公司)管线等隐蔽工程,然后再进行墙面、顶棚面板安装。

三、施工工艺流程

准备工作(现场准备、技术准备、物质条件准备、施工机械准备、劳动力准备)→找出标高控制线→建筑物的测量→各专业综合管线安装→病房间及走道样板制作、确认→墙柱面钢骨架焊接及基层处理→墙柱面面层施工→吊顶施工→地面地砖、地面石材等铺装→成品门窗制安→病房间柜子制作安装→防撞扶手安装→清理、验收。

二、装饰工程施工顺序的确定

施工顺序是指分部分项工程施工的先后顺序。合理确定施工顺序是编制施工进度计划,组织分部分项施工的需要,同时,也是为了解决各工种之间的搭接、减少工种间交叉破坏,达到预定质量目标,实现缩短工期的目标。

(一)确定施工顺序需要考虑的因素

(1)遵循施工总程序。施工总程序规定了各阶段之间的先后次序,在确定施工顺序时应与之相适应。

(2)按照施工组织要求安排施工顺序并符合施工工艺的要求。

(3)符合施工安全和质量的要求。如外装饰应在无屋面作业的情况下施工,地面应在无吊顶作业的情况下施工,大面积刷油漆应在作业面附近无电焊的条件下进行。

(4)充分考虑气候条件的影响。如雨季天气太潮湿,不宜安排油漆施工;冬季室内装饰施工时,应先安门窗和玻璃,后做其他项目;高温时不宜安排室外金属饰面板类的施工。

(二)装饰工程施工顺序

(1)装饰工程分为室外装饰工程和室内装饰工程,室外装饰工程和室内装饰工程的施工顺序通常有先内后外、先外后内和内外同时进行三种顺序。具体选择哪种顺序可根据现场施工条件和气候条件以及合同工期要求。通常外装饰湿作业、油漆等施工应尽可能避开冬、雨季进行,干挂石材、玻璃幕墙、金属板幕墙等干作业施工一般受气候影响不大。

(2)自上而下的施工通常是指主体结构工程封顶、做好屋面防水层后,装饰工程从顶层开始,逐层往下进行。此种施工的优点是:新建工程的主体结构完成后,有一定的沉降时间,能保证装饰工程的质量;做好屋面防水层后,可防止在雨季施工时因雨水而影响装饰工程质量;各工序之间交叉少,便于组织施工;从上往下清理建筑垃圾也较为方便。缺点是不能与主体施工同时进行,总施工周期长。

(3)自下而上的施工,是指当结构工程施工到一定层后,装饰工程从最下一层开始,逐层向上进行。优点是工期短,特别是对高层和超高层建筑工程其优点更为明显,在结构工程施工还在进行时,下部已经装饰完毕。缺点是工序交叉多,需要很好的组织,并需采取可靠的措施和成品保护措施。

(4)自中而下再自上而下的施工,综合了上述两者的优缺点,适用于新建工程的中高层建筑装饰工程。

(5)室内装饰施工的主要内容有顶棚、地面、墙面装饰,门窗安装和油漆、固定家具安装和油漆,以及相应配套的水、电、风口(板)安装,灯饰、洁具安装等,施工顺序根据具体条件不同而不同。其基本原则是"先湿作业、后干作业","先墙顶、后地面","先管线、后饰面",房间使用功能不同,做法不同,施工顺序也不同。

例如大厅施工顺序:搭架子→墙内管线→石材墙柱面→顶棚内管线→吊顶→线角安装→顶棚涂料→灯饰、风口、感应器、喷淋头、广播、监控安装→拆架子→地面石材安装→安门扇→墙柱面插座、开关安装→地面清理打蜡→验收。

(三)总体施工顺序原则

总体施工顺序原则见图 2-1。

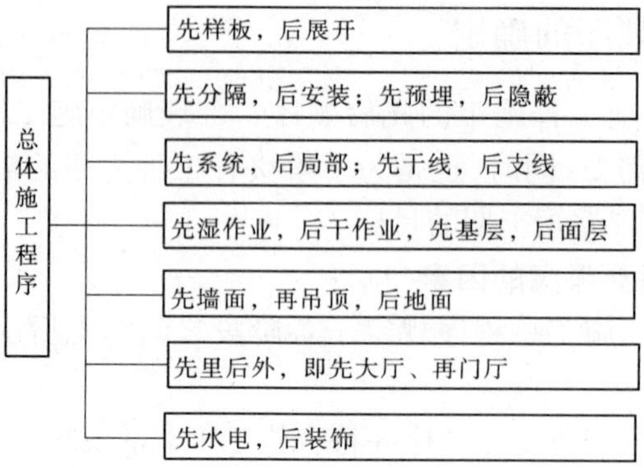

图 2-1　总体施工程序

三、交叉施工面施工工序的控制

示例：

某医院门诊病房综合楼为框剪结构，其中地上 22 层，地下 1 层，建筑面积约 70 000 m^2，××公司承接三标段 2～22 层区域内装饰施工，施工内容包括：病房间、走道及医护办公室吊顶；地面地板砖铺设；墙面砖及乳胶漆；病房间衣柜及医护更衣柜制作、油漆；成品门窗制安。

装饰装修主要分部工程施工顺序：按先上后下、先内后外的施工顺序，每道工序完成后，必须经专业人员按验收标准严格检查验收，才能转到下一道工序施工。

(1)该装饰工程施工涉及室内消防、喷淋、火灾报警、弱电、空调等多个专业工种，因此多个工种之间的协调配合是工程保质保量按期顺利完成的重要环节。项目部通过图纸会审，确定各装饰造型和各类接口的相对位置，包括平面位置、标高尺寸等，定期参加由甲方或工程监理方组织的现场协调会，通过专业技术交底等书面途径来实现各专业施工接口的顺利交接和配合。

(2)在进场后的施工前期阶段，项目部将管理重点放在技术力量的投入上，合理安排进场施工的人员数量。施工人员不宜过多，主要是施工熟练工人，工作重点是在装饰施工的现场复核图纸尺寸，定位、打眼、放线，以及各专业施工队前期隐蔽施工的配合。在此阶段逐步形成合理、完善、有针对性的现场施工应对措施。在此阶段也对各专业施工队伍的操作步骤进行交流，对可预见的技术问题提出具体、详细的解决预案。

(3)项目经理和项目副经理着重要抓好现场施工统筹运转。不同专业的施工之间的协调必须作为施工管理的重中之重，有了合理流畅的施工节奏，按照科学规范的要求施工，才能保证各专业的施工不发生冲突。尤其是应注意对以下几个方面的协调管理：

①各专业施工时段的穿插；

②不同专业的基层和成品安装的交叉施工；

③施工各类接口的安装尺寸、安装高度，尤其是装饰与设备安装的尺寸、位置的配合；

④各类暗埋管线的走线不得重叠交叉。

(4)装饰施工队在进行吊顶施工前，将首先确定吊顶标高线，并与综合布线、消防等施工队伍核实标高尺寸和平面定位尺寸。在进度计划内，待吊顶内消防、综合布线等施工完成,经甲方验收合格后,我方将进行封顶的工作。

(5)在安装吊顶面板的同时,预留好事先确定的各分系统设备出口和安装孔洞。由于吊顶施工基本采用石膏板和铝板,因此系统设备供应商的顶部设备,如喷淋头、感应器等终端设备可以在吊顶装饰面板安装的同时进行安装。在该步骤施工中应处理好的主要问题是:

①吊顶隐蔽工程的检查验收;

②配合吊顶内系统线路的检查验收;

③落实为系统设备预留孔洞的定位;

④落实为设备预留的孔洞尺寸;

⑤确定各装饰步骤和设备安装的先后顺序,必须科学、规范;

⑥会同各系统安装人员做好装饰与设备的接口装饰工作。

(6)墙面柱面的装饰施工涉及消防栓、楼梯、弱电信号出线口、报警按钮等多种接口,与墙面瓷砖、装饰板墙的施工也存在大量的协调工作,此处应遵循与吊顶同样的原则进行协调配合施工。

(7)本着协调配合、保质保量的原则,现场管理人员积极配合各专业的试水试压、电气管线遥测及联动调试等工作,确保各专业的安装工作按时按进度完成,给装饰施工的面层精作留出时间和空间,力争将本工程建成精品工程。

(8)装饰工程施工时,加强对安装产品的保护,相互配合,相互保护,不得踩踏已安装好的产品。

(9)所有精密仪器、仪表元件、灯具、面板、洁具等产品进行封闭围护,以防丢失和损坏。设备安装完毕后,采取防水、防尘措施等对设备进行密封保护。

(10)各工种间配合包含两个方面的内容:一是不同工种的施工顺序;二是施工交接部位。不同工种间合理的施工顺序和最佳的施工方法有利于施工顺利进行和成品保护。工程的施工顺序采用先天棚、后墙柱面、再地面、最后细部的施工顺序,各主要工种间的配合如下:

①天棚与电气安装的配合。

在施工过程中,要充分考虑交叉施工的问题,协调一致,互相配合,共同将工程顺利完成,为此采取以下措施:

天棚作业以施工图为依据,在墙上弹出控制线,并检查与安装作业有无冲突。

会同设计师对施工图进行一次书面交接,明确天棚施工应给电气作业预留的孔洞、位置。

吊筋独立固定在楼板和梁柱上,不允许搭接在其他工种的成品或半成品之上。

天棚作业必须接到电气及其他有关专业已通过隐蔽验收的书面通知后,方可封板,并在封板时预留好电气及其他专业需预留的孔洞。

在施工过程中做好对其他工种成品的保护,施工完毕后,做好自己产品的保护。

②木作与其他工种间的配合。

与泥作及其他工种共同确定施工标高、进出控制线。

与安装进行一次书面交接,明确墙面所需给安装预留的开关、插座及其他孔洞。

造型天花应与其他天棚良好衔接。

墙面施工待木基层做完以后，再进行泥作施工。

地面施工待木基层做完后，再进行泥作施工，最后木工制作踢脚线收口。

③泥作与其他工种间的配合。

泥作使用的原材料决定了它是对成品保护最具威胁的工种。安排泥作施工在木基层制作完毕以后、面饰之前，这样可以把水泥、砂浆对成品的影响降至最低，同时泥作一旦施工完毕后，就是成品，这时它又最容易受到污染与损坏。在泥作施工完毕后，一定要妥善对之加以保护，防止油漆及其他物品对它的污染和损坏。在墙面施工时和安装进行一次书面交接，留出预留的孔洞，按施工图进行收口处理。

④乳胶漆、油漆施工与其他工种间的配合。

乳胶漆、油漆施工属最后面饰，它和其他工程的配合有下列几个方面；

油漆工、木工和材料采购共同对饰面板质量、花色按样板进行选择，确保成品的质量和效果。

在施工中严格保护相关工种的成品，不同工种间在不同材料的施工交接做好分隔带保护措施，防止对其他成品形成交叉的污染。

四、装饰工程成品保护的控制

（一）成品保护的方法

成品保护主要有“护、包、盖、封”四种方法。

(1)护——提前保护。如石材墙面完成后，为防止在进行顶棚和地面施工时受污染，应全部贴上塑料薄膜纸保护起来。在门口位置及转角等交通道口，为预防受碰，要多贴几层薄膜纸或再贴上小块木条。

(2)包——包裹。如对扶手、栏杆、玻璃顶部进行包裹，防止涂料、油漆污染。

(3)盖——表面覆盖。如地面工程完成后，用地毯胶垫进行表面覆盖，在通道位置还应盖上木夹板。

(4)封——封闭。如洗手间、主楼梯施工后应封闭起来，达到保护目的。

（二）成品保护措施

1. 地毯成品保护措施

(1)在运输过程中注意保护已完成的各分项工程质量，在操作过程中保护好门窗框扇、墙纸、踢脚板等成品，避免损坏和污染，应采取保护固定措施。

(2)地毯材料进场后，干燥存放，避免风吹雨淋、物压，防潮、防火、防踩等。

(3)在施工过程中应注意倒刺板和钢钉等的使用，及时回收和清理切断的零头、倒刺板、挂毯条和散落的钢钉，避免发生钉子扎脚、划伤地毯和把散落的钢钉铺垫在垫层和面层下面。

(4)严格执行工序交接制度，每道工序施工完成应及时交接，将地毯上的污物及时清理干净。操作现场严禁吸烟，加强现场的消防管理。

2. 石材成品保护措施

(1)石材安装完毕后，及时清理表面污染，避免腐蚀损坏。

(2)易于污染或磨损石材的木材或其他胶结材料严禁与石材表面直接接触。

(3)对于不合格的石材更换工作完成后，要立即清洗干净。

(4)对于易于破损的阳角部位用胶合板加以临时保护,如图 2-2 所示。

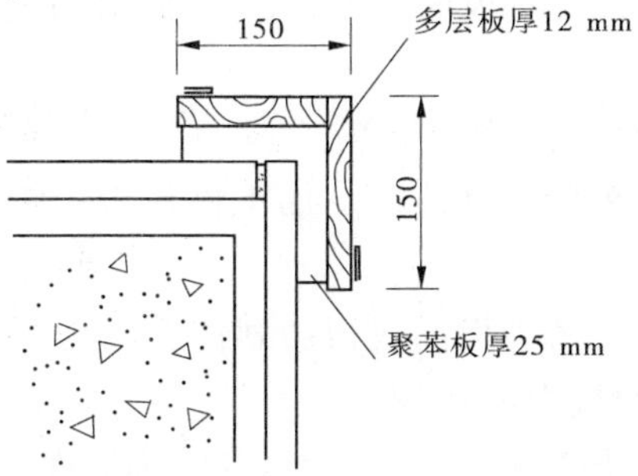

图 2-2　石材转角的保护

(5)石材地面派专人养护,养护期内(不少于 7 天)严禁在其上面行走、施工。

(6)进入施工现场的小推车,车腿、车把要包裹好,防止碰坏地面石材。地面石材上满铺 9 mm 厚夹板保护。

(7)石材存放时要光面相对,严禁使用草绳捆扎,忌淋雨,以免造成铁锈及其他黄褐色液体污染板面。

(8)拆架子或搬动高凳时,注意不要碰撞饰面表面,高凳、架子脚下安装橡皮垫,以免造成损伤饰面的缺陷。

3. 油漆成品保护措施

(1)刷油漆前首先清理好周围环境,防止尘土飞扬,影响油漆质量。

(2)在涂刷每道油漆时要注意环境,刮大风天气和清理地面时不得涂刷。

(3)刷完每道油漆后,要把门扇用木楔固定,避免扇框粘坏油皮,或者门扇刷完漆再安装。

(4)注意不得磕碰和弄脏门框,掉在地面上的油迹要及时清擦干净。

(5)油漆刷完后应派专人负责看管,房间应关闭门,进行妥善保护。

4. 涂料工程的成品保护措施

(1)涂料施工前首先清理好周围的环境,防止尘土飞扬,影响表面质量。

(2)每道涂料完成后,都应及时将滴在地面、窗台或墙及小五金上的污点清擦干净。

(3)涂料未干前,不得打扫地面及进行其他作业。

(4)涂料完成后要妥善保护,不得磕碰、污染墙面,所有材料、工具等均不得靠在墙面上。

(5)拆翻架子时,严防碰撞墙面和污染涂层。

5. 壁纸成品保护措施

(1)壁纸施工前应妥善保存,防止污染。

(2)壁纸施工后注意不要碰撞墙面、污染墙面,施工作业时应戴手套,防止污染壁纸。

(3)施工使用的黏结材料要及时清理干净,在清理过程中应采用湿毛巾把壁纸表面的胶擦净。

(4)在墙上标注成品保护标志。

6. 装饰墙面成品保护措施

(1)在施工中应注意防止碰撞、划伤、污染,通道部位的板面应及时用夹板附贴进行防护(高度 2 m),并设专人看管保护。

(2)金属饰面板安装区域有焊接作业时,需将板面进行有效覆盖。

(3)在加工、安装过程中金属板面保护膜如有脱落要及时补贴。加工操作台上需铺一层软垫,防止划伤金属饰面板。

(4)安装饰面板时,作业人员宜戴干净线手套,以防污染板面或板边划伤手。

(5)及时清擦干净残留在门窗框、玻璃和金属饰面板上的污物。

(6)水、电、通风、设备安装的施工安排在前面,防止损坏、污染墙涂料和装饰墙面。

7. 天棚成品保护措施

(1)安装面板时安装人员要戴手套,防止污染面板。边龙骨应用纸带包裹,防止墙面涂刷涂料时污染。

(2)龙骨及罩面板安装时,注意保护顶棚内各管线。龙骨、吊杆不准固定在通风管及其他设备件上。

(3)吊顶的各种材料在运输、进场、存放、使用过程中,严格管理,做到不变形、不受潮、不生锈。

(4)对工程中已安装好的门窗、已施工完毕的地面、墙面等,在施工顶棚时应注意保护,防止污损。

(5)罩面板安装必须在顶棚内管道试水、试压、保温等一切工序全部验收合格后进行。

(6)已经安装好的吊顶骨架不得上人踩踏。

8. 玻璃成品保护措施

(1)柱面墙面和观光电梯玻璃安装后,应在玻璃上加贴醒目标记,以警示旁人不要碰撞。

(2)玻璃安装完毕后,在玻璃周围设置防护设施,防止其他施工工序在玻璃周边作业,损坏产品。

9. 防水工程成品保护措施

(1)施工人员进入防水层施工地带范围必须穿着软底胶鞋。设置警戒线,提醒非防水施工人员不得进入。

(2)防水层完成后,不得随意刻划防水层表面,不许任何硬物在上面拖行,不得堆放重物、硬物。

(3)做保护层时,运送材料的小车等运输工具必须用充气胶轮。

(4)在施工过程中,专人监护现场,若发现防水层有破损,必须及时修补,补丁面积不得过小,离破坏孔边缘不得小于 100 mm。

10. 其他公共部位成品保护措施

(1)在电梯轿厢专用保护膜满贴基础上,用 9 mm 夹板满封;指派持有电梯驾驶操作证的专人操作电梯。

(2)公用部位栏杆、扶手刷好油漆后,用塑料膜覆面。

(3)楼梯踏步面用木夹板做覆盖保护,楼梯栏杆扶手转角部位用 3 mm 厚珍珠棉包裹 3 层,防止运输材料时碰伤。

(4)公用部位消防箱、电梯门套等用薄板覆面，以防碰坏。

(5)装修完成后的门框保护，如图2-3所示。

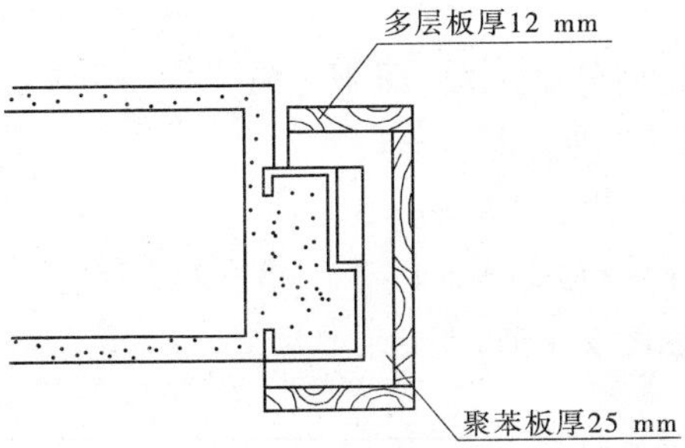

图 2-3　装修完成后的门框保护

11. 卫生间洁具成品保护措施

(1)洁具在搬运和安装时要防止磕碰。稳装后洁具排水口应用防护用品堵好，镀铬零件用纸包好，以免损坏。

(2)洁具稳装后，为防止配件丢失或损坏，如拉链、堵链等材料、配件应在竣工前统一安装。

(3)安装完的洁具应加以保护，防止洁具瓷面受损和整个洁具损坏。

(4)在冬季室内不通暖时，各种洁具必须将水放净。存水弯应无积水，以免将洁具和存水弯冻裂。

(5)已装好门窗的场所下班后应关窗锁门。

12. 电气成品保护

(1)灯具等材料进场后要单独放置，严禁挤压，防止破损。

(2)灯具、插座、开关面板等安装完后，要及时清洁，注意保护，防止其他工种污染、损坏。

第三节　施工进度计划及资源需求计划的编制与控制调整

一、应用横道图方法编制一般单位工程、分部（分项）工程、专项工程施工进度计划

（一）单位工程施工进度计划编制

示例：

某装饰公司承接了某会展中心内5间展厅的装饰工程任务。各间展厅面积相等，且装修内容均为吊顶、内墙面装饰、地面铺装及细部工程等4项分部工程。根据该公司的施工人员构成状况，确定每项分部工程的施工时间均为3天。

问题：

(1)组织流水施工，确定施工段数 M、施工过程数 N、流水步距 K；

(2)计算该工程的计划工期;

(3)绘制该工程流水施工横道图。

解答:

(1)该工程有 5 间展厅,以此划分施工段,即 $M=5$;

4 项分部工程各作为一个施工过程,即 $N=4$;

本工程宜组织等节拍等步距流水,即 $K=t=3$。

(2)计算工期 $T=(M+N-1)\times K=(5+4-1)\times 3=24$(天)。

(3)绘制流水施工横道图,如图 2-4 所示。

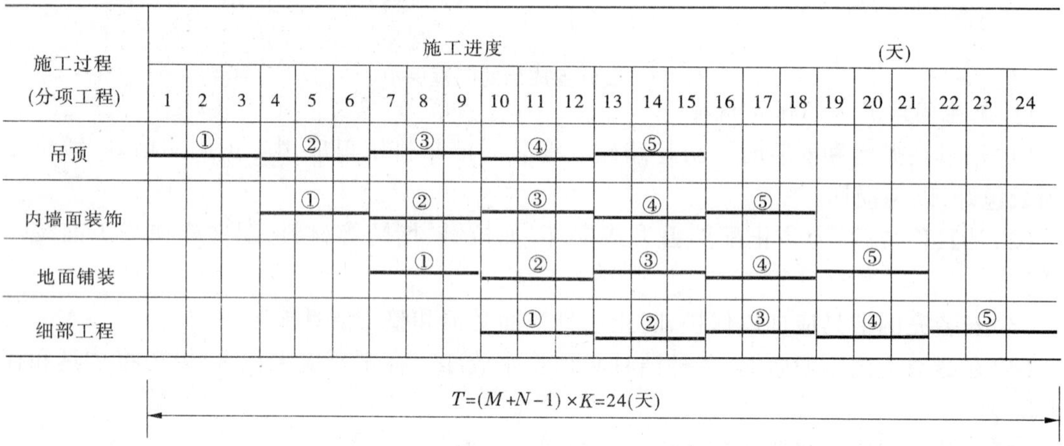

图 2-4　某装饰工程流水施工横道图

(二)分部工程施工进度计划编制

以以上示例为例,分析 5 间展厅的吊顶分部工程施工进度计划。

解答:

(1)以吊顶分部工程为施工段,即 $M=1$;

该工程有 5 间展厅,各作为一个施工过程,即 $N=5$;

吊顶分部工程组织等步距流水,即 $K=t=3$。

(2)计算吊顶分部工程工期 $T=(M+N-1)\times K=(1+5-1)\times 3=15$(天)。

(3)绘制吊顶分部工程流水施工横道图,如图 2-5 所示。

(三)专项工程施工进度计划编制

以以上示例为例,分析第一间展厅吊顶专项工程施工进度计划。

解答:

(1)该项目共有 1 间展厅,以此划分施工段,即 $M=1$;

吊顶分项工程包括吊筋制安、龙骨制安、面层制安,各作为一个施工过程,即 $N=3$;

假设各施工过程的持续时间相等,即等节拍流水,$K=t=1$。

(2)计算吊顶专项工程工期 $T=(M+N-1)\times K=(1+3-1)\times 1=3$(天)。

(3)绘制吊顶专项工程流水施工横道图,如图 2-6 所示。

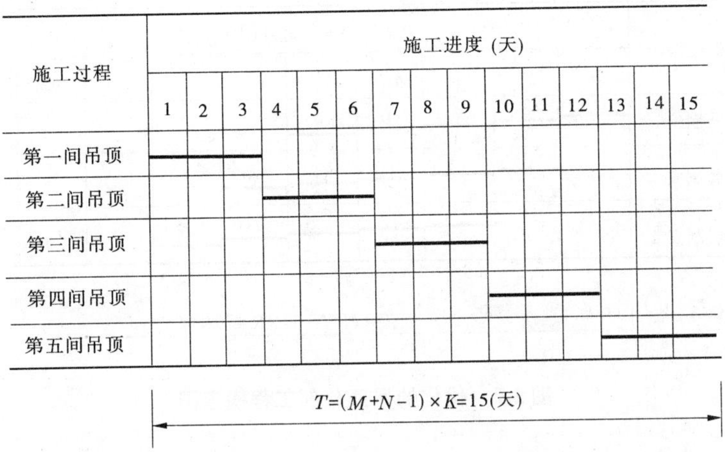

图 2-5　吊顶分部工程流水施工横道图

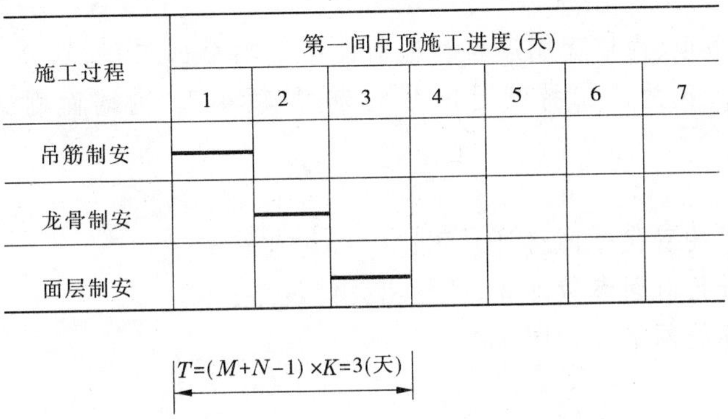

图 2-6　吊顶专项工程流水施工横道图

二、进行资源平衡计算，优化横道图进度计划

以以上示例为例，分析横道图的优化。

分析：

(1)按等节拍等步距安排施工，吊顶分部工程的总工期为 15 天。

(2)而每间展厅的吊顶又可以组织等节拍流水施工。

该项目有 5 间展厅，以此划分施工段，即 $M=5$；

吊顶分项工程包括吊筋制安、龙骨制安、面层制安，各作为一个施工过程，即 $N=3$；

假设各施工过程的持续时间相等，即等节拍流水，$K=t=1$。

计算吊顶分部工程工期 $T=(M+N-1)\times K=(5+3-1)\times 1=7$(天)。

绘制优化的吊顶分部工程横道图，如图 2-7 所示。

(3)在实际施工部署中，吊筋制安为一组人，负责放线、弹线、打眼、吊筋安装等工作，龙骨制安及面层制安分别安排不同的班组流水作业，投入的施工人员、机具、材料等资源量较为均衡。这种流水配合使得工序更加紧凑，越是大型项目越能体现出组织的流畅，劳动生产率的高效，有利于对项目的科学管理。

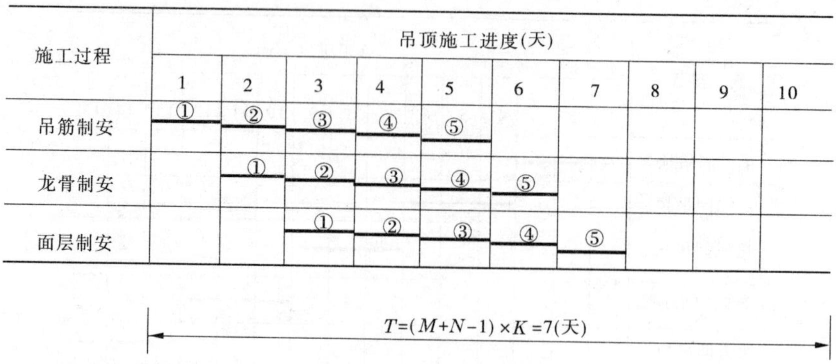

图 2-7　优化的吊顶分部工程横道图

三、建筑工程施工网络计划图识读

示例：

某装饰工程有吊顶、内墙面刷涂料和地面铺装 3 项分部工程，划分为 3 个施工段，各分部工程在每一个施工段的施工持续时间分别为：吊顶 4 天、内墙面刷涂料 2 天、地面铺装 3 天。

问题：

(1)绘制本工程的双代号网络计划图；

(2)用图算法进行时间参数计算，并标出关键线路；

(3)绘制带时标的网络计划图。

解答：

(1)本工程的双代号网络计划图如图 2-8 所示。

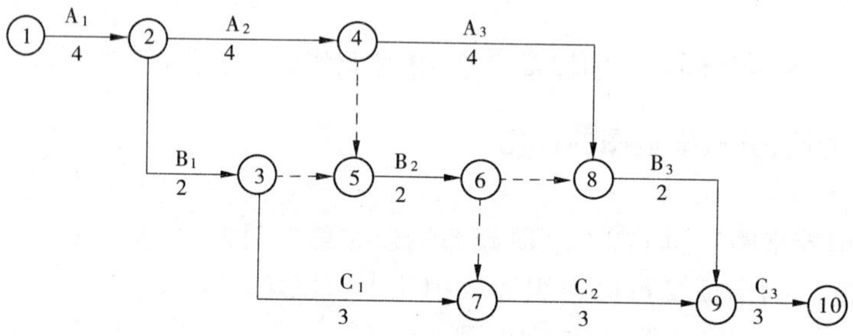

A 表示吊顶；B 表示内墙面刷涂料；C 表示地面铺装

图 2-8　双代号网络计划图

识读：

①本工程有 3 个施工段，故网络计划图中列举了 $A_1A_2A_3$、$B_1B_2B_3$、$C_1C_2C_3$；

②本工程的施工顺序为 A→B→C，流水节拍为各专业在施工段内的工作持续时间。

(2)时间参数的计算结果和关键路线如图 2-9 所示。

识读：

①*ES* 为工作的最早开始时间；*LS* 为工作的最迟开始时间；*EF* 为工作的最早完成时间；

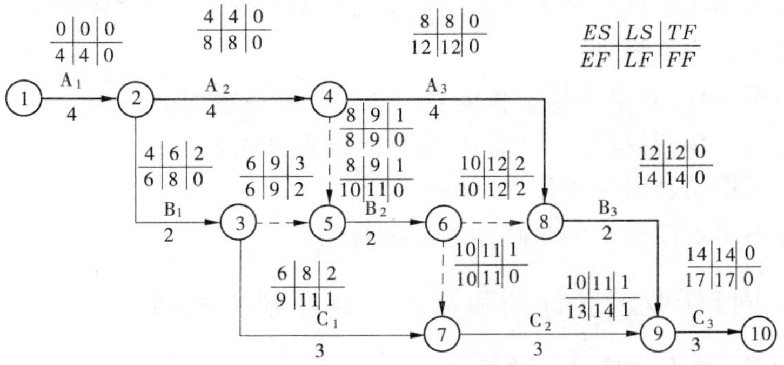

注：总工期 17 天，图中以粗线标出的为关键线路。

图 2-9　时间参数的计算结果和关键路线

LF 为工作的最迟完成时间；*TF* 为工作的总时差；*FF* 为工作的自由时差。

②最早开始时间 *ES* 计算时，取其紧前工作最早完成时间的最大值；

最迟完成时间 *LF* 计算时，取其紧后工作最迟开始时间的最小值；

工作的总时差 *TF* = 本工作最迟完成时间 *LF* − 最早完成时间 *EF*；

工作的自由时差 *FF* = min{本工作的紧后工作最早开始时间 *LS* − 本工作最早完成时间 *LF*}。

③总时差最小的工作为关键工作。

将关键工作首尾相连，便构成从起点节点到终点节点的通路，位于该通路上各项工作的持续时间总和最大，这条通路就是关键线路。

(3)带时标的网络计划图如图 2-10 所示。

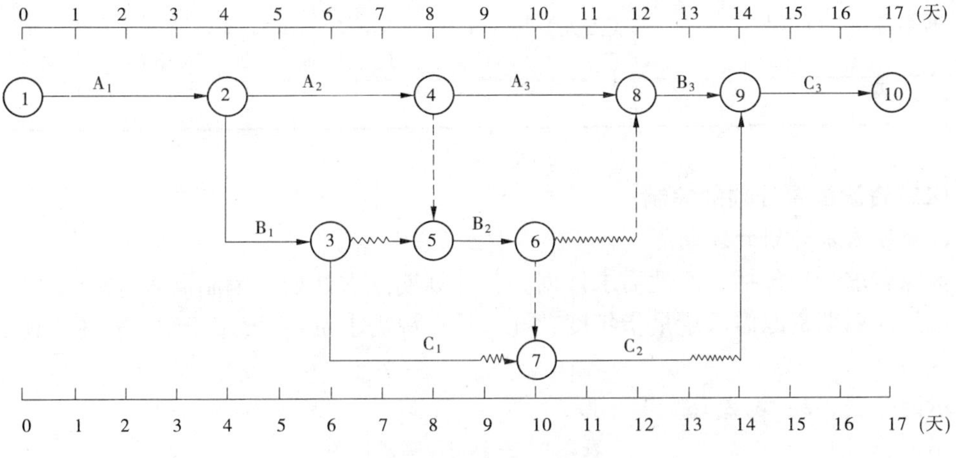

图 2-10　带时标的网络计划图

识读：

①本工程带时标的网络计划图采用了工作日坐标体系，可明确表示出各项工作在整个工程开工后第几天开始和第几天完成。

②整个工程的开工日期和各项工作的开始日期分别等于计算坐标体系中整个工程的开工日期和各项工作的开始日期加 1。

③整个工程的完工日期和各项工作的完成日期分别等于计算坐标体系中整个工程的完工日期和各项工作的完成日期。

④实箭线表示工作，其水平投影长度表示该工作的持续时间；

虚箭线表示虚工作，其持续时间为0，故只能以垂直线表示；

波形线表示工作与其紧后工作之间的时间间隔。

⑤自始至终不出现波形线的线路即为关键线路。

四、月、旬(周)作业进度计划和资源配置计划的编制

(一)月、旬(周)作业进度计划的编制

在施工进度控制目标体系中，将总的施工进度控制目标按年度、季度、月、旬(或周)进行分解，计划期越短，进度目标越细，进度跟踪就越及时，发生进度偏差时也就更能有效地采取措施予以纠正，更有利于对进度的控制与管理。年度、季度、月、旬(或周)进度计划形成了一个有计划有步骤协调施工、长期目标对短期目标自上而下逐级控制、短期目标对长期目标自下而上逐级保证、逐步趋近进度总目标的局面，最终达到工程项目按期竣工交付使用的目的。

按月、旬(周)计划期编制作业进度计划时，着重解决施工进度计划与资源(包括资金、设备、机具、材料及劳动力)保障计划之间的平衡问题，并根据上期计划的完成情况对本期计划作必要的调整，从而作为近期执行的指令性计划。

表2-1为施工月进度计划示例。

表2-1　施工月进度计划

序号	单位工程名称	建筑面积(m^2)	结构类型	工程造价(万元)	施工时间(旬)	施工进度计划								
						第一月			第二月			第三月		
						上	中	下	上	中	下	上	中	下

(二)资源配置计划的编制

1. 资源需求计划的编制

资源需求计划包括一次性需求计划和各计划期需求计划。编制需求计划的关键是确定需求量。计划期资源需求量是指年度、季度、月资源需求量，主要用于组织资源采购、订货和供应。

示例见表2-2~表2-5。

表2-2　主要资源需求计划

序号	资源名称	规格	需要量		需要时间	备注
			单位	数量		

表 2-3 材料需求计划

序号	分项工程	计量单位	实物工程量	资源名称及数量							
				钢材		木材		水泥		×××	
				定额（kg）	数量（t）	定额（m^3）	数量（m^3）	定额（kg）	数量（t）		
甲	乙	丙	1	2	3	4	5	6	7	8	9

表 2-4 构件、配件需求计划

序号	品名	规格	图号	需求量		使用部位	加工单位	需用时间	备注
				单位	数量				

表 2-5 施工机具需求计划

序号	机械名称	机械类型（规格）	需求量		来源	使用起讫时间	备注
			单位	数量			

2. 资源储备计划的编制

资源储备计划的作用是保证施工所需资源的连续供应，确定资源的合理储备。示例见表 2-6。

表 2-6 资源储备计划

序号	材料名称	规格质量	计量单位	全年计划需求量	平均日耗量	储备天数			储备量	
						合计	经常储备	保险储备	最高	最低

3. 资源供应计划的编制

资源供应计划的作用是组织、指导物资供应工作。示例见表 2-7。

表 2-7 资源供应计划

序号	材料名称	规格质量	计量单位	需求量				期初库存	节约量	平衡结果			
				合计	工程用料	储备需求	其他需求			多余	不足		
											数量	单价	金额

4. 订货计划的编制

订货计划的主要作用是根据需求组织订货。示例见表 2-8。

表 2-8　订货计划

材料名称	规格	技术要求	计量单位	合计	第　季			使用地点或到站	收货人
					月	月	月		

5. 采购、加工计划的编制

采购、加工计划的作用是组织和指导采购与加工工作。示例见表 2-9。

表 2-9　采购、加工计划

序号	构件名称规格	数量(件)	折合体积(m^3)、面积(m^2)、质量(t)

6. 国外进口资源计划的编制

国外进口资源计划的主要作用是组织进口资源(如材料、设备、检验仪器、工具)的供应工作。示例见表 2-10。

表 2-10　国外材料、设备、检验仪器、工具购置计划

序号	主要材料设备及工器具名称	规格型号	单位	数量	金额(万元)	资金来源	备注

五、施工进度计划实施与调整

装饰工程项目施工进度控制的程序为:①实施施工进度计划。②在实施进度计划的过程中收集实际进度数据,包括时间数据和造价数据。③将实际数据与计划数据进行对比,判断是否产生偏差,如果有偏差,则采取措施纠正;如果没有偏差,则仍按原计划实施;如果纠正偏差不能奏效,则应对原计划进行调整。

(一)落实施工进度计划

落实施工进度计划,首先根据单位工程施工进度计划编制并执行短期的时间周期计划,包括季、月、旬(或周)计划;其次要用任务书把计划任务落实到班组。

(二)施工进度计划实施记录和检查

(1)施工进度计划实施记录和检查的方法有横道计划法,网络计划法,实际进度前锋线法,S 形曲线法等。

(2)实际进度前锋线法是利用时标网络计划进行进度检查时绘制的表示当前进度前锋的折线,它是一种动态记录和检查方法。绘图步骤如下:

①将网络计划搬到时标表上,形成时标网络计划;

②在时标表上确定检查的时间点;

③将检查出的时间结果标在时标网络计划相应工作的适当位置并打点;

④把检查时间点和所打点用直线连接起来,形成从表的顶端到底端的一条完整的折线,该折线就是实际进度前锋线。

(3)检查的内容有关键工作进度,时差利用情况,工作逻辑关系的变动情况,资源状况,

成本状况，存在的其他问题（如管理情况等）。

示例：

某工程项目时标网络计划如下图所示。该计划执行到第6周末时，检查实际进度发现，工作A和B已经全部完成，工作D、E分别完成计划任务量的20%和50%，工作C尚需3周完成。用前锋线法进行实际进度与计划进度的比较。

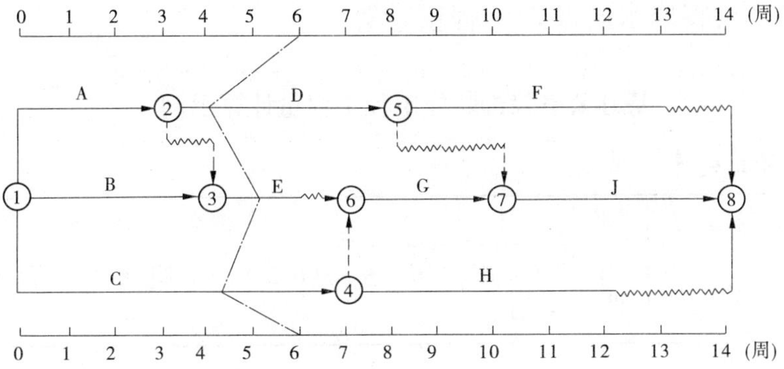

根据第6周末实际进度的检查结果绘制前锋线，如上图中点画线所示。通过比较可以看出：

(1)工作D实际进度拖后2周，将使其后续工作F的最早开始时间推迟2周，并使总工期延长1周。

(2)工作E实际进度拖后1周，既不影响总工期，也不影响其后续工作的正常进行。

(3)工作C实际进度拖后2周，将使其后续工作G、H、J的最早开始时间推迟2周。由于工作G、J开始时间的推迟，从而使总工期延长2周。

综上所述，如果不采取措施加快进度，该工程项目的总工期将延长2周。

(三)施工进度计划的调整

(1)施工进度计划的调整依据进度计划检查结果。调整的内容包括：施工内容；工程量；起止时间；持续时间；工作关系；资源供应等。调整进度计划采用的原理、方法与施工进度计划的优化相同，包括：单纯调整工期；资源有限—工期最短调整；工期固定—资源均衡调整；工期—成本调整。

(2)单纯调整（压缩）工期时只能利用关键线路上的工作，并且要注意以下三点：

①该工作要有充足的资源供应；

②该工作增加的费用相对较少；

③不影响工程的质量、安全和环境。

(3)在进行工期—成本调整时，要选择好调整对象，调整的原则是：调整的对象必须是关键工作，该工作有压缩的潜力，与其他可压缩对象相比其赶工费是最低的。

(4)调整施工进度计划的步骤为：

①分析进度计划检查结果，确定调整的对象和目标；

②选择适当的调整方法；

③编制调整方案；

④对调整方案进行评价和决策；

⑤调整；
⑥确定调整后付诸实施的新施工进度计划。

第四节　工程量计算及初步的工程清单计价

一、基础装修、装修水电改造工程量计算

某办公室装饰装修工程工程量计算示例

一、平面图及相关计算

序号	项目名称	单位	计算公式
1	深色木地板	m^2	（房间宽 7.6 − 墙体厚 0.24）m ×（房间长 7.8 − 墙体厚 0.24）m = 55.64 m^2

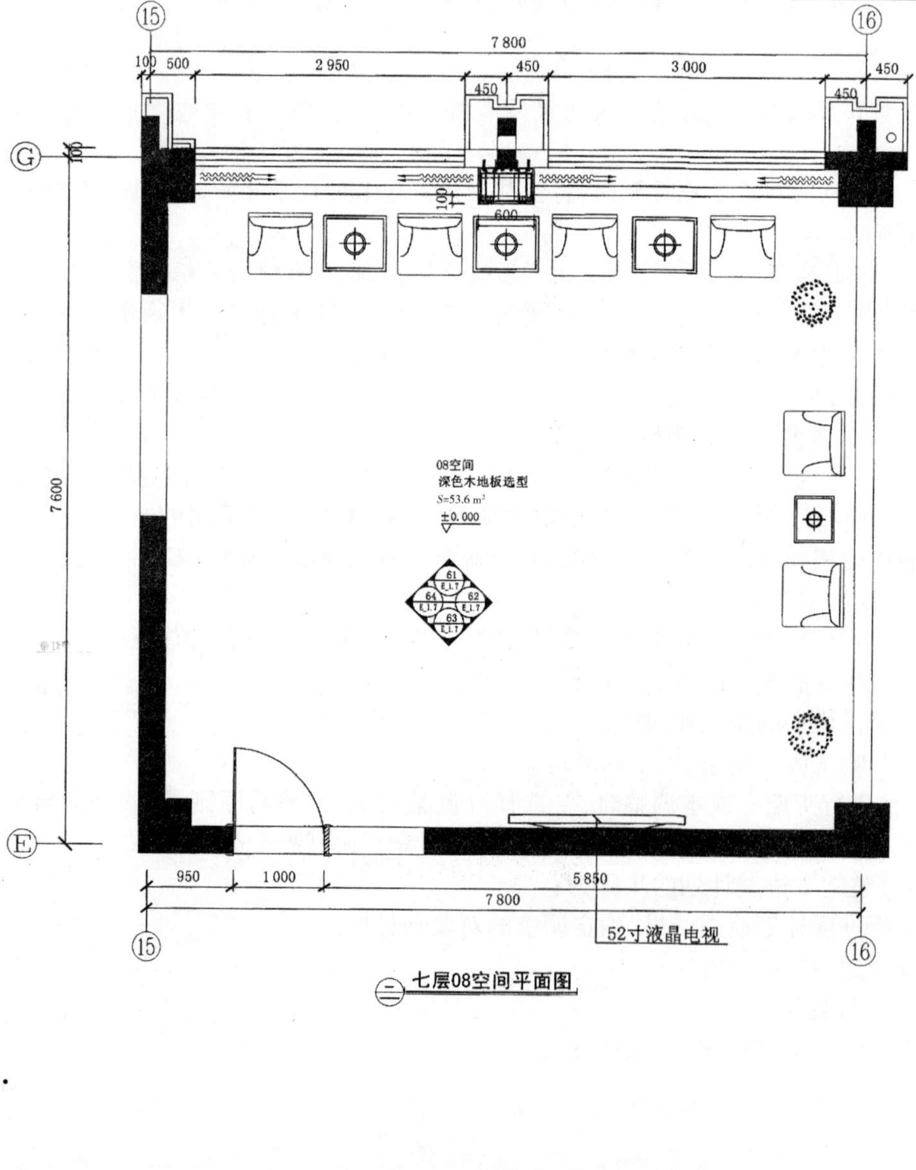

七层08空间平面图

二、顶面图及相关计算

序号	项目名称	单位	规格	计算公式
1	软膜天花	m^2		宽 0.4 m × 长(1.7 + 0.05 × 2) m × 8 = 5.76 m^2
2	轻钢龙骨造型顶	m^2		木地板面积 55.64 m^2 − 软膜天花面积 5.76 m^2 − 空调风口 0.9 m^2 − 检修口 0.36 m^2 − 窗帘盒长 5.95 m × 宽 0.2 m = 47.43 m^2
3	纸面石膏板	m^2	厚 9.5 mm	(造型顶面积 47.43 m^2 + 跌级造型立面展开面积 12.36 m^2) × 2 = 119.58 m^2
4	乳胶漆	m^2		造型顶面积 47.43 m^2 + 跌级造型立面展开面积 12.36 m^2 = 59.79 m^2
5	空调风口	个	600 mm × 1 500 mm	2 个
6	检修口	个	600 mm × 600 mm	1 个

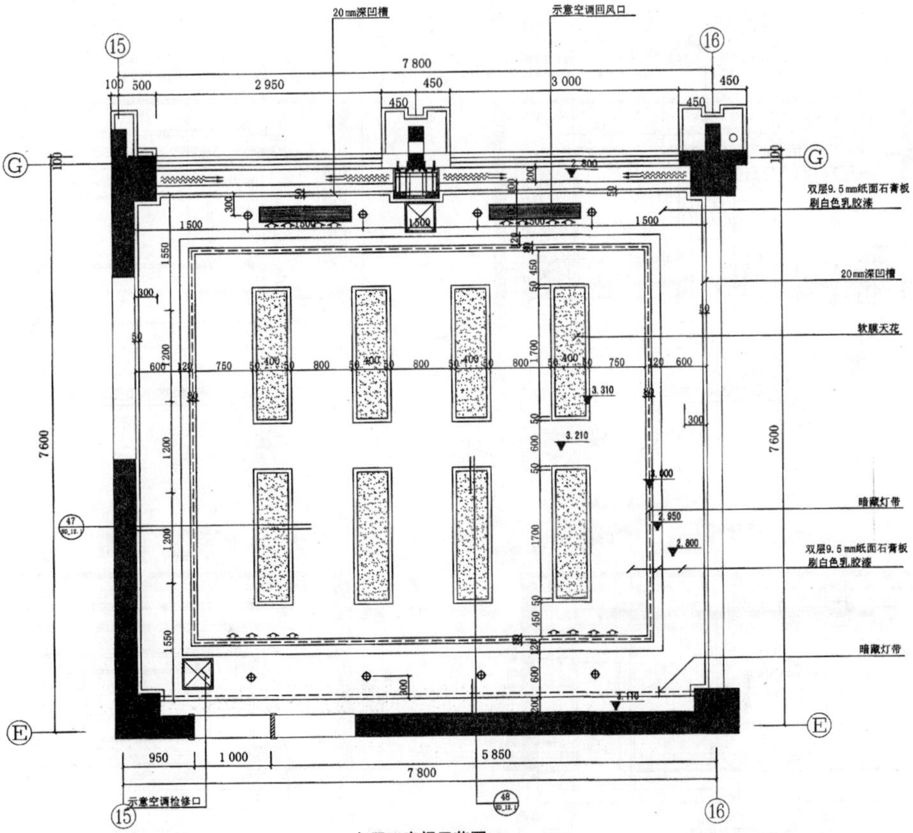

七层08空间天花图

三、立面图及相关计算

(一)$\frac{61}{P-1.7}$立面图相关计算

序号	项目名称	单位	规格	计算公式
1	墙面干挂米黄石材	m^2		宽(0.3+0.6+0.2)m×高2.8 m=3.08 m^2
2	墙面石材倒角	m		宽(0.3+0.6+0.2)m×8=8.8 m
3	壁纸	m^2		高(0.3−0.18)m×窗台长(2.66+2.86)m=0.66 m^2
4	米黄石材窗套	m	宽80 mm	窗高(2.8−0.14)m×4+窗宽(2.66+2.86)m=16.16 m
5	米黄石材窗套	m	宽140 mm	窗高2.8 m×4+窗宽(2.66+0.14×2)m+窗宽(2.86+0.14×2)m=17.28 m
6	窗套倒角	m		(16.16+17.28)m×2=66.88 m
7	灰色花岗岩窗台板	m	厚40 mm	窗宽(2.66+2.86)m=5.52 m
8	窗台板倒角	m		5.52 m
9	米黄色石材踢脚线	m	高180 mm	窗宽(2.66+2.86)m=5.52 m
10	踢脚线倒角	m		5.52 m

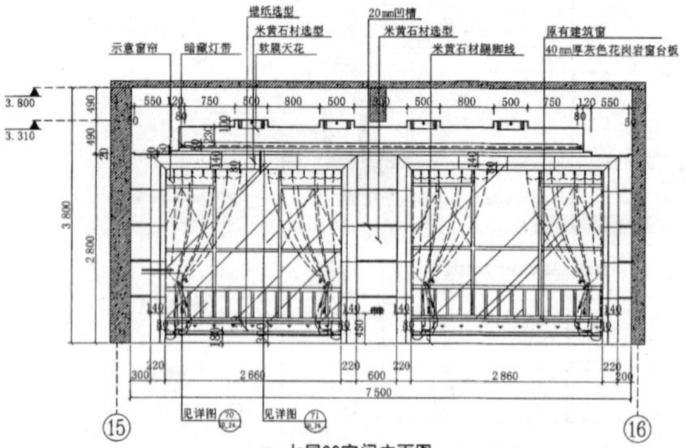

$\frac{61}{P-1.7}$ 七层08空间立面图

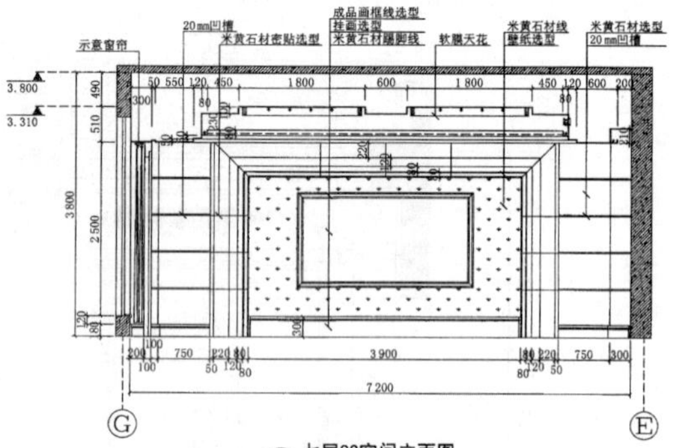

$\frac{62}{P-1.7}$ 七层08空间立面图

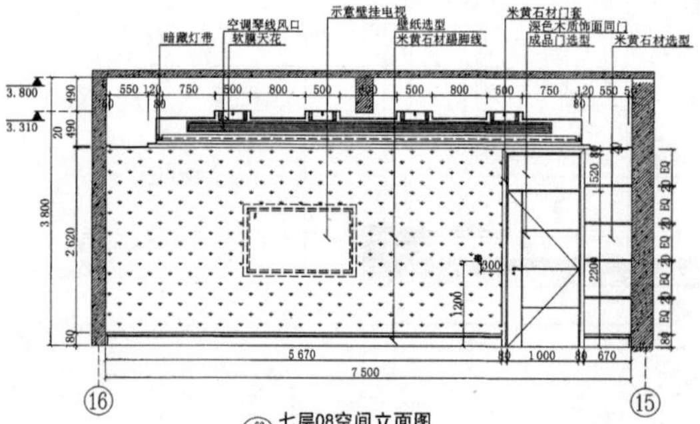

$\frac{63}{P-1.7}$ 七层08空间立面图

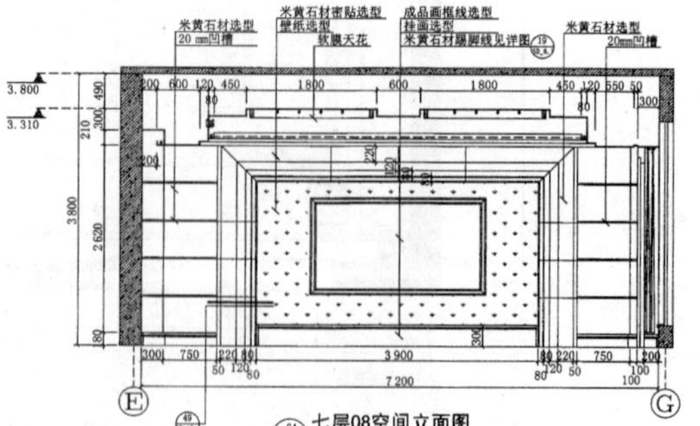

$\frac{64}{P-1.7}$ 七层08空间立面图

（二）$\frac{62}{P-1.7}$立面图相关计算

序号	项目名称	单位	规格	计算公式
1	墙面干挂米黄石材	m^2		宽[(0.2+0.1+0.1+0.75)+(0.75+0.3)]m×高(2.8−0.18)m=5.764 m^2
2	墙面石材倒角	m		宽[(0.2+0.1+0.1+0.75)+(0.75+0.3)]m×8=17.6 m
3	壁纸	m^2		高(2.5−0.22−0.12−0.08−0.08)m×宽3.9 m=8.11 m^2
4	米黄石材线	m	宽80 mm	高(2.8−0.22−0.12−0.08)m×2+宽3.9 m=8.66 m； 高(2.8−0.22−0.12)m×2+宽(3.9+0.08×2)m=9.99 m
5	米黄石材线	m	宽120 mm	高(2.8−0.22)m×2+宽(3.9+0.08×4)m=9.38 m
6	米黄石材线	m	宽220 mm	高2.8 m×2+宽(3.9+0.08×4+0.12×2)m=10.06 m
7	石材线倒角	m		(8.66+9.99+9.38+10.06) m×2=76.18 m
8	米黄色石材踢脚线	m	高180 mm	(0.2+0.1+0.1+0.75) m+(0.75+0.3) m=2.2 m
9	米黄色石材踢脚线	m	高300 mm	3.9 m
10	踢脚线倒角	m		2.2 m+3.9 m=6.1 m
11	窗帘盒	m	宽200 mm	2.95 m+3 m=5.95 m

（三）$\frac{63}{P-1.7}$立面图相关计算

序号	项目名称	单位	规格	计算公式
1	墙面干挂米黄石材	m^2		宽0.67 m×高(2.8−0.18) m=1.76 m^2
2	墙面石材倒角	m		宽0.67 m×8=5.36 m
3	壁纸	m^2		高(吊顶标高2.8−踢脚线高度0.18)m×宽5.67 m=10.32 m^2
4	米黄色石材踢脚线	m	高180 mm	5.67 m+0.67 m=6.34 m
5	踢脚线倒角	m		6.34 m
6	深色木质成品门	樘	1.0 m×2.8 m	1樘
7	空调琴线风口	个	150 mm×6 150 mm	1个

（四）$\frac{64}{P-1.7}$立面图相关计算

$\frac{64}{P-1.7}$立面图相关计算同$\frac{62}{P-1.7}$。

室内装饰工程水电工程量计算示例

一、平面图及相关计算

装饰工程的电气图纸，往往没有配套的系统图，可采用快速估算法，对其工程量进行计算。

序号	项目名称	单位	规格	计算公式
1	五孔插座	个	h=450 mm	2 个
2	五孔插座	个	h=1 200 mm	1 个
3	电视插座	个		1 个
4	电话插座	个		1 个
5	宽带插座	个		1 个
6	插座配管	m	PVC20	从入户门进入：电视配管 7.8 m + 电视高度 1.2 m = 9；电话及宽带配管 7.8 m + 7.6 m + 3.45 m + 插座高度 0.45 m × 2 = 19.75；电气配管 7.8 m + 7.6 m + 3.45 m + 0.45 m × 2 + 1.2 m = 20.95。合计 49.7 m
7	插座配线	m	BV − 4 mm^2	从入户门进入：20.95 m × 3 个 = 62.85 m
8	电视插座配线	m	SYWV − 75 − 5	从入户门进入：9 m
9	电话及宽带配线	m	ADSL 宽带电话线	从入户门进入：19.75 m
10	插座开关盒	个		各类插座数量 6 个
11	插座接线盒	个		49.7 m ÷ 10 m × 3 个 ≈ 15 个

二、顶面图及相关计算

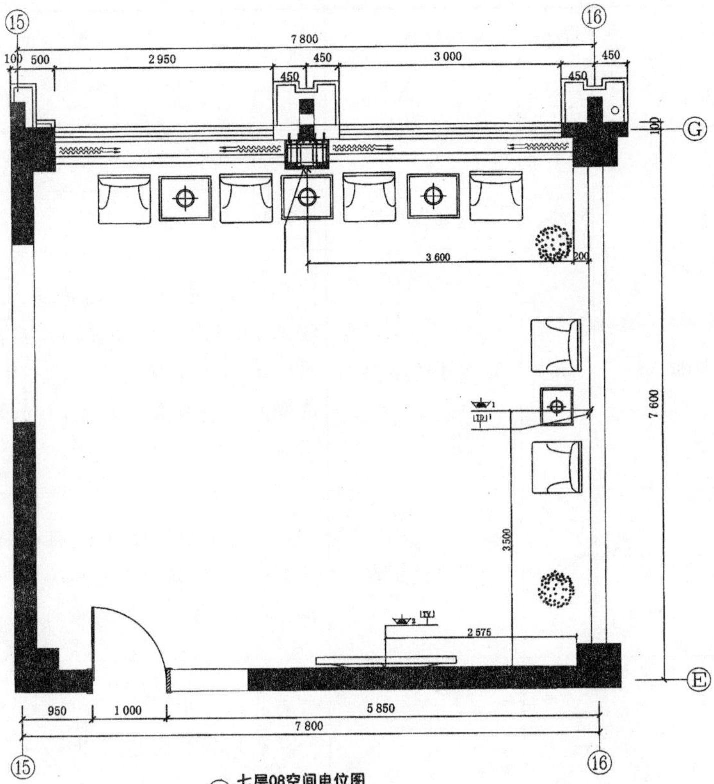

二 七层08空间电位图

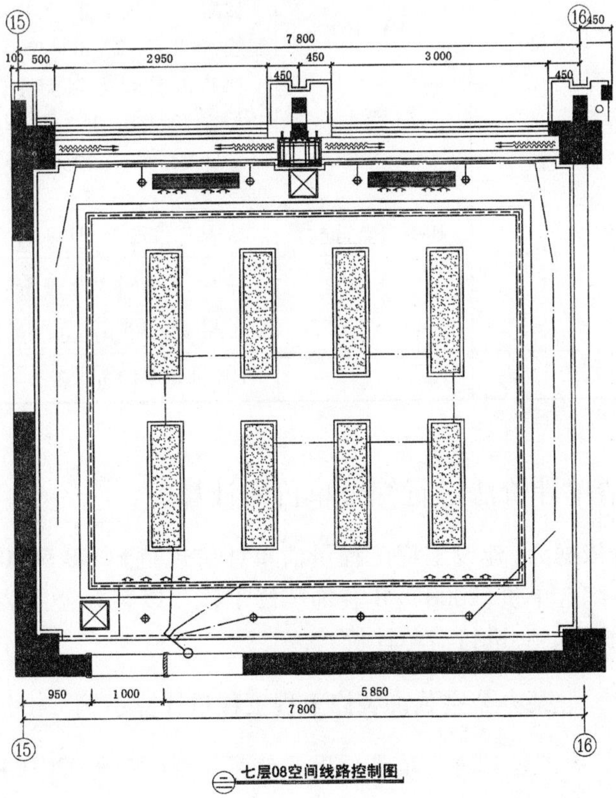

二 七层08空间线路控制图

序号	项目名称	单位	规格	计算公式
1	三联暗开关	个	h = 1 200 mm	1
2	筒灯	个	3.5″	8
3	T4 灯管	套	暂按 28 W	7.8 m 或 7 套
4	暗藏灯带	m	暂按 T4(28 W)	[房间长度 7.8 - 墙体厚度 0.24 - 吊顶造型(0.6 + 0.12) × 2] m × 2 + [房间宽度 7.6 - 墙体厚度 0.24 - 吊顶造型(0.2 + 0.6 + 0.12) - 吊顶造型(0.1 + 0.6 + 0.12)] m × 2 = 23.48 m 或 20 套
5	软膜天花暗藏灯	套	暂按 T5(8 W)	从立面图中可以看出,每个软膜天花造型中安排 4 列灯管,灯管长度≤软膜天花造型宽度 500 mm,故按 8 W 的 T5 灯管计算。4 × 8 套 = 32 套
6	配管	m	PVC16	从入户门进入: 回路 1:软膜天花(7.8 × 2 + 7.6) m + 开关配管(2.8 - 1.2) m = 24.8 m; 回路 2:暗藏灯带(7.8 × 2 + 7.6 × 2) m + 开关配管(2.8 - 1.2) m = 32.4 m; 回路 3:筒灯及 T4 灯带(7.8 × 3 + 7.6 × 2) m + 开关配管(2.8 - 1.2) m = 40.2 m; 合计 24.8 m + 32.4 m + 40.2 m = 97.4 m
7	配线	m	BV - 2.5 mm^2	从入户门进入:97.4 m × 2 = 194.8 m
8	开关盒	个		开关、各类灯具数量和:1 个 + 8 个 + 7 个 + 20 个 + 32 个 = 68 个
9	接线盒	个		194.8 m ÷ 10 m × 3 个 ≈ 58 个

二、用工程量清单计价法进行综合单价的计算

工程量清单计价依据为《建设工程工程量清单计价规范》(GB 50500—2008)、《河南省建设工程工程量清单综合单价(2008)》B 装饰装修工程。以某办公室装饰装修工程及某室内装饰工程水电工程为示例,进行清单计价。

某办公室装饰装修工程工程量计算示例

(1)其他材料面层的工程量清单项目设置及计算规则(编码:020104)。

项目编码	项目名称	项目特征	计量单位	工程量计算规则	工程内容
020104002	竹木地板	(1)找平层厚度、砂浆配合比； (2)填充材料种类、厚度、找平层厚度、砂浆配合比； (3)龙骨材料种类、规格、铺设间距； (4)基层种类、规格； (5)面层材料品种、规格、品牌、颜色； (6)黏结材料种类； (7)防护材料种类； (8)油漆品种、刷漆遍数	m^2	按设计图示尺寸以面积计算，门洞、空圈、暖气包槽、壁龛的开口部分并入相应的工程量内	(1)基层清理、抹找平层； (2)铺设填充层； (3)龙骨铺设； (4)铺设基层； (5)面层铺贴； (6)刷防护材料； (7)材料运输

深色木地板55.64 m^2，套用《河南省建设工程工程量清单综合单价(2008)》B装饰装修工程中相应的清单综合单价子目进行计价，以下各项的步骤相同，不再赘述。

(2)踢脚线的工程量清单项目设置及计算规则(编码:020105)。

项目编码	项目名称	项目特征	计量单位	工程量计算规则	工程内容
020105002	石材踢脚线	(1)踢脚线高度； (2)底层厚度、砂浆配合比； (3)粘贴层厚度、材料种类； (4)面层材料品种、规格、品牌、颜色； (5)勾缝材料种类； (6)防护材料种类；	m^2	按设计图示长度乘以高度以面积计算	(1)基层清理； (2)底层抹灰； (3)面层铺贴； (4)勾缝； (5)磨光、酸洗、打蜡； (6)刷防护材料； (7)材料运输

米黄色石材踢脚线:$(5.52+2.2\times2+6.34)\times$高度$0.18+3.9\times2\times$高度$0.3=5.27$ (m^2)；

米黄色石材踢脚线倒角:$(5.52+2.2\times2+6.34)+3.9\times2=24.06$(m)。

(3)墙面镶贴块料的工程量清单项目设置及计算规则(编码:020204)。

项目编码	项目名称	项目特征	计量单位	工程量计算规则	工程内容
020204001	石材墙面	(1)墙体类型； (2)底层厚度、砂浆配合比； (3)黏结层厚度、材料种类； (4)挂贴方式； (5)干挂方式(膨胀螺栓、钢龙骨)； (6)面层材料品种、规格、品牌、颜色； (7)缝宽、嵌缝材料种类； (8)防护材料种类； (9)磨光、酸洗、打蜡要求	m^2	按设计图示尺寸以镶贴表面积计算	(1)基层清理； (2)砂浆制作、运输； (3)底层抹灰； (4)结合层铺贴； (5)面层铺贴； (6)面层挂贴； (7)面层干挂； (8)嵌缝； (9)刷防护材料； (10)磨光、酸洗、打蜡
020204004	干挂石材钢骨架	(1)骨架种类、规格； (2)油漆品种、刷油遍数	t	按设计图示尺寸以质量计算	(1)骨架制作、运输、安装； (2)骨架油漆

墙面干挂米黄石材：$3.08 + 5.764 \times 2 + 1.76 = 16.37(m^2)$；

墙面石材倒角：$8.8 + 17.6 \times 2 + 5.36 = 49.36(m)$。

(4)零星镶贴块料的工程量清单项目设置及计算规则(编码:020206)。

项目编码	项目名称	项目特征	计量单位	工程量计算规则	工程内容
020206001	石材零星项目	(1)柱、墙体类型； (2)底层厚度、砂浆配合比； (3)黏结层厚度、材料种类； (4)挂贴方式； (5)干挂方式； (6)面层材料品种、规格、品牌、颜色； (7)缝宽、嵌缝材料种类； (8)防护材料种类； (9)磨光、酸洗、打蜡要求	m^2	按设计图示尺寸以镶贴表面积计算	(1)基层清理； (2)砂浆制作、运输； (3)底层抹灰； (4)结合层铺贴； (5)面层铺贴； (6)面层挂贴； (7)面层干挂； (8)嵌缝； (9)刷防护材料； (10)磨光、酸洗、打蜡

米黄石材线：$[8.66 \times 0.08 + 9.99 \times 0.08 + 9.38 \times 0.12 + 10.06 \times 0.22] \times 2 = 4.83(m^2)$；

石材线倒角：$76.18 \times 2 = 152.36(m)$。

(5)天棚吊顶的工程量清单项目设置及计算规则(编码:020302)。

项目编码	项目名称	项目特征	计量单位	工程量计算规则	工程内容
020302001	天棚吊顶	(1)吊顶形式; (2)龙骨类型、材料种类、规格、中距; (3)基层材料种类、规格; (4)面层材料种类、规格、品牌、颜色; (5)压条材料种类、规格; (6)嵌缝材料种类; (7)防护材料种类; (8)油漆品种、刷漆遍数	m^2	按设计图示尺寸以水平投影面积计算;天棚面中的灯槽及跌级、锯齿形、吊挂式、藻井式天棚面积不展开计算。不扣除间壁墙、检查口、附墙烟囱、柱垛和管道所占面积,扣除单个 0.3 m^2 以外的孔洞、独立柱及与天棚相连的窗帘盒所占的面积	(1)基层清理; (2)龙骨安装; (3)基层板铺贴; (4)面层铺贴; (5)嵌缝; (6)刷防护材料、油漆

①轻钢龙骨造型顶:47.43 m^2;

吊顶面层:119.58 m^2;

乳胶漆:59.79 m^2。

特别注意:该吊顶面层为高差 510 mm 的跌级顶棚,其天棚骨架执行跌级式天棚子目,人工乘以系数 1.5;其面层人工乘以系数 1.3,饰面板乘以系数 1.03。

②软膜天花:5.76 m^2。

(6)天棚其他装饰的工程量清单项目设置及计算规则(编码:020303)。

项目编码	项目名称	项目特征	计量单位	工程量计算规则	工程内容
020303001	灯带	(1)灯带型式、尺寸; (2)格栅片材料品种、规格、品牌、颜色; (3)安装固定方式	m^2	按设计图示尺寸以框外围面积计算	安装、固定
020303002	送风口、回风口	(1)风口材料品种、规格、品牌、颜色; (2)安装固定方式; (3)防护材料种类	个	按设计图示数量计算	(1)安装、固定; (2)刷防护材料

空调风口(600 mm×1 500 mm):2 个;

检修口(600 mm×600 mm):1 个;

空调琴线风口(150 mm×6 150 mm):1 个。

(7)木门的工程量清单项目设置及计算规则(编码:020401)。

项目编码	项目名称	项目特征	计量单位	工程量计算规则	工程内容
020401003	实木装饰门	(1)门类型； (2)框截面尺寸、单扇面积； (3)骨架材料种类； (4)面层材料品种、规格、品牌、颜色； (5)玻璃品种、厚度、五金材料、品牌、规格； (6)防护层材料种类； (7)油漆品种、刷漆遍数	樘/m^2	按设计图示数量或设计图示洞口尺寸以面积计算	(1)门制作、运输、安装； (2)五金、玻璃安装； (3)刷防护材料、油漆

深色木质成品门(1.0 m×2.8 m):1 樘。

(8)门窗套的工程量清单项目设置及计算规则(编码:020407)。

项目编码	项目名称	项目特征	计量单位	工程量计算规则	工程内容
020407003	石材门窗套	(1)底层厚度、砂浆配合比； (2)立筋材料种类、规格； (3)基层材料种类； (4)面层材料品种、规格、品牌、颜色； (5)防护材料种类； (6)油漆品种、刷漆遍数	m^2	按设计图示尺寸以展开面积计算	(1)清理基层； (2)底层抹灰； (3)立筋制作、安装； (4)基层板安装； (5)面层铺贴； (6)刷防护材料、油漆

米黄石材窗套:$16.16\times0.08+17.28\times0.14=3.71(m^2)$;

窗套倒角:66.88 m。

(9)窗帘盒、窗帘轨的工程量清单项目设置及计算规则(编码:020408)。

项目编码	项目名称	项目特征	计量单位	工程量计算规则	工程内容
020408001	木窗帘盒	(1)窗帘盒材质、规格、颜色； (2)窗帘轨材质、规格； (3)防护材料种类； (4)油漆种类、刷漆遍数	m	按设计图示尺寸以长度计算	(1)制作、运输、安装； (2)刷防护材料、油漆

窗帘盒:5.95 m。

(10)窗台板的工程量清单项目设置及计算规则(编码:020409)。

项目编码	项目名称	项目特征	计量单位	工程量计算规则	工程内容
020409003	石材窗台板	(1)找平层厚度、砂浆配合比； (2)窗台板材质、规格、颜色； (3)防护材料种类； (4)油漆种类、刷漆遍数	m	按设计图示尺寸以长度计算	(1)基层清理； (2)抹找平层； (3)窗台板制作、安装； (4)刷防护材料、油漆

灰色花岗岩窗台板(厚 40 mm、宽 100 mm):5.52 m;

窗台板倒角:5.52 m。

(11)裱糊的工程量清单项目设置及计算规则(编码:020509)。

项目编码	项目名称	项目特征	计量单位	工程量计算规则	工程内容
020509001	墙纸裱糊	(1)基层类型； (2)裱糊构件部位； (3)腻子种类； (4)刮腻子要求； (5)黏结材料种类； (6)防护材料种类； (7)面层材料品种、规格、品牌、颜色	m^2	按设计图示尺寸以面积计算	(1)基层清理； (2)刮腻子； (3)面层铺贴； (4)刷防护材料

壁纸:$0.66+8.11\times2+10.32=27.2(m^2)$。

室内装饰工程水电工程量计算示例

(1)控制设备及低压电器的工程量清单项目设置及计算规则(编码:030204)。

项目编码	项目名称	项目特征	计量单位	工程量计算规则	工程内容
030204031	小电器	(1)名称； (2)型号； (3)规格	个 (套)	按设计图示数量计算	(1)安装； (2)焊压端子

五孔插座:3 个;

电视插座:1 个;

电话插座:1 个;

宽带插座:1 个;

三联暗开关:1 个。

(2)配管、配线的工程量清单项目设置及计算规则(编码:030212)。

项目编码	项目名称	项目特征	计量单位	工程量计算规则	工程内容
030212001	电气配管	(1)名称； (2)材质； (3)规格； (4)配置形式及部位	m	按设计图示尺寸以延长米计算，不扣除管路中间的接线箱(盒)、灯头盒、开关盒所占长度	(1)刨沟槽； (2)钢索架设(拉紧装置安装)； (3)支架制作、安装； (4)电线管路敷设； (5)接线盒(箱)、灯头盒、开关盒、插座盒安装； (6)防腐油漆； (7)接地
030212003	电气配线	(1)配线形式； (2)导线型号、材质、规格； (3)敷设部位或线制	m	按设计图示尺寸以单线延长米计算	(1)支持体(夹板、绝缘子、槽板等)安装； (2)支架制作、安装； (3)钢索架设(拉紧装置安装)； (4)配线； (5)管内穿线

配管 PVC20:49.7 m；

配管 PVC16:97.4 m；

配线 BV－4 mm^2:62.85 m；

配线 BV－2.5 mm^2:194.8 m；

电视插座配线 SYWV－75－5:9 m；

电话及宽带配线 ADSL 宽带电话线:19.75 m；

开关盒(接线盒):147 个。

(3)照明器具的工程量清单项目设置及计算规则(编码:030213)。

项目编码	项目名称	项目特征	计量单位	工程量计算规则	工程内容
030213003	装饰灯	(1)名称； (2)型号； (3)规格； (4)安装高度	套	按设计图示数量计算	(1)支架制作、安装； (2)安装
030213004	荧光灯	(1)名称； (2)型号； (3)规格； (4)安装形式	套	按设计图示数量计算	安装

筒灯(3.5 寸):8 个；

T4 灯管(28 W):20 套；

T5 灯管(8 W):32 套。

第五节　质量控制文件编制及质量交底

一、防火、防水工程施工质量控制点确定

（一）防火工程施工质量控制点确定

1. 防火工程施工质量控制点

（1）进入施工现场的装修材料应完好，并应核查其燃烧性能或耐火极限、防火性能型式检验报告、合格证书等技术文件是否符合防火设计要求。核查、检验时，应按表 2-11 的要求填写进场验收记录。

表 2-11　材料进场验收记录

材料类别	品种	使用部位及数量	进场材料燃烧性能	设计要求燃烧性能	检验报告	合格证书	核查人员
纺织织物							
木质材料							
高分子合成材料							
复合材料							
其他材料							
验收单位	施工单位（单位印章）：			施工单位项目负责人（签章）：			
	监理单位（单位印章）：			监理工程师（签章）：			

（2）装修材料进入施工现场后，在监理单位或建设单位监督下，由施工单位有关人员现场取样，并应由具有相应资质的检验单位进行见证取样检验。

（3）在装修施工过程中，装修材料应远离火源，并应指派专人负责施工现场的防火安全。

（4）在装修施工过程中，应对各装修部位的施工过程作详细记录。

（5）建筑工程内部装修不得影响消防设施的使用功能。在装修施工过程中，当确需变更防火设计时，应经原设计单位或具有相应资质的设计单位按有关规定进行。

（6）工程质量验收时，施工过程中的主控项目检验结果应全部合格，一般项目检验结果

合格率应达到80%。

2. 装修工程防火质量文件

(1)装饰材料燃烧性能等级的设计要求。

(2)装饰材料燃烧性能型式检验报告,进场验收记录和抽样检验报告。

(3)现场对装饰材料进行阻燃处理的施工记录及隐蔽工程验收记录。

(4)下列装饰材料应进行见证取样检验:B_1、B_2 级纺织织物,现场对纺织织物进行阻燃处理所使用的阻燃剂;B_1 级木质材料,现场进行阻燃处理所使用的阻燃剂及防火涂料;B_1、B_2 级高分子合成材料、复合材料及其他材料,现场进行阻燃处理所使用的阻燃剂及防火涂料。

3. 纺织织物防火质量控制点

(1)现场阻燃处理后的纺织织物,每种取 2 m^2 检验燃烧性能。

(2)施工过程中受湿浸、燃烧性能可能受影响的纺织织物,每种取 2 m^2 检验燃烧性能。

(3)现场进行阻燃处理的多层纺织织物,应逐层进行阻燃处理。

(4)在现场阻燃施工过程中,应使用计量合格的称量器具。

(5)阻燃剂必须完全浸透织物纤维,阻燃剂干含量应符合检验报告或说明书的要求。

4. 木质材料防火质量控制点

(1)现场阻燃处理后的木质材料,每种取 4m^2 检验燃烧性能。

(2)表面进行加工后的 B_1 级木质材料,每种取 4 m^2 检验燃烧性能。

(3)木质材料进行阻燃处理前,表面不得涂刷油漆。

(4)木质材料在进行阻燃处理时,木质材料含水率不应大于 12%。

(5)木质材料表面进行防火涂料处理时,应对木质材料的所有表面进行均匀涂刷,且不应少于 2 次,第二次涂刷应在第一次涂层表面干后进行;涂刷防火涂料用量不应少于 500 g/m^2。

5. 高分子合成材料防火质量控制点

(1)现场阻燃处理后的泡沫塑料应进行抽样检验,每种取 0.1 m^2 检验燃烧性能。

(2)顶棚内采用泡沫塑料时,应涂刷防火涂料。防火涂料宜选用耐火极限大于 30 分钟的超薄型钢结构防火涂料或一级饰面型防火涂料,湿涂覆比值应大于 500 g/m^2。涂刷应均匀,且涂刷不应少于 2 次。

(3)泡沫塑料经阻燃处理后,不应降低其使用功能,表面不应出现明显的盐析、返潮和变硬等现象。

6. 复合材料防火质量控制点

(1)现场阻燃处理后的复合材料应进行抽样检验,每种取 4 m^2 检验燃烧性能。

(2)采用复合保温材料制作的通风管道,复合保温材料的芯材不得暴露。当复合保温材料芯材的燃烧性能不能达到 B_1 级时,应在复合材料表面包覆玻璃纤维布等不燃性材料,并应在其表面涂刷饰面型防火涂料。防火涂料湿涂覆比值应大于 500 g/m^2,且至少涂刷 2 次。

7. 其他材料防火质量控制点

(1)防火门的表面加装贴面材料或其他装修时,不得减小门框和门的规格尺寸,不得降低防火门的耐火性能，所用贴面材料的燃烧性能不应低于 B_1 级。

(2)采用阻火圈的部位，装修工程时不得对阻火圈进行包裹，保证阻火圈安装牢固。

(3)当有配电箱及电控设备的房间内使用了低于 B_1 级的材料进行装修时，配电箱必须采用不燃材料制作。

(4)配电箱不应直接安装在低于 B_1 级的装修材料上。

(5)动力、照明、电热器等电气设备的高温部位靠近 B_1 级以下(含 B_1 级)材料或导线穿越 B_1 级以下(含 B_1 级)装修材料时，应采用瓷管或防火封堵密封件分隔，并用岩棉、玻璃棉等 A 级材料隔热。

(6)安装在 B_1 级以下(含 B_1 级)装修材料内的配件，如插座、开关等，必须采用防火封堵密封件或具有良好隔热性能的 A 级材料隔绝。

(7)灯具直接安装在 B_1 级以下(含 B_1 级)的材料上时，应采取隔热、散热等措施。

(二)防水工程施工质量控制点

1. 防水工程施工应具备的质量记录

(1)聚氨酯、氯丁胶乳沥青、SBS 橡胶改性沥青等防水涂料，必须有生产厂家合格证，以及施工单位的技术性能复试试验记录。

(2)防水涂层隐检记录、蓄水试验检查记录。

(3)防水涂层分项工程质量检验评定记录。

2. 质量标准

1)保证项目

所用涂膜防水材料的品种、牌号及配合比，应符合设计要求和国家现行有关标准的规定。对防水涂料技术性能四项指标必须经实验室进行复验合格后，方可使用。

涂膜防水层与预埋管件、表面坡度等细部做法，应符合设计要求和施工规范的规定，不得有渗漏现象(蓄水 24 小时观察无渗漏)。

找平层含水率低于 9%，并经检查合格后，方可进行防水层施工。

2)基本项目

涂膜层涂刷均匀，厚度满足设计要求，不露底。保护层和防水层黏结牢固，紧密结合，不得有损伤。

底胶和涂料附加层的涂刷方法、搭接收头，应符合施工规范要求，黏结牢固、紧密，接缝封严，无空鼓。

表层如发现有不合格之处，应按规范要求重新涂刷搭接，并经有关人员认证。

涂膜层不起泡、不流淌，平整，无凹凸，颜色亮度一致，与管件、洁具、地脚螺丝、地漏、排水口等接缝严密，收头圆滑。

3. 作业条件

(1)穿过厕浴间楼板的所有立管、套管均已做完并经验收，管周围缝隙用 1∶2∶4 豆石混凝土填塞密实(楼板底需支模板)。

(2)厕浴间地面垫层已做完，向地漏处找 2% 坡度，厚度小于 30 mm 时用混合灰，大于 30 mm 时用 1∶6 水泥焦渣垫层。

(3)厕浴间地面找平层已做完，表面应抹平压光、坚实平整，不起砂，含水率低于 90%(简易检测方法：在基层表面上铺一块 1 m^2 橡胶板，静置 3 ~ 4 小时，覆盖橡胶板部位无明显水印,即视为含水率达到要求)。

(4)找平层的泛水坡度应在2%以上,不得局部积水,与墙交接处及转角均要抹成小圆角。凡是靠墙的管根处均抹出5%坡度,避免此处存水。

(5)在基层做防水涂料之前,将以下部位用建筑密封膏封严:穿过楼板的立管四周、套管与立管交接处、大便器与立管接口处、地漏上口四周等。

(6)厕浴间做防水之前必须设置足够的照明及通风设备。

(7)易燃、有毒的防水材料要各有防火设施和工作服、软底鞋。

(8)操作温度保持5 ℃以上。

(9)操作人员应经过专业培训、持上岗证,先做样板间,经检查验收合格后,方可全面施工。

4. 操作要点

1)清扫基层

用铲刀将粘在找平层上的灰皮除掉,用扫帚将尘土清扫干净,尤其是管根、地漏和排水口等部位要仔细清理。如有油污,应用钢丝刷和砂纸刷掉。表面必须平整,凹陷处要用1∶3水泥砂浆找平。

2)细部构造和加强层

阴角、阳角先做一道加强层,即将玻璃丝布(或无纺布)铺贴于上述部位,同时用油漆刷刷防水涂料。要贴实、刷平,不得有折皱。

管子根部也是先做加强层。将玻璃丝布(或无纺布)剪成锯齿形,铺贴在套管表面,上端卷入套管中,下端贴实在管根部平面上,同时刷氯丁胶乳沥青防水涂料,贴实、刷平。

地漏、蹲坑等与地面相交的部位也做两层加强层。

如果墙面无防水要求,地面的防水涂层往墙面四周卷起100 mm高,也做加强层。

3)蓄水试验

防水涂料按设计要求的涂层涂完后,经质量验收合格,进行蓄水试验,临时将地漏堵塞,门口处抹挡水坎,蓄水2 cm,观察24小时,无渗漏为合格,可进行面层施工。

二、吊顶工程质量控制文件编制及质量交底

(一)一般规定

(1)吊顶工程验收时应检查下列文件和记录:

①吊顶工程的施工图、设计说明及其他设计文件;

②材料的产品合格证书、性能检测报告、进场验收记录和复验报告;

③隐蔽工程验收记录;

④施工记录。

(2)吊顶工程应对下列隐蔽工程项目进行验收:

①吊顶内管道、设备的安装及水管试压;

②木质龙骨防火、防腐处理;

③预埋件或拉接筋;

④吊杆安装;

⑤龙骨安装;

⑥填充材料的设置。

(3)吊顶分项工程的检验批应按下列规定划分:同一品种的吊顶工程每50间(大面积房间和走廊按吊顶面积30 m^2 为一间)应划分为一个检验批,不足50间也应划分为一个检验批。

(4)吊顶工程质量检查数量应符合下列规定:每个检验批应至少抽查10%,并不得少于3间;不足3间时,应全数检查。

(二)材料的关键要求

(1)按设计要求可选用龙骨和配件及罩面板,材料品种、规格、质量应符合设计要求。

(2)对人造板、胶粘剂的甲醛、苯含量进行复验,检测报告应符合国家环保规定要求。

(3)吊顶工程中的预埋件、钢筋吊杆和型钢吊杆应进行防锈处理。

(4)吊顶工程的木质吊杆、木质龙骨和木饰面板必须进行防火处理,并应符合有关设计防火规范的规定。

(5)吊顶内填充的吸音、保温材料的品种和铺设厚度应符合设计要求,并应有防散落措施。

(6)吊顶龙骨存放在地面平整的室内,并应采取措施,防止龙骨变形、生锈。罩面板应按品种、规格分类存放于地面平整、干燥、通风处,并根据不同罩面板的性质,分别采取措施,防止受潮变形。

(三)技术关键要求

(1)安装龙骨前,应按设计要求对房间净高、洞口标高和吊顶内管道、设备及其支架的标高进行交接检验。

(2)弹线必须准确,经复验后方可进行下道工序。

(3)安装龙骨应平直牢固,龙骨间距和起拱高度应在允许范围内。

(4)安装饰面板前应完成吊顶内管道和设备的调试及验收。

(5)吊杆距主龙骨端部距离不得大于300 mm,当大于300 mm时,应增加吊杆;当吊杆长度大于1.5 m时,应设置反支撑;当吊杆与设备相遇时,应调整并增设吊杆。

(四)质量关键要求

(1)吊顶龙骨必须牢固、平整。

利用吊杆或吊筋螺栓调整拱度,安装龙骨时应严格按放线的水平标准线和规方线组装周边骨架。受力节点应装订严密、牢固,保证龙骨的整体刚度。龙骨的尺寸应符合设计要求,纵横拱度均匀,互相适应。吊顶龙骨严禁有硬弯,如有必须调直再进行固定。

(2)吊顶面层必须平整。

施工前应弹线,中间按平线起拱。长龙骨的接长应采用对接;相邻龙骨接头要错开,避免主龙骨向一边倾斜。龙骨安装完毕,应经检查合格后再安装饰面板。吊件必须安装牢固,严禁松动变形。龙骨分格的几何尺寸必须符合设计要求和饰面板块的模数。饰面板的品种、规格符合设计要求,外观质量必须符合材料质量要求。

(3)大于3 kg的重型灯具、电扇及其他重型设备严禁安装在吊顶工程的龙骨上。

(4)饰面板上的灯具、感应器、喷淋头、风口箅子等设备的位置应合理、美观,与饰面板交接处应严密。

(5)罩面板与墙、窗帘盒、灯具等交接处应严密,不得有漏缝现象。

三、墙面装饰工程质量控制文件编制及质量交底

(一)抹灰工程

1. 材料关键要求(略)

2. 技术关键要求

(1)冬季施工现场温度最低不低于 5 ℃。

(2)抹灰前基层处理,必须经验收合格,并填写隐蔽工程验收记录。

(3)不同材料基体交接处表面的抹灰,应采取防止开裂的加强措施,当采用加强网时,加强网与各基体的搭接宽度不应小于 100 mm。

3. 质量关键要求

抹灰工程的质量关键要求是黏结牢固,无开裂、空鼓和脱落,在施工过程中应注意:

(1)抹灰基体表面应彻底清理干净,对于表面光滑的基体应进行毛化处理。

(2)抹灰前应将基体充分浇水、均匀润透,防止基体浇水不透,抹灰砂浆中的水分很快被基体吸收,造成质量问题。

(3)严格各层抹灰厚度,防止一次抹灰过厚,造成干缩率增大,造成空鼓、开裂等质量问题。

(4)抹灰砂浆中使用材料应充分水化,防止影响黏结力。

(二)轻质隔墙工程

1. 材料的关键要求

(1)各类龙骨、配件和罩面板材料以及胶粘剂的材质均应符合现行国家标准和行业标准的规定。

(2)人造板必须有游离甲醛含量或游离甲醛释放量检测报告。

2. 技术关键要求

弹线必须准确,经复验后方可进行下道工序。固定沿顶和沿地龙骨,各自交接后的龙骨,应保持平整垂直,安装牢固。

3. 质量关键要求

(1)上下槛与主体结构连接牢,上下槛不允许断开,保证隔断的整体性。隔断墙上连接件严禁采用射钉固定在砖墙上,应采用预埋件或膨胀螺栓进行连接。上下槛必须与主体结构连接牢固。

(2)隔断面层必须平整:施工前应弹线。龙骨安装完毕,应经检查合格后再安装装饰面板。配件必须安装牢固,严禁松动变形。龙骨分格的几何尺寸必须符合设计要求和饰面板块的模数。饰面板的品种、规格符合设计要求,表面应平整光洁,外观质量必须符合材料技术标准的规格。

(三)饰面板(砖)工程

1. 材料的关键要求

(1)32.5 或 42.5 级矿渣水泥或普通硅酸盐水泥,应有出厂证明或复验合格单,若出厂日期超过 3 个月或水泥已结有小块,不得使用;砂子应使用粗、中砂;面砖的表面应光洁、方正、平整、质地坚固,不得有缺棱、掉角、暗痕和裂纹等缺陷。室内选用花岗岩应作放射性指标复验。

(2)干挂石材应严格检查其抗弯曲、耐冻融循环等性能，并用护理剂进行六面体防护处理。所用膨胀螺栓、连接铁件、不锈钢挂件、螺帽等五金件，必须符合国家现行有关标准的规定。

2. 技术关键要求

弹线必须准确，经复验后方可进行下道工序。基层抹灰前，墙面必须清扫干净，浇水湿润；基层抹灰必须平整；贴砖应平整牢固，砖缝应均匀一致。

3. 质量关键要求

(1)施工时，必须做好墙面基层处理，浇水充分湿润。在抹底层灰时，根据不同基体采取分层分遍抹灰方法，并严格配合比计量，掌握适宜的砂浆稠度，按比例加界面剂胶，使各灰层之间黏结牢固。注意及时洒水养护；冬期施工时，应做好防冻保温措施，以确保砂浆不受冻，室外作业时温度不得低于 5 ℃，防止空鼓、脱落和裂缝。

(2)结构施工期间，控制好几何尺寸，外墙面要垂直、平整。装修前对基层处理要认真，应加强对基层打底工作的检查，合格后方可进行下道工序。

(3)施工前认真按照图纸尺寸，核对结构施工的实际情况，分段分块弹线，排砖要细，贴灰饼控制点要符合要求。

(4)挂贴石材时，严格配合比计量，掌握适宜的砂浆稠度，分次灌浆，防止造成石板外移或板面错动，以致出现接缝不平、高低差过大。

(5)干挂石材与主体结构连接可采用预埋或后置埋板。预埋件(或后置埋板)应牢固，位置准确，并对固定螺栓做抗拉拔试验。

(四)涂饰工程

1. 材料的关键要求

(1)应有使用说明、储存有效期和产品合格证，品种、颜色应符合设计要求。

(2)油漆、固化剂、稀释剂等材料选用必须符合《民用建筑工程室内环境污染控制规范》(GB 50325—2001)的要求，并具备国家环境检测机构出具的有关有害物质限量等级检测报告。

2. 技术关键要求

(1)基层腻子应刮实、磨平，达到牢固，无粉化、起皮和裂缝。

(2)涂饰应涂刷均匀、黏结牢固，不得漏涂、透底、起皮和返锈。

(3)有水房间应采用耐水性腻子。

(4)后一遍油漆必须在前一遍油漆干燥后进行。

3. 质量关键要求

(1)合页槽、上下冒头、榫头和钉孔、裂缝、节疤以及边棱残缺处应补齐腻子，砂纸打磨要到位。

(2)一般油漆施工的环境温度不宜低于 10 ℃，相对湿度不宜大于 60%。

(五)裱糊工程

1. 材料的关键要求

(1)裱糊面材由设计规定，以样板的方式由甲方认定，并一次备足同批的面材，以免不同批次的材料产生色差，影响同一空间的装饰效果。

(2)胶粘剂、嵌缝腻子等应根据设计和基层的实际需要，提前备齐，并满足建筑物的防火要求,避免在高温下因胶粘剂失去黏结力使壁纸脱落而引起火灾。

2. 技术关键要求

1)裁纸

对花墙纸,为减少浪费,应事先计算一间房用量,如需用5卷纸,则用5卷纸同时展开裁剪,可大大减少壁纸的浪费。

2)壁纸滚压

壁纸贴平后,3~5小时内,在其微干状态时,用小滚轮均匀用力滚压接缝处,这样做比传统的有机玻璃片抹刮能有效地减少对壁纸的损坏。

3. 质量关键要求

(1)墙布、锦缎裱糊时,在斜视壁面上有斑污时,应将两布对缝时挤出的胶液及时擦干净,已干的胶液用温水擦洗干净。

(2)为了保证对花端正,颜色一致,无空鼓、气泡,无死褶,裱糊时应控制好墙布面的花与花之间的空隙;裁花布或锦缎时,应做到部位一致,随时注意壁布颜色、图案、花型,确有差别时应予以分类,分别安排在另一墙面或房间;颜色差别大或有死褶时,不得使用。墙布糊完后出现个别翘角、翘边现象,可用乳液胶涂抹滚压粘牢,个别鼓泡应用针管排气后注入胶液,再用棍压实。

(3)上下不亏布、横平竖直。当裱糊到一个阴角时要断布,断布后从阴角另一侧开始仍按上述首张布施工。

(4)裱糊前必须做好样板间,找出易出现问题的原因,确定试拼措施,以保证花型图案对称。

(5)裱糊基层的积尘、腻子包、小砂粒、胶浆疙瘩等,会造成裱糊面的不平、疙瘩现象,应作相应处理。

(6)裱糊时,应重视边框、贴脸、装饰木线、边线的制作。制作要精细,套割要认真细致,拼装时钉子和涂胶要适宜,木材含水率不得大于8%。

(六)软包工程

1. 材料的关键要求

软包用辅助材料,如边框、龙骨、底板、面板、线条等,尽量采用工厂加工的成品。

2. 质量关键要求

(1)切割填塞料“海绵”时,为避免“海绵”边缘出现锯齿形,可用较大铲刀及锋利刀沿“海绵”边缘切下,以确保整齐。

(2)在粘贴填塞料“海绵”时,避免用含腐蚀成分的胶粘剂,以免腐蚀“海绵”,造成“海绵”厚度减小,底部发硬,以至于软包不饱满,黏结“海绵”应采用中性或其他不含腐蚀成分的胶粘剂。

(3)面料裁割及黏结时,应注意花纹走向,避免花纹错乱影响美观。

(4)软包制作好后用胶粘剂或直钉将软包固定在墙面上,水平度、垂直度达到规范要求,阴阳角应进行对角。

四、楼地面装饰工程质量控制文件及质量交底

（一）块料面层楼地面质量关键要求

1. 作业环境

块料面层施工应连续进行，尽快完成。夏季防止暴晒，冬季应有保温防冻措施，防止受冻；在雨、雪、低温、强风条件下，在室外或露天不宜进行砖面层作业。

2. 不合格

地面积水，有泛水的房间未找好坡度，水不能排入地漏，视为不合格。

3. 质量记录

（1）材质合格证明文件、性能检测报告及水泥复试报告；

（2）块料面层分项工程质量验收评定记录；

（3）基层、各构造层及所有覆盖项目的隐蔽工程验收记录。

（二）塑料（塑胶）面层地面质量关键要求

（1）施工时应注意对定位定高的标准杆、尺、线的保护，不得触动、移位；

（2）对所覆盖的隐蔽工程要有可靠保护措施，不得因铺设塑料面层造成漏水、堵塞、破坏或降低等级；

（3）塑料面层完工后应进行遮盖和拦挡，避免受侵害；

（4）后续工程在塑料面层上施工时，必须进行遮盖、支垫，严禁直接在塑料面层上动火、焊接、和灰、调漆、支铁梯、搭脚手架等，进行上述工作时，必须采取可靠保护措施；

（5）凡检验不合格的部位，均应返修或返工纠正，并制定纠正措施，防止再次发生。

（三）地毯面层地面质量关键要求

1. 操作工艺

（1）基层做自流平水泥找平。

（2）根据放线定位的数据，剪裁出地毯，长度应比房间长度大 20 mm。

（3）倒刺板应距踢脚 8 ~ 10 mm。

（4）地毯衬垫要离开倒刺板 10 mm 左右。

（5）在地毯铺设边长较长时，应多人同时操作，拉伸完毕时应确保地毯的图案无扭曲变形。

（6）地毯设计有图案要求时，应按照设计图案弹出准确分格线，并做好标记，防止差错。

2. 成品保护

（1）地毯进场应尽量随进随铺，库存时要防潮、防雨、防踩踏和重压。

（2）铺设时和铺设完毕，应及时清理毯头、倒刺板条段、钉子等散落物，严格防止将其铺入毯下。

（3）地毯面层完工后应将房间关门上锁，避免受污染破坏。

（4）后续工程需要在地毯面层上上人时，必须戴鞋套或者穿专用鞋，严禁在地毯上进行其他各种施工操作。

（四）实木地板面层地面质量关键要求

1. 材料要求

（1）实木地板面层所采用的材质和铺设时木材含水率必须符合设计要求，木格栅、垫木

和毛地板等必须做防腐、防蛀、防火处理。

(2)硬木踢脚板：宽度、厚度、含水率均应符合设计要求，背面应满涂防腐剂，花纹颜色应力求与面层地板相同。

2. 作业环境

在施工过程中，应注意对已经完成的隐蔽工程管线和机电设备的保护，各工种间搭设应合理；同时注意施工环境，不得在扬尘、湿度大等不利条件下作业，基层应干燥。

第六节　职业健康安全与环境技术文件编制及交底概述

一、脚手架工程安全防范技术文件编制及交底

示例：

某工程脚手架方案

一、编制依据

(1)××大学综合科研楼一期1#楼外装饰工程图；

(2)《建筑工程施工质量验收统一标准》(GB 50300—2001)；

(3)《建筑工程资料管理规程》(DBJ 01－51—2000)；

(4)《建筑施工扣件式钢管脚手架安全技术规范》(JGJ 130—2011)；

(5)《钢管脚手架扣件》(GB 15831—2006)；

(6)《冷弯薄壁型钢结构技术规范》(GBJ 50018—2002)；

(7)《建筑施工高处作业安全技术规范》(JGJ 80—1991)；

(8)《北京市建筑工程施工安全操作规程》(DBJ 01－62—2002)。

二、工程概况

(一)工程概况

本工程位于北京市××大学校园内。

总包单位：××建设集团公司。

监理单位：北京××工程咨询监理有限公司。

建筑形式：框架－剪力墙结构。

(二)架子选型

本工程脚手架分主楼屋面和裙房两部分搭设。屋顶处主要为高女儿墙顶部收口及屋顶钢结构和机房；裙房采用双排脚手架，最高处高于女儿墙，作幕墙安装用，脚手架为建筑装修。

三、施工准备

(一)技术准备

选用扣件式钢管脚手架，设计计算扣件式钢管脚手架。

(二)材料准备

根据工程进度，所需钢管保证提前进场；对钢管、扣件、脚手板等进行检查验收合格；经

检验合格的构配件应按照品种、规格分类,堆放整齐、平稳,堆放场地不得有积水;5 cm 厚脚手板两端应各设12#铅丝箍两道;清除搭设场地杂物,平整搭设场地,并使排水畅通。材料计划见下表:

序号	材料名称	单位	数量	序号	材料名称	单位	数量
	顶部				群墙		
1	钢管	m	4 000	1	钢管	m	5 000
		kg	16 000			kg	20 000
2	直角扣件	个	2 900	2	直角扣件	个	1 100
	旋转扣件	个	1 400		旋转扣件	个	1 500
	对接扣件	个	2 100		对接扣件	个	1 600
3	密目安全网	m^2	700	3	密目安全网	m^2	1 600
4	5 cm 厚脚手板	m^2	800	4	5 cm 厚脚手板	m^2	300
5	Φ20 钢丝绳	m	180				

(三)人员组织

成立安全领导小组。组长负责现场监督,副组长负责现场检查及技术交底,架子班组负责现场生产、方案实施。

四、扣件式脚手架架体的设计和验算(略)

五、构造要求(略)

六、架子的搭设与拆除(略)

七、施工管理措施

(一)基本规定

(1)搭设中安全措施:作业层的外侧设挡板、围栅和安全网,马道应有防滑措施,有良好的防电、防雷措施。

(2)拆除中安全措施:严禁将卸下的杆部件和材料向地面抛掷,已吊至地面的架设材料应随时运出拆卸区域,保持现场文明,严防非施工人员进入拆卸区域。

(3)大风天禁止进行外架施工;雨雪天后,必须清扫外架,防止滑倒、坠落。

(4)定期检查扣件是否松动,各主节点的安装、连墙件、支撑等是否符合要求。

(5)使用期间,严禁拆除任一主节点的安装、连接杆件、栏板、挡脚板,必须拆除时应经过技术负责人的同意。

(6)在脚手架上进行电气焊时,必须有专人看管和防火措施。

(7)作业现场应设安全围护和警示标志,禁止无关人员进入危险区域。

(二)高处作业安全临边作业

作业人员必须挂好安全带,零散材料及随手工具要求放在工具袋中。大型材料要拴挂绳索,严禁相互投扔物料。

(三)脚手架的检查与养护(略)

八、安全、环保措施

(1)进入施工现场必须戴安全帽;架子工在吊装周转材料过程中必须穿防滑鞋、佩戴安全带并与周围牢固构件扣接良好。

(2)脚手架搭设完毕必须经过项目安全、工程、技术等人员共同检查验收合格后方可使用。

(3)每个钢丝绳接头部位的钢丝绳卡不得少于4个。

(4)脚手架上不得堆放物料。

(5)每次安装设备、挪动时,必须由正式的架子工和信号工配合操作施工。在钢丝绳和地锚钢管没有固定牢固以前,架子工必须挂好安全带施工。施工队安全员和项目安全员必须跟班作业。每次移动设备后必须经过项目安全员检查验收合格后方可使用,并留有验收记录。

(6)每次在同一处的操作人员不要过多,且必须采取有效的安全防护措施。

(7)材料堆放时必须轻拿轻放,严禁大的冲击力作用在架子上。

(8)严禁在脚手架上向下直接投抛材料。

(9)架子搭设完毕,任何人不得私自改动钢丝绳上的钢丝卡,以防止发生危险。

(10)使用中应加强安全检查,确保安全使用。

(11)每次有所改动后必须由项目部安全员和施工队负责人同时进行检查验收,并留存记录。

九、脚手架验收、扣件扭力检测的抽样标准、超操作技术和合格标准(略)

二、垂直运输机械安全防范技术文件编制及交底

示例:

某工程吊篮方案

一、编制依据

(1)北京市××大学外装方案工程图纸;

(2)《北京市建筑工程施工安全操作规程》(DBJ 01-62——2002);

(3)《中华人民共和国高处作业吊篮标准》(GB 19155—2003)。

二、准备工作

(1)吊篮一次性进场完毕。

(2)在建筑物顶预备380 V电源。

(3)为了减少往楼顶搬运吊篮配件的强度,提高安装速度,有塔吊或者升降机设备的应予以配合。

(4)建筑物顶部具备基本平整条件(不需要预埋任何件)。

(5)建筑物顶部有其他杂物的应清理干净,便于安装或移动。

(6)搬运:水平搬运包括平台、绳坠铁、电器系统;垂直搬运包括屋面悬挂装置、钢丝绳、配重块。

三、外墙施工用电动吊篮的型号及说明

我公司准备在该项目的外墙装修工程中,根据不同需要分别设置不同长度的电动吊篮,具体的吊篮布置根据现场情况,下面将吊篮的型号及相关资料作必要介绍:

型号:ZLD50、ZLD63、ZLP630、ZLD80、ZLP800;
长度:1 m、1.5 m、2 m、2.5 m、3 m、6 m(1~6.0 m可任意组合长度);
长度5 m及5 m以上为40块配重,5 m以下为32块配重;
载重为:ZLD50为500 kg,ZLD63、ZLP630为630 kg,ZLD80、ZLP800为800 kg。
ZLD50、ZLD63、ZLP630、ZLD80、ZLP800型吊篮组成部件:
提升机(ZLD5B、ZLP6.3、ZLD8B)2台;
安全锁(LS20/LS30)2把;
电控箱1套;
屋顶吊架2副;
工作平台1套;
钢丝绳(直径8.3 mm/直径8.6 mm)4根;
极限开关(JLXK1-111)2个;
手控手柄(COBB1)1只;
电缆(3×2.5+2×1.5)1根;
安全绳1根;
自锁器1把。
四、电动吊篮布置方案
依据××大学外装方案工程图纸,计划在南楼搭设31台,北楼搭设31台。升降电梯位置后期施工,其他位置的吊篮可以移动到该位置。
五、电动吊篮的安装、移位和拆除方案(略)
六、安全操作规程(略)
七、季节性施工措施
(1)在雨季,应将吊篮的左右提升机用防水油布包裹住,并在电缆的接口处用防水胶布密封住,以便尽可能地防止雨水进入电机内。
(2)电缆的所有接头都用防水胶布缠绕,电控箱的各个承插接口在雨季施工中也必须用防水胶布黏结。
(3)吊篮内的操作人员必须穿防滑和绝缘电工鞋。
(4)雷雨天及大风天绝对禁止施工,并在雷雨到来之前彻底检查吊篮的接地情况。
(5)五级以上大风天气里,必须将吊篮下降到地面或施工面的最低点。
(6)冬季施工应注意不可以将施工用水到处飞溅,以免结冰导致施工人员摔倒而出现事故。
(7)在冬季雾天施工时,应等大雾散去并在日照比较充足的情况下,才可以使用电动吊篮,否则,容易出现打滑并可能出现设备事故。
(8)冬季施工人员必须穿防滑绝缘鞋,将棉衣和棉裤穿好并系好袖口和裤脚。
八、验算、验收(略)
九、维护、保养(略)

三、高处作业安全防范技术文件编制及交底

凡在坠落高度基准面2 m以上(含2 m),有可能坠落的高处进行的作业,称为高处作

业。作业高度分为2～5 m、5～15 m、15～30 m及30 m以上4个区域。

在建筑施工中，高处作业主要有临边作业、洞口作业及独立悬空作业等，进行高处作业必须做好必要的安全防护技术措施。

（一）高处作业一般安全措施

（1）凡患高血压、心脏病、贫血病、癫痫病以及其他不适于高空作业的，不得从事高空作业。

（2）高空作业要衣着灵便，禁止穿硬底和带钉易滑的鞋。

（3）高空作业所用材料要堆放平稳，工具应随手放入工具袋（套）内。上下传递物件禁止抛掷。

（4）梯子不得缺挡，不得垫高使用。梯子横挡间距以30 cm为宜。使用时下端要采取防滑措施。单面梯与地面夹角以60°～70°为宜，禁止两人同时在梯子上作业。如需接长使用，应绑扎牢固。人字梯底脚要拉牢。

（二）临边作业

在施工现场，当工作面的边沿无围护设施时，使人与物有各种坠落可能的高处作业，属于临边作业。

（1）临边作业的防护主要为设置防护栏杆，并有其他防护措施。设置防护栏杆为临边防护所采用的主要方式。栏杆由上、下两道横杆及栏杆构成。横杆离地高度，上杆1.0～1.2 m，下杆0.5～0.6 m，即位于中间。

（2）防护栏杆的受力性能和力学计算。防护栏杆的整体构造，应使栏杆上杆能承受来自任何方向的1 000 N的外力。通常，可从简按容许应力法计算其弯矩、受弯正应力；需要控制变形时，计算挠度。

（3）用绿色密目式安全网全封闭。在建工程的外侧周边，如无脚手架，应用密目式安全网全封闭；如有外脚手架，在脚手架的外侧也要用密目式安全网全封闭。

（4）装设安全防护门。

（三）洞口作业

建筑物或构筑物在施工过程中，常会出现各种预留洞口、通道口、上料口、楼梯口、电梯井口，在其附近工作，称为洞口作业。

各种板与墙的孔口和洞口，各种预留洞口，桩孔上口，杯形、条形基础上口，电梯井口必须视具体情况，分别设置牢固的盖板、防护栏杆、密目式安全网或其他防护坠落的设施。

防护栏杆的受力性能和力学计算与临边作业的防护栏杆相同。

（1）预留洞口防护：洞口边长在0.5 m以内时，楼板配筋不要切断，用木板覆盖洞口，盖板上喷绘“洞口防护盖板，禁止挪动”字样并固定。洞口边长在1.5 m以下0.5 m以上时，洞口四周用钢管搭设防护栏杆（立杆4根，水平杆3道），外钉踢脚板。洞口边长在1.5 m以上时，在上述“边长在1.5 m以内”洞口防护基础上，立杆两边对中各加密1道，并在洞口正上方加水平方向的拉接杆，洞口内张设安全平网2道。

（2）楼梯口防护：沿踏步搭设临时防护栏杆，踏步预埋件固定，下设踢脚板。

（3）电梯井口：设置定型化、工具化、标准化的防护门，门口设置20 cm高挡脚板，在电梯井内搭设脚手架，每两层张设一道安全平网。

(四)悬空作业的安全防护

施工现场,在周边临空的状态下进行作业时,高度在 2 m 及 2 m 以上,属于悬空作业。悬空作业的法定定义是:“在无立足点或无牢靠立足点的条件下,进行的高处作业”,因此悬空作业尚无立足点,必须适当建立牢靠的立足点,如搭设操作平台、脚手架或吊篮等,方可进行施工。

四、常用施工机具安全防范技术文件编制及交底

(一)施工机具安全技术措施

(1)施工机具的机座必须稳固,转动的危险部位要设防护装置。

(2)操作机械前必须懂得相应机械的正确操作方法,不可盲目使用;工作前必须检查机械、仪表、工具等完好后方准使用。

(3)机械保管人员必须持有公司的操作证上岗,必须严格操作规程,正确使用个人劳保用品。

(4)手持电动工具的外壳、手柄、负荷线、插头、开关等必须完好无损,使用前须作空载检查,运转正常方可使用。机具和线路绝缘良好,电线不得与金属物绑在一起;各种电动工具必须按规定接零接地,并设置单一开关;遇有临时停电或停工休息时,必须拉闸上锁。

(5)每一台电动机械的开关箱,装设过载负荷、短路、漏电保护装置外设隔离开关。施工机具不得带病运转和超负荷作业。发现不正常情况应停机检查,不得在运转中修理。

(6)建立机械设备技术档案,每台设备的例行保护、定期保养及其他安全行为和检测记录确保准确、及时、齐全;两班制人员均实行交接班制度。

(二)小型施工机具安全技术规程

1. 保障条件

对于比较固定的施工机具设置专门的加工棚、场,如空压机等,防止噪声、灰尘、杂屑不经控制排放。

对于手持移动性的小型用电机械设备,如电锯、电钻、切割机、磨光机等,责成操作人员为环境、健康安全责任人,严格按作业要求操作。

机械设备进场前,由机械管理员和用电作业人员对设备进行电气、机械、实用等各方面的检查,应达到:连接牢固,无松动、松垮,运转平稳,无异响、振动,运转机构密封良好,不漏油、漏气、漏水等。严禁带“病”设备进场。

2. 作业要求

机械运行前,操作人根据要求戴防护用具,对周围有影响的设备,要进行围挡,防止伤人和进行成品保护。

操作员在工作时注意设备工作状态,发现有异常,马上停机,并送机修人员修理,修理完好后方可使用。

3. 检查维修

项目经理部对现场使用的机械设备,每月进行一次大检查,每周由机械管理员和电工、安全员进行一次检查,每天进行不固定的巡视抽查,发现有问题,必须停止使用,马上进行维修,待修理完毕,试运转无异常,方可使用。机修人员对现场机械设备每月进行一次维护、保养,确保设备处于良好的运转状态。

(三)中型施工机具安全技术规程

(1)各种施工机具运到施工现场,必须经检查验收,确认符合要求挂合格证后,方可使用。

(2)所有用电设备的金属外壳、基座除必须与PE线连接外,且必须在设备负荷线的首端处装设漏电保护器。对产生振动的设备其金属基座、外壳与PE线的连接点不得少于2处。

(3)每台用电设备必须设置独立专用的开关箱,必须实行“一机一闸”,并按设备的计算负荷设置相匹配的控制电器。

(4)各种施工机具应按规定装设符合要求的安全防护装置。

(5)作业人员必须按规定穿戴劳动保护用品。

(6)作业人员应按机械保养规定做好各级保养工作。机械运转中不得进行维护保养。

(四)施工机具保养、维修措施

良好的机具维护保养,既是满足施工的客观需要,也是降低成本的客观要求,有利于安全操作。所有的机具都需要进行日常保养,发现机具有问题,要及时进行检查修理,避免机具带“病”作业。

(1)电动机具的电源导线要经常保持完好,避免漏电伤人。一般装饰机具的电源线都是全封闭的,不能自行随意拆换。从插头到机身这段导线要保持良好的绝缘,一旦发现破损,轻微的要用绝缘胶布缠好,严重的要及时更换,或者到机修部进行更换。

(2)施工机具使用完后要及时收回,入库保管。尤其是手持式小型施工机具不能随意地放在作业面上,避免丢失和非操作人员使用。

(3)随时检查机电各部件的完好情况,发现螺丝松动要及时稳固,润滑部分要及时添加润滑油,保持机具状况良好。

(4)操作中发生松动、断裂、打滑等不利于正常使用的毛病时,绝不能勉强使用,一定要及时进行维修。对判定确已失去使用功能的机具,又无法维修、更换配件时,应及时报废。

(五)施工机具的安全操作

不同的施工机具对安全操作有不同的特殊规定和要求,每种施工机具都有详尽的操作要求,这里只对一些共同需要遵守的操作要求作如下说明:

(1)根据施工的具体条件,正确选用施工机具。施工机具的选用必须与施工的具体条件相适应。如动力源情况、施工部位的技术条件等。在潮湿的环境条件下使用电动机具,应选择双绝缘的和低压安全型电器。要有利于安全操作,保证操作人员顺利地完成任务,而不发生任何机械、人身伤害。

(2)认真阅读机具的产品说明书,审核安全操作规程。机具出厂时,都附有产品说明书,从产品说明书上要了解该机具的动力源情况,使用电源的机具,必须知道该机具适用的电压、电流等情况,同时核对现场提供的电源是否与施工机具所需的电压、电流相适应。特殊要求的安全操作规程,操作人员必须牢记,违反操作规程很容易发生机具损坏甚至人身事故。

(六)常用施工机具安全操作规程

1. 空压机操作规程

(1)如空压机在运转中停电,应关掉电源开关,以免来电时自己启动。

(2)运转中,若不是因压力开关而引起的停机,应在储气罐压力低于0.9 MPa时重新启动,否则,有可能发生损坏。

(3)空压机无空气滤清器时,不允许使用。

(4)安全阀起着安全保护作用,其开启压力在出厂时已经调节好,用户不得轻易打开调节。

(5)勿触摸汽缸头、汽缸、排气管,以免烫伤。

(6)运行中如发现有异常声音,立即停机检查。

2. 木工机械操作规程

(1)劳务队对进入现场的木工机械进行全面安排、检查和维护保养,以保证机况良好,符合如下要求:

①固定连接紧固,无松动、松垮现象;

②机械运转平稳,无异响和振动;

③各运转机构有良好的密封性,不能有漏油、漏电现象;

④圆锯、刨子等刃具锋利。

(2)机械管理负责人应经常对所属机械进行检查、维护、保养,以保证机械处于良好运行状态。在进行现场维修、保养时,维修、保养过程中产生的废油、废弃物由维修人员回收。禁止将污物倒入现场。

(3)应严格遵守机械操作规程,不得野蛮施工。

(4)对加工的木屑、锯末要装袋,运到指定的垃圾堆放点,清扫时要洒水防尘。

(5)木工作业面的防火器械不得随意挪用。

(6)钉枪操作人员要经过培训,严格按规定程序操作,工作时要戴防护眼镜,严禁枪口对人。

3. 手持式电动工具作业规程

(1)空气湿度小于75%的场所可选用Ⅰ类或Ⅱ类手持电动工具。选用Ⅱ类掌上型电动工具,应装设额定动作电流不大于15 mA,额定漏电动作时间小于0.1秒的漏电保护器。若采用Ⅰ类掌上型电动工具,必须将其金属外壳与PE线连接,操作人员应穿戴绝缘用品。

潮湿场所或在金属构架上操作时,必须选用Ⅱ类掌上型电动工具,并装设防溅的漏电保护器。严禁使用Ⅰ类掌上型电动工具。

(2)手持式电动工具的负荷线应采用耐气候型的橡皮护套铜芯软电缆,并不得有接头。手持式砂轮等电动工具应按规定安装防护罩。

(3)手持类电动工具必须严格遵守《手持式电动工具的管理、使用、检查和维修安全技术规程》,每季度至少全面检查一次;现场使用必须符合《施工现场临时用电安全技术规范》中的有关规定。

五、施工用电安全防范技术文件编制及交底

(一)电工操作规程

(1)电工必须执证上岗。

(2)严格按国家有关的用电安全技术规范,采用TN－S系统,实行"三级配电,两级保护",做到"一机、一闸、一漏",保证用电安全。

(3)机械、电气设备应按要求做保护接地或保护接零。

(4)测试接地电阻不得大于 10 Ω。

(5)施工现场架空电缆,局部外露于地面的电线线路需用胶管保护,防止绝缘老化或受外力损坏。

(6)建立用电安装、维护、拆除安全技术档案。

(7)每周定期对配电箱、机械、电气设备进行安全检查,防止因线路老化等因素而引起的短路、起火等安全事故。

(二)安全用电措施

(1)严格按国家施工现场临时用电规范 JGJ 46—2005 的规定进行系统设置。

(2)临时用电按要求设置接地保护,专用 PE 线必须严格与相线、工作零线区分,杜绝混用。

(3)施工现场的末端配电箱均应配置漏电开关,确保三级配电二级保护,并且开关箱中实行"一机、一闸、一漏电"保护,开关箱内所设漏电开关漏电动作电流值不超过规定值。机械设备必须执行工作接地和重复接地的保护措施;必须采用"三相五线制"。

(4)配电箱及开关箱中的电气装置必须完好,装设端正、牢固,不得拖地放置,各接头应接触良好,不准有过热现象,各配电箱、开关箱应标明回路号、用途名称、编号、负责人姓名,并配锁。

(5)电焊机上要有下铺防潮垫;一、二次电源接头处要有防护装置,二次线使用接线柱,一次电源线采用橡皮套电缆或穿塑料软管,水平长度距开关箱不大于 3 m。

(6)手持电动工具都必须安装灵敏有效的漏电保护装置。

(三)电气装置防火措施

(1)合理配置、整改、更换各种保护电器,对电路和设备的过载、短路故障进行可靠的保护。

(2)在电气装置和线路下方不准堆放易燃易爆和强腐蚀物,并避免使用火源。

(3)在用电设备及电气设备较集中的场所配置一定数量干粉式 J1211 灭火器和用于灭火的绝缘工具,并禁止烟火,挂警示牌。

(4)加强电气设备、线路、相间、相与地的绝缘,防止闪烁,以及接触电阻过大产生的高温、高热,并合理设置接地保护装置。

(四)施工用电使用与维护

(1)所有配电箱均应标明其名称、用途,并作出分路标记。

(2)所有配电箱门应配锁,同时箱内不得放置任何杂物,并应经常保持整洁。

(3)所有配电箱、开关箱在使用过程中必须按以下顺序送电和停电(出现电气故障的紧急情况除外):

送电操作顺序为:总配电箱→分配电箱→开关箱→设备;

停电操作顺序为:设备→开关箱→分配电箱→总配电箱。

(4)施工现场停止作业 1 小时以上时,应将动力开关箱断电、上锁。

(5)所有线路的接线、配电箱、开关箱必须由专业人员负责,严禁任何人以任何方式私自用电。

(6)对配电箱、开关箱进行检查、维护时,必须将其前一级相应的电源开关分闸断电,并悬挂停电标志牌，严禁带电作业。

(7)所有配电箱、开关箱每7天检查一次，每月维修一次，并认真做好记录。

(五)夜间照明作业规程

(1)根据现场临设分布图，以及施工作业位置和施工情况，按夜间施工及配套作业需要照明，确定光源位置、照度和亮度。

(2)现场照明主要采用36 V低压照明(固定式)，局部配以移动式照明。

(3)光源位置设在施工区域边角，照幅兼顾所包括的整个区域，在满足照度的基础上，尽量减少光源个数，节约用电。个别转角、死角与不易照明的区域单独加设光源。

(4)照射方式采用俯照，不得平照和仰照。

(5)夜间照明和地下室照明管理必须做到：根据季节不同，严格控制开关电源时间，但必须保证现场亮度，杜绝长明灯现象，对光源进行每周一次的和不定期的抽查，防止灯罩或灯管的爆裂伤人，对故障光源及时维修，满足夜间和地下室照明要求。

(6)夜间照明管理工作由专门电工负责。

六、通风防毒安全防范技术文件编制及交底

(一)通风防毒控制目标

(1)防大气污染：施工现场扬尘达到国家二级排放规定；

(2)人造板及饰面人造板甲醛释放量：达到规范要求的E1级标准；

(3)墙地砖放射量：满足规范的A级标准；

(4)涂料苯含量：达到规范要求的标准。

(二)防治扬尘措施

(1)加强专项管理，卫生制度、值日表上墙，由专人负责，按政府要求进行围挡、覆盖。

(2)松散易扬物品的处理，落实到班组，实行工长负责制，随时分类归堆在指定地点，平整后进行覆盖处理，做到井然有序。

(3)腻子等粉细散装材料，采取室内或封闭存放，卸运时要采取遮盖措施，减少灰尘。空袋子统一集中码放到指定地点，并及时外运。

(4)保持场地清洁卫生，生产、生活垃圾要按指定位置堆放；施工垃圾须搭设封闭临时专用垃圾道，严禁随意凌空抛撒。在工程进行期间，必须经常地消除一切因完成工程所产生的垃圾、废弃物料等，垃圾及废物及时收集堆放于总包单位指定地点。

(5)粉尘较多的分项工程，单独围护施工，施工时尽力减少粉尘污染，减轻对人体健康的危害，并避免扬尘影响周边环境，造成环境污染。如装饰木饰面打磨尽可能使用水砂纸(布)控制扬尘；抹灰用水泥砂浆采用商品砂浆，减少污染，提高工效，以免起风时产生扬尘。

(6)施工垃圾及时清运，适量洒水，减少扬尘。垃圾运输车出场前一律覆盖。

(7)风力超过4级时，应暂停细微颗粒材料、垃圾的装卸，并将现场材料用彩条布进行覆盖，减少现场扬尘。

(三)材料进场的环境保护措施

(1)根据《民用建筑工程室内环境污染控制规范》的规定，凡新建、扩建、改建的建筑工程室内环境必须满足规范的要求。

(2)除在竣工后的严格验收外，还将从源头把住建筑材料关，对于有环保要求的建筑材

料进施工现场，必须查验其检测报告是否符合标准，并按照规定进行苯、氨、甲醛、氡等有害气体复试，否则不准用于施工。

(3)每种人造木板及饰面人造板均应有能代表该批产品甲醛释放量的检验报告。

(4)建筑材料或装修材料的环境检验报告项目不全或有疑问时，应送有资质的检验机构进行检验，检验合格后方可使用。

(四)施工过程中防治措施

(1)坚决贯彻执行《中华人民共和国环境保护法》、《建设工程安全生产管理条例》等规范、规定，实施工地标准化、规范化管理。

(2)在施工过程中，对氡、甲醛、氨、苯及总挥发性有机化合物(TVOC)、游离甲苯二异氰酸酯(TDI)等环境污染物进行重点控制。理由是：

①这几种污染物对身体危害较大，如甲醛、氨对人有强烈刺激性，对人的肺功能、肝功能及免疫功能等都会产生一定的影响；游离甲苯二异氰酸酯会引起肺损伤；总挥发性有机化合物中的多种成分都具有一定的致癌性等。

②由于它们的挥发性较强，空气中挥发量较多，在检测中常常检出，社会上反响较大。

(3)严格执行《室内装饰装修材料有害物质限量》等10项标准，加快技术进步和创新步伐，不断提高产品质量，淘汰落后产品，调整产品结构，确保人体健康和人身安全，加强室内装饰装修材料污染的控制。

(4)室内装修所采用的稀释剂和溶剂，严禁使用苯、工业苯、石油苯、重质苯及混苯。

(5)涂料、胶粘剂、处理剂、稀释剂和溶剂使用后及时封闭存放，不但可以减轻有害气体对室内环境的污染，而且可以保证材料的品质。使用剩余的废料及时清出室内，不在室内用溶剂清洗使用工具，是施工人员必须具备的保护室内环境的起码素质。

(6)在进行饰面人造板拼接施工中，为了防止芯板向外释放过量甲醛，要对断面及边缘进行封闭处理，防止甲醛释放量大的芯板污染室内环境。

(7)严禁焚烧有毒、有害的物质，装饰垃圾由专人负责，及时清理，统一堆放，统一运送至甲方指定的堆放点。

七、油漆、电焊、保温等作业危险防范技术文件编制及交底

(一)油漆作业安全技术规程

为了最大限度地降低和控制在油漆施工中产生的粉尘和化学气体，保护环境，净化周围空气，保障人体健康，所有木作的油漆均在工厂内完成底漆和数遍面漆，只在现场进行最后一遍面漆。

1. 清除

清除时，操作人员应佩戴口罩等防护用品。清除木材、木作产品、焊缝等基层表面的污染物等松散物质时，使用应手好用的工具，以便在保证清除质量的基础上加快进度，尽可能减少粉尘、有害气体的排放时间。对清除落地的废屑、废渣应及时清理，清理时要用笤帚轻扫轻扬或用水浸过的笤帚清理，及时装袋或装入容器，并运到指定地点。

2. 嵌批

嵌批基层表面清除后显示的洞眼、凹陷和裂缝时，应当使用适宜的工具和容器，防止嵌批填料落地。应及时清理落地的嵌批填料，减少对环境的污染；能再用的要及时用上。

3. 打磨

操作人员要佩戴口罩，防止粉尘的吸入。打磨使用后的废砂布、废砂纸不得随地乱弃，应收集到袋内并运到垃圾堆放处。打磨产生的粉尘，及时清扫清理装袋，防止形成扬尘。

4. 刷涂

操作人员应佩戴口罩、手套，防止有害气体和粉尘的吸入。刷涂部位的下方或边部采用塑料布或是美纹纸等做隔离，防止流坠、散离的漆类污染成品。

5. 容器和工具

盛装刷涂材料的容器和刷涂工具不得随意丢弃，要交给保管人员回收、处置。严禁任何人在任何地方点燃刷涂材料的容器和工具。严禁任何人在任何地方用刷涂材料作引燃品。

6. 油漆装卸

地点选择：运输油漆的车辆在驶入施工现场后，应按照预先选定的空旷的地点进行卸车，要远离其他材料堆放区，周围没有正在施工的电焊机、切割机等产生火花的机电设备及火源，并在搬运地点有人看护。搬运油漆时要轻拿轻放，不得扔放，避免摔坏包装罐体，造成油漆泄漏。油漆堆放地点必须选择单独的仓库堆放，仓库内不得安排人员住宿。仓库应远离生活区，要求室内温度不宜过高，室内通风良好，悬挂“严禁烟火”的警示牌，配备一定数量的灭火器等消防设备。油漆在堆放时要整齐，按类堆放，堆放高度不得超三层，避免最底部的包装罐受压破裂，造成油漆外溢。各类油漆包装、标志应完好。

将工作中产生的废油漆等，高储存性接收容器，倒入指定废弃物容器中，严禁随意倾倒。如有废油漆落地，必须用抹布及时清理干净，并将抹布放入废弃物桶中。

(二)电焊机操作安全技术规程

(1)电焊工应具有爱护设备的责任心，在使用前应对其安全性进行检查，外壳应接地，各接线点接触要良好。

(2)新电焊机或长期搁置未用的焊机启动前必须由电工对机器进行绝缘检查。

(3)电焊机要单独设开关，开关应放在附近的闸箱内，拉合闸时应戴手套操作，在焊接时禁止转换电流转换开关，以免损坏开关。

(4)电焊机应放在避水、通风较好的场所。

(5)电焊机和电缆线必须拧紧，接触不良会导致接线处过热。

(6)焊钳与焊把线必须连接牢靠、绝缘好，在潮湿地点工作必须使用低压焊机。

(7)焊把线、地线禁止与钢筋接触，更不得用钢筋或钢脚手架或机电设备部件代替零线，所有地线接头连接必须牢靠。

(8)各电焊机进线的电缆截面要与焊机功率搭配。

(9)清除焊渣，采用电弧气压清根时，应戴防护眼镜或面罩，防止焊渣飞溅伤人。

(10)更换场地移动焊把线时，应切断电源，不得手持焊把线爬梯登高。

(11)施焊时，工作场地应清除易燃易爆物品。

(12)施焊工作结束后应切断电焊机电源，并检查操作地点，确认无火灾隐患后方可离开。

(三)保温工程安全技术规程

(1)施工人员应配备专业工作服，操作前将袖口、领口系紧，并佩戴劳保手套、空气过滤式口罩。

(2)操作用脚手架上的工具、材料堆载不应集中,堆载不应超过200 kg/m²。工具要搁置稳当,以防止掉落伤人。在两层脚手架上操作时应避免在同一垂直线上作业。施工人员必须戴安全帽。

(3)保温材料集中堆放,做到工完场清,垃圾分类堆放,及时处理。

(4)施工过程中产生的碎屑、粉尘,随干随清,清理后的垃圾要根据不同质地分类投放在废弃物袋内,运到甲方指定的堆放点。

八、明火作业安全防范技术文件编制及交底

(一)施工现场消防防火措施

(1)建立健全防火安全组织,责任到人,确定专(兼)职现场防火员。

(2)在施工生产全过程中必须认真贯彻实施“预防为主、防消结合”的方针,定期组织防火演练。

(3)施工现场执行用火申请制度。因生产需要动用明火,如电焊、气焊(割)等,必须实行工程负责人审批制度,获得动用明火许可证。用火操作引起火花的应有控制措施,在用火操作结束离开现场前,要对作业面进行一次安全检查,熄火、消除火源熔渣,消除隐患。

(4)在防火操作区内根据工作性质,工作范围配备相应的灭火器材,或安装临时消防水管,生活区内应配齐灭火器材,工地工棚避免使用易燃物品搭设,以防火灾发生。

(5)工地上乙炔、氧气等易燃易爆气体罐分开存放,挂明显标记,安全距离不少于10 m,两者之间使用时不少于5 m,严禁火种,并且使用时由持证人员操作。

(6)严格用电制度,施工单位配有专职电工,合格的配电箱。如需用电应事先与电工联系,严禁各施工单位擅自乱拉乱接电源,严禁使用电炉。

(7)在有易燃物料的装饰施工现场,以及木加工棚、材料库房内禁止吸烟,施工现场禁止使用碘钨灯照明与取暖。

(8)施工现场危险区还应有醒目的禁烟、禁火标志。

(二)防火安全管理制度

1. 生产、办公用电须执行的规定

安装和修理电器设备,必须由专业电气人员进行。电器设备、器材必须合格,禁用劣质、残废品或代用品。

各种电器设备或线路,不许超过安全负荷。要经常检查,发现超过负荷、短路、发热和绝缘损坏等容易造成火灾的危险情况时,必须立即进行修理。

易燃易爆场所的电器设备,应采取防尘、防爆装置,装置在潮湿的腐蚀性场所的电器设备,应采取防潮防腐措施,并经常检查维修。

照明灯具不准靠近易燃物品,严禁用纸、布等易燃物蒙罩灯泡。

2. 仓库保管员、木工、电焊工均须遵守的规定

1)仓库保管员防火规定

仓库保管员必须坚守岗位,尽职尽责,严格遵守仓库的保管、领取、使用、交接班等各项制度。

保管人员在库内严禁吸烟和明火作业,对外来人员要严格监督其是否将有可能引起火灾的危险品带进库内。

仓库保管人员应熟悉和掌握所储存物资的性质,尤其对易燃、易爆物品,必须懂得其性质后方可单独储存和操作。

保管人员每天下班前,对自己管理的库房的周围进行细致检查,并将库区电闸拉开,切断电源。

仓库保管人员应清楚库内的一切灭火设备,要保持完整好用,做到会操作使用。

发现仓库的火灾隐患,除立即报告保卫部门和上级主管部门外,还要迅速采取有效措施,以防止发生火灾。

2)木工防火规定

在操作间内严禁吸烟和明火作业。

工作面内的废料要及时清除,每天下班前必须清扫干净。

电气照明设备均符合安全要求。对电气设备和传动轴应经常检查和维护。

经常清除电动积集的灰尘,在它附近不准堆放可燃材料。

工作面内不准存放易燃液体或可燃液体。配备足够的各种灭火工具,并经常检查,保证完整好用。

下班后对电源、火源检查后方可离开。

3)焊接工防火规定

电焊工、气焊工未经考核,无操作证者,不能进行焊接作业。

焊、割作业要选择安全地点,周围的可燃物必须清除。如不能清除,应采取安全可靠措施加以防护。严禁在有可燃气体或粉尘爆炸危险场所焊、割。

盛有或盛过易燃、可燃液体或化学危险品的容器和设备,要经过清洗,测定没有危险时,方可进行焊接。

在高空焊接时,必须采用接渣斗,地面的可燃物不打扫干净不能焊接。

与焊接操作有抵触的浸漆、喷漆、溶剂,排出大量易燃气体的工种等地,不采取安全措施,不得进行焊接。

严格遵守操作程序,焊割结束或焊工离开现场时,必须切断电源、气源,并仔细检查现场,清除火险隐患。

九、生产生活废水、噪声和固体废弃物防治技术文件编制及交底

(一)环境目标及管理方案

环境目标及管理方案见表2-12。

(二)废水防治技术措施

施工现场污水经过沉淀后可直接向市政管网排出,排水口应定期清理。

(三)噪声防治技术措施

(1)严格控制强噪声作业,施工中的剔凿、切割必须安排在白天甲方指定的时间段内。

(2)施工垃圾和大部分施工材料多在夜间装卸,因此要求施工人员要轻拿轻放,禁止大声喧哗,以免影响周围居民的正常休息。

(3)应保证施工机械的正常运转,严禁超负荷运转。

(4)对电锯等强噪声设备,以隔音棚或隔音罩封闭、遮挡,实现降噪。使用电锯切割时,应及时在锯片上刷油,且锯片转速不能过快。

(5)使用电锤开洞、凿眼时,应使用合格的电锤,及时在钻头上注油或水。

(6)加强各种施工机械的维修保养,缩短维修保养周期,保证设备始终处于良好状态,尽可能降低施工机械噪声。

表2-12　环境目标及管理方案

序号	项目	环境目标	管理方案		
			实施步骤	责任部门	检查人
1	噪声	装修施工现场场界噪声:昼间 < 65 dB,夜间 < 55 dB	在噪声影响区的作业层采用降噪措施	项目经理部	公司负责人
2	生产、生活废水	配合甲方,污水排放符合水污染物排放标准	(1)生产、生活废水倾倒入集中下水管道; (2)废油漆等污染性液体,高储存性接收容器,倒入指定废弃物容器中,严禁随意倾倒	项目经理部	公司负责人
3	固体废弃物	现场及运输无遗撒	(1)指定地点统一堆放固体废弃物; (2)施工车辆出场前一律清洗; (3)运输时用苫布覆盖	项目经理部	公司负责人

(7)项目经理部配置噪声等测试器具,对场界噪声、现场扬尘等进行监测,项目经理部对环保指标超标的项目及时采取有效措施进行处理。

(四)固体废弃物防治技术措施

1. 废弃物分类

(1)不可回收利用无毒无害废弃物:碎砖头、瓦块、生活垃圾、结块水泥、装饰装修施工废弃的各种无害材料等。

(2)可回收利用无毒无害废弃物:废钢材、废木材、空材料存储桶、包装材料等。

(3)不可回收有毒有害废弃物:废电池、变质过期的化学稀料、化工材料及包装物、日光灯管等。

(4)可回收有毒有害废弃物:废油桶、废塑料布等。

2. 废弃物标志及收集

(1)施工现场设立专门的废弃物临时储存场地,废弃物应分类存放,并在存放处用标牌或其他方式注明废弃物的种类,有害类废弃物应单独放置并注明“有害”字样。

(2)各个产生废弃物的单位均应设置废弃物临时置放点,配备有标志的废弃物容器,废弃物产生后,由产生单位按要求放置到存放点或容器里。有害有毒废弃物必须单独存放,防止再次污染。

3. 废弃物运输和管理

(1)外运前必须将废弃物覆盖严实,不得出现遗撒。对危险、有毒有害废弃物的运输,必须执行国家有关法规,防止二次污染环境。

(2)应定期对废弃物储存设施、设备和场所进行管理、维护，保证其正常使用；对于可能对环境造成二次污染的废弃物，要采取有效的防止措施；加强对有毒有害废弃物的管理。

第七节　施工质量缺陷和危险源分析概述

一、装饰工程的质量缺陷分析

（一）防水工程的质量缺陷分析

1. 卫生间渗漏预防措施

(1)涂膜防水层空鼓、有气泡。

主要是基层清理不干净，底胶涂刷不匀或者是由于找平层潮湿，含水率高于9%，涂刷之前未进行含水率试验，造成空鼓，严重者造成大面积起鼓包。因此，在涂刷防水层之前，必须将基层清理干净，并做含水率试验。

(2)地面面层做完后进行蓄水试验，有渗漏现象。

涂膜防水层做完之后，必须进行第一次蓄水试验，如有渗漏现象，可根据具体渗漏部位进行修补，甚至全部返工，直到蓄水2 cm高，观察24小时不渗漏为止。地面面层做完之后，再进行第二遍蓄水试验，观察24小时无渗漏为最终合格，填写蓄水检查记录。

(3)地面存水排水不畅。

主要原因是在做地面垫层时，没有按设计要求找坡，做找平层时也没有进行补救措施，造成倒坡或凹凸不平而存水。因此，在做涂膜防水层之前，先检查基层坡度是否符合要求，与设计不符时，应进行处理后再做防水。

(4)地面二次蓄水做完之后，已合格验收，但在竣工使用后，蹲坑处仍出现渗漏现象。

主要是蹲坑排水口与污水承插接口处未连接严密，连接后未用建筑密封膏封密实，造成使用后渗漏。在卫生瓷活安装后，必须仔细检查各接口处是否符合要求，再进行下道工序。

(5)卫生间倒泛水。

基层施工时，均要弹出水平线，控制标高和泛水坡度，地漏标高要严格控制，施工完毕逐个进行泼水试验。

2. 墙面渗漏、窗台、窗框等处渗漏预防措施

(1)墙面渗漏主要是穿墙洞处渗漏，操作时要把洞内的垃圾清净，洒水湿润，四壁涂刷掺胶的素水泥浆后进行补洞，补洞必须用微膨胀水泥砂浆或细石混凝土，并捣实。

(2)窗台、窗框等处渗漏：施工中要严格把好进场材料关，不合格产品坚决不允许进入现场，进场后做好成品保护，防止变形。

(3)窗台渗水在施工中要严格控制好窗台的内外标高和坡度，窗台与窗的连接处要认真处理，规定细部做法。

(4)在施工中要严格处理好窗口四壁，要用矿棉等轻质材料填充饱满，封口砂浆和打胶要保证质量，封闭要严密。

（二）顶面工程的质量缺陷分析

顶面工程的质量缺陷分析见表2-13。

表 2-13　顶面工程的质量缺陷分析

序号	质量问题	原因分析	防治措施
1	吊顶不平	水平线控制不好,是吊顶不平的主要原因,主要是两方面:一是放线时控制不好;二是龙骨未拉线调平。如龙骨未调平就急于安装条板,再进行调平时,由于其受力不均产生波浪形状。吊杆不牢,引起局部下沉,或由于吊杆本身固定不妥,自行松动或脱落。板自身变形,未加校正而安装,产生不平,或者在运输过程中挤压变形	对于吊顶四周的标高线,应准确地弹在墙面上,其误差不能超过 ±0.5 mm,如果跨度较大,还应在中间适当位置加设标高控制点,在一个断面要拉通线控制,且拉线时不能下垂。待龙骨调直、调平后方能安装铝板。应同设备配合考虑,不能直接悬吊的设备,应另设吊杆直接与结构固定。如果采用膨胀螺栓固定吊杆,应做好隐检记录
2	龙骨局部节点构造不合理	在留洞口、灯具口、通风口等处构造节点不合理	施工准备前按照相应的图册和规范确定方案,保证有利于构造要求
3	骨架吊固不牢	吊筋固定不牢;吊杆固定的螺母未拧紧;其他设备固定在吊杆上	吊筋固定在结构上要拧紧螺丝,并控制好标高;顶棚内的管线、设备等不得固定在吊杆或龙骨骨架上
4	罩面板分块间隙缝不直		施工时注意板块的规格,拉线找正,安装固定时保证平整对直
5	压边条不严密、平直		施工时拉线控制,固定牢固
6	吊顶与设备衔接不妥	装饰工程与设备工种配合不当,导致施工安装完成后衔接不好。确定施工方案时,施工顺序不合理	对于孔洞较大的情况下应先由设备确定具体参数,安装完衬板后进行吊顶施工

(三)地面工程的质量缺陷分析

(1)地面砖地面质量缺陷分析,见表 2-14。

表 2-14　地面砖地面质量缺陷分析

序号	质量问题	原因分析	防治措施
1	地面标高错误:出现在厕所、走道与房间门口处	控制线不准;楼板标高超高;防水层超高;结合层砂浆过厚	施工时应对楼层标高和基层情况进行核查,并严格控制每道工序的施工厚度,防止超高
2	泛水过小或局部倒坡	地漏安装标高过高,基层不平有凹坑,造成局部存水;由于楼层标高错误,地面的坡度减小,50 cm 水平线不准	要求对 50 cm 线认真检查,确保无误,水暖及土建施工人员均按水平线下返;地面做好贴饼、冲筋,保证坡向正确

续表 2-14

序号	质量问题	原因分析	防治措施
3	地面铺贴不平，出现高低差	砖的厚度不一致，没有严格挑选，或砖不平劈棱窜角，或铺贴时没平铺或黏结层厚度不足，上人太早	要求事先选砖，铺贴时要拍实，铺好地面后封闭门口，在常温下用湿锯末养护 48 小时
4	地面面层及踢脚空鼓	基层清理不干净，浇水不透，早期脱水所致；上人过早，黏结砂浆未达到强度，受外力振动，影响黏结强度。踢脚的墙面基层清理不干净，尚有余灰没清刷干净，影响黏结，形成空鼓；黏结的砂浆量少，挤不到边角，造成空鼓	认真清理地面基层；注意控制上人操作的时间，加强养护。加强基层清理浇水，粘贴踢脚时做到满铺满挤
5	黑边	不足整砖时，不切半块砖铺贴而用砂浆补边，形成黑边，影响观感	按照规矩补贴

(2)石材地面质量缺陷分析，见表 2-15。

表 2-15　石材地面质量缺陷分析

序号	质量问题	原因分析	防治措施
1	板面与基层空鼓	混凝土垫层清理不干净或浇水湿润不够；刷素水泥浆不均匀或完成时间较长，过度风干造成找平层成为隔离层；石材未浸润等	施工操作时严格按照操作规程进行；基层必须清理干净；找平层砂浆用干硬性的；做到随铺随刷结合层；板块铺装前必须润湿
2	尽端出现大小头	铺砌时操作者未拉通线或者板块之间的缝隙控制不一致	要严格按施工程序拉通线并及时检查缝隙是否顺直，以避免出现大小头
3	接缝高低不平、缝子宽窄不匀	石材本身有厚薄、宽窄、角、翘曲等缺陷，预先未挑选；房间内水平标高不统一，铺砌时未拉通线等	石材铺装前必须进行挑选，凡是翘曲、拱背、宽窄不方正等全部挑出；随时用水平尺检查；室内的水平控制线要进行复查，符合设计要求的标高
4	门洞口处地板活动		注意门洞口处地面石材的铺装质量和铺装时间，保证与大面石材连续铺装
5	踢脚板出墙厚度不一致		安装踢脚板时必须拉通线，控制墙面抹灰等饰面的平整度、方正

(3)木地板地面质量缺陷分析，见表 2-16。

表 2-16　木地板地面质量缺陷分析

序号	质量问题	原因分析	防治措施
1	行走时有响声	木材松动；绑扎处松动；毛地板、面板钉子少或钉得不牢；自检不严	严格控制木材的含水率，并在现场抽样检查，合格后才能使用；控制每层每块地板所钉钉子，数量不应少，钉合牢固；及时检查，发现后立即返工
2	接缝不严	操作不当；板材宽度尺寸误差过大	企口榫应平铺，在板面或板侧钉扒钉，用楔块楔得缝隙一致再钉钉子；挑选合格的板材
3	表面不平	基层不平；垫木调得不平；地板条起拱	薄木地板的基层表面平整度应不大于 2 mm；龙骨顶面应采用仪器抄平，不平处用垫木调整；地板下的龙骨上应做通风小槽，保持木材干燥，保温隔声层填料必须干燥，以防木材受潮、膨胀、起拱
4	席纹地板不方正	施工控线方格不方正；钉铺时找方不严	施工控制线弹完，应复检方正度，必须达到合格标准；坚持每铺完一块都应规方拨正
5	地板戗茬	刨地板机走速太慢；刨地板机吃刀太深	刨地板机的走速要适中；刀片要吃浅，多刨几次
6	地板局部翘鼓	受潮变形；毛地板拼缝太小或无缝；水管、滴漏泡湿地板	龙骨开通风槽；保温隔声材料必须干燥；铺钉油纸隔潮室内保持干燥；毛地板拼缝应留 2～3 mm 缝隙；水管等打压应派专人看守
7	木踢脚与地面不垂直、表面不平、接茬有高低差	踢脚板翘曲；木砖埋设不牢或间距过大；踢脚板呈波浪形	踢脚板靠一面应设变形槽，槽深 3～5 mm，槽宽 10 mm；墙体预埋砖间距应不大于 400 mm，加气混凝土或轻质墙，踢脚线部位应砌黏土砖墙；钉踢脚板前，木砖上应钉垫木，垫木应平整，并拉通线钉踢脚板

（4）地毯地面质量缺陷分析，见表 2-17。

表 2-17　地毯地面质量缺陷分析

序号	质量问题	原因分析	防治措施
1	压边黏结产生松动及发霉现象	地毯、胶粘剂等没有严格要求其材质、规格、技术指标和检验生产合格证，没有做复试，在铺装前没有认真检查和试铺	必须对使用的黏结剂和地毯本身质量进行严格检查，必要时要做复试
2	地毯表面不平、打皱、鼓包等	地毯铺设的工序未认真按照工艺缝合、拉伸、固定，未按胶粘剂固定要求去做	地毯铺设完成后应按照要求进行缝合、拉伸、固定；用胶固定时没有满刷胶，造成表面不平、打皱、鼓包
3	拼缝不平、不实	地毯在收口或交接处容易出现拼缝不平、不实	应该注意该处基层的处理，施工操作工序细致，一定要缝合好，严密、结实，并满刷胶粘剂黏结牢固
4	交叉污染		地毯在施工完成后及时清理干净，刷胶时应注意不要污染墙面、门框、踢脚板等成品
5	其他质量问题		主要防止地毯被水泡，必须在事前对管道、根部、空调、暖气片等重点排查，并做好预防措施

(四)墙面工程的质量缺陷分析

(1)石材墙面质量缺陷分析，见表 2-18。

表 2-18　石材墙面质量缺陷分析

序号	质量问题	原因分析	防治措施
1	接缝不平、板面纹理不顺、色泽不匀	对石材的检验不严格、镶嵌前试拼不认真；施工不当	镶嵌前先检查墙柱面的骨架的垂直度和平整度，超过规定的必须整改，操作时严格按照工序施工。挂石材前对墙柱面找好规矩，弹出中心线和水平通线，在地面上弹出墙柱的饰面控制线。事先将缺边掉角、裂缝和局部污染变色的石材挑出，进行套方检查，规格尺寸超过偏差，应磨边修正。按照墙柱面进行试拼，对好颜色，调整花纹，试板与板之间的纹理通顺，按照编号挂贴。保证骨架牢固和稳定，挂件调整准确
2	开裂	石材本身的材质较差，纹理多，存放不正确，受外力作用，在色纹和暗缝或其他暗伤等薄弱处易产生不规则裂缝	施工前对石材本身的材质质量进行全面的检查，将容易造成裂缝的石材挑选出来。安装应严格按照施工工序，待第一层的固定胶达到强度后进行第二层安装，同时缝与缝之间结合密实。注意钢骨架的牢固和稳定性，防止骨架不稳造成拉裂

续表 2-18

序号	质量问题	原因分析	防治措施
3	墙柱面碰损、污染	主要是石材搬运、堆放中不妥当，操作中没有及时清洗污染；安装成品未进行保护	石材搬运时要注意防止正面受损。大理石颗粒有一定的空隙和染色能力，因此不能用草绳、草帘捆扎，注意不要受其他污染。安装完成后采用木板或塑料布进行保护。细小掉角处用环氧树脂清洗干净

(2)面砖墙面质量缺陷分析，见表 2-19。

表 2-19　面砖墙面质量缺陷分析

序号	质量问题	原因分析	防治措施
1	变色、污染，即出现白度降低、泛黄、发花、发黑	墙砖背面未施釉坯体，质地疏松，吸水后造成施釉厚度不足 0.5 mm，且乳浊度不足，造成遮盖力低。墙砖质地疏松，施工前受砂浆中的水和不干净的水浸润而变色	要求面砖的施釉厚度大于 1 mm，选用高密实度坯体和乳浊度。施工过程中应用干净水，砖缝嵌塞密实，砖面擦洗干净。操作时不要用力敲击砖面
2	空鼓、脱落	基层没有处理好，墙面湿润不透，砂浆失水太快，影响黏结强度，墙砖浸水不足，造成砂浆早期脱水或浸泡后未晾干就粘贴，产生浮动自坠。黏结砂浆不饱满、厚薄不匀，操作时用力不均，砂浆收水后对粘贴后的墙砖进行纠偏移动。墙砖本身有隐伤，事先没有严格挑选	基层清理干净，表面修补平整，墙面提前洒水浸透。墙砖使用前，必须清理干净，用水浸透直至表面不冒气泡，且不少于 2 小时，然后取出晾干后备用。墙砖的黏结层一般控制在 7 ~ 10 mm，过厚和过薄均易产生空鼓，或者在砂浆内掺胶以增强黏结力。当发生空鼓脱落时采用聚合物砂浆修补
3	接缝不平直、缝宽不均匀	施工前对墙砖挑选不严格，挂线贴灰饼、排砖不规矩。平尺板安装不水平，操作技术低。基层抹灰底层不平整	对墙砖材质挑选应作为一道工序，挑出有缺陷和质量问题的砖；将尺寸相同的砖用在同一个房间或同一面墙才能做到缝隙一致。粘贴前做好规矩，用水平尺找平，校对墙面的方正。根据弹好的水平线，稳好平尺板逐行粘贴并及时校正
4	墙砖表面裂缝	墙砖质量不好，材质松脆，吸水率大，由于湿膨胀较大，产生内应力而开裂。墙砖本身的隐伤在运输和操作过程中出现裂缝	一般墙砖，特别是用于高级装饰工程上的墙砖，应选用材质密实、吸水率大于 18% 的、质量较好的。粘贴前墙砖一定要浸泡水，将有隐伤的挑选出来，操作时不要用力敲击砖面，防止产生隐伤

(3)马赛克墙面质量缺陷分析。

①墙面不平整,分格缝不匀,砖缝不直。

原因分析:

一是马赛克粘贴时,粘贴的结合层砂浆厚度小(3 ~4 mm),对基层处理和抹灰质量要求更为严格,如底子灰表面平整和阴阳角稍有偏差,粘贴面层时就不容易调整找平,产生表面不平整现象。如果增加粘贴砂浆厚度找平,则马赛克粘贴后,表面不易拍平,同样会产生不平整。

二是施工前,没有按照设计图纸尺寸核对结构施工实际情况,进行排砖、分格和绘制大样图,抹底子灰时,各部位挂线找规矩不够,造成尺寸不准,引起分格缝不均匀。

三是马赛克粘贴后,没有及时对砖缝进行检查,认真拨正调直。

防治措施:

一是施工前应对照设计图纸尺寸,核对结构实际偏差情况,根据排砖模数和分格要求,绘制出施工大样图并加工好分格条,事先选好砖,裁好规格,编上号,便于粘贴时对号。

二是按照施工大样图,对各窗心墙、砖垛等处要先测好中心线、水平线和阴阳角垂直线,贴好灰饼。对不符合要求、偏差较大的部位,要预先剔凿或修补,以作为安窗框,做窗台、腰线等的依据,防止在窗口、窗台、腰线砖垛等部位发生分格缝留得不均匀或阳角处不够整砖情况。抹底子灰要求确保平整,阴阳角要垂直方正,抹完后划毛并浇水养护。

三是抹底子灰后,应根据大样图在底子灰上从上到下弹出若干水平线,在阴阳角、窗口处弹上垂直线,以作为粘贴马赛克时控制的标准线。

四是粘贴马赛克时,根据已弹好的水平线稳好平尺板,刷素水泥浆结合层一遍,随铺2 ~3 mm 厚黏结砂浆,同时将若干张裁好规格的马赛克铺放在特制木板上,缝里撒灌 1∶2水泥干砂面,刷浆表面浮砂后,薄薄涂上一层黏结砂浆,然后逐渐拿起,按平尺板上口,将分格条放在上口,再继续往上粘贴。

五是马赛克粘贴后,要用拍板靠放在已贴好的面层上,用小锤敲击拍板,满敲均匀,使面层黏结牢固和平整,然后刷水将护纸揭去,检查马赛克分缝平直、大小情况,将弯扭的缝用开刀拨正调直,再用小锤拍板拍平一遍。

②墙面空鼓、脱落。

原因分析:

一是基层清理不干净,浇水不透不匀。

二是面层空鼓掉块,主要是抹纯水泥砂浆结合层后,没有随即抹黏结砂浆,或使用黏结砂浆的配合比不当,和易性不好,揭护纸时间过晚,在黏结砂浆已受水后进行拨正调直,引起面层空鼓掉粒。

三是勾缝不严,雨水渗透进面层,黏结层进水、受冻膨胀引起空鼓。

防治措施:

一是抹灰前底层应清理干净,剔凿和补平,浇水均匀,湿润基层。

二是抹纯水泥浆结合层后,要紧跟着抹黏结砂浆,随即贴马赛克,要做到随刷、随抹、随贴。粘贴时砂浆不宜过厚,面积不宜过大。

三是马赛克粘贴后,揭纸拨缝时间宜控制在 1 小时内完成,否则砂浆收水后,再去纠偏拨缝、挪动马赛克面层,容易造成空鼓掉块。

四是面层粘贴后，对起出分格条的大缝用1∶1水泥砂浆勾严，砖缝要用素水泥浆擦缝填满。色浆的颜色按照设计要求进行样板施工，合格后再大面积使用。

③墙面污染。

原因分析：

一是对马赛克在运输和堆放过程中保管不良。

二是墙面粘贴或地面铺贴完毕后，成品保护不好。

三是施工操作中未及时清除砂浆，造成污染。

防治措施：

一是贴面施工开始后，不得在室内向外泼脏水、扔垃圾。

二是面砖勾缝应自上而下进行。拆脚手架注意不要破坏墙面。用草绳或有色纸包装马赛克时（特别是白色），运输和保管期间要防止雨淋。

（五）木门工程质量缺陷分析

木门工程质量缺陷分析见表2-20。

表2-20 木门工程质量缺陷分析

序号	质量问题	原因分析	防治措施
1	有贴脸的门框安装后与抹灰面不平	立口时没有掌握好抹灰层的厚度，或墙面没有拉线找平	在安装门窗前必须将墙面抹灰的灰饼、冲筋做好，以保证门窗安装位置
2	门框安装不牢	预埋木砖的数量少或预埋不牢，或者木门窗框的固定点较少，固定不牢	施工时严格按照施工规范要求设置固定点和对预埋件进行牢固性检查
3	合页不平，螺丝松动，螺丝帽斜露	安装时螺丝钉入太长或倾斜拧入	安装时螺丝应先钉入1/3，再拧入2/3，拧时用力在正面，如遇到木节处应处理后塞入木楔，再拧螺丝

（六）细部工程的质量缺陷分析

（1）乳胶漆质量缺陷分析，见表2-21。

表2-21 乳胶漆质量缺陷分析

序号	质量问题	原因分析	防治措施
1	透底	漆膜薄	刷涂料时应注意不漏刷，保持涂料乳胶漆的稠度，不可加水过多
2	接茬明显	涂刷顺序不当，涂刷时时间间隔较长，出现接茬	涂刷乳胶漆时应注意涂刷顺序，后一笔紧接前一笔，掌握间隔时间，大面涂刷时应劳动力足够
3	刷纹明显	涂料（乳胶漆）稠度较大，排笔蘸涂料量多	涂料（乳胶漆）稠度要适中，排笔蘸涂料量要适当，多理多顺，防止刷纹过大

续表 2-21

序号	质量问题	原因分析	防治措施
4	分色线不齐	施工前没有认真弹线做好标记,控制的尺板没有正确使用	施工前应认真刷好分色线,刷分色线时要靠放直尺,用力均匀,起落要轻,排笔蘸量要适当,从左向右刷
5	色差	涂料的材料质量问题或没有使用同一批涂料	涂刷带颜色的涂料时,配料要适合,保证独立面每遍用同一批涂料,并一次完成,保证颜色一致

(2)壁纸质量缺陷分析,见表2-22。

表 2-22 壁纸质量缺陷分析

序号	质量问题	防治措施
1	表面裱贴不垂直	裱贴前,对每一墙面应先吊垂直,裱贴第一张后吊垂直,确定准确后每一张均需偏差。检查壁纸花纹、图案对齐后方可裱糊。检查基层的阴阳角是否垂直,墙面平整、无凹凸,若达不到要求重新处理
2	表面不平整	墙面基层腻子找平应严格使用靠尺逐一进行检查,不符合要求重新修补
3	表面不干净	擦拭多余胶液时,应用干净毛巾,随擦随用清水洗干净。保持操作者的手和工具及室内环境干净。对于接缝处的胶痕应用清洁剂反复擦净
4	死褶	选择材质较好的壁纸、墙布。裱贴时,用手将壁纸舒展平,才用刮板均匀赶压,出现皱折时轻轻揭起,慢慢推平。发现有死褶时,可揭下重新裱糊
5	翘边	基层灰尘、油污等必须清除干净,控制含水率。不同的壁纸选择相应的胶粘剂。阴角搭缝时先裱贴压在表面的壁纸,再用黏性较大的胶粘剂贴面层,搭接宽度≤3 mm,纸边搭在阴角处,并保持垂直无毛边,严禁在阳角甩缝,壁纸在阳角处应≥2 cm,包角须用黏结性强的黏结剂并压实,不得有气泡。将翘边翻起,基层有污物的待清理后,补刷胶粘剂粘牢
6	壁纸脱落	做好卫生间墙面的处理,防止局部渗水影响墙面。将室内易积灰用湿毛巾擦拭干净,不用变质的黏结材料
7	表面空鼓(气泡)	基层必须严格按要求处理,石膏板基面的气泡、脱落应修补好。基层必须干燥后施工,保证一定的含水率。裱糊时应严格按照施工工艺操作,刮板由里向外将气泡全部赶出。刮胶要薄而均匀,不能漏刷。由基层含有潮气或空气造成的空鼓,应用刀子开后放出气体,再用注射器灌胶处理,将多余胶部分用吸管吸出
8	颜色不一致	选用不易褪色且较厚的优质壁纸。基层含水率≤8%时才能裱糊

续表 2-22

序号	质量问题	防治措施
9	壁纸爆花	检查抹灰层有无爆花现象，基层若爆花，必须逐片处理
10	壁离缝或亏纸	壁纸裁剪应复查墙面的实际尺寸，不得停顿或变换持刀角度。按照要求长1～3 cm，确定准确后裁出。在赶压胶液时，由拼缝处横向往外赶压，不得斜向或两侧向中间赶压
11	壁纸搭缝	壁纸裁割时，特别是对于较厚的壁纸，应保证纸边直而光洁，不出现凸出和毛边，裱贴无收缩性的壁纸不许搭缝，收缩性较大的壁纸，裱贴时可适当多搭接一些，以便收缩后正好合缝。出现搭缝弊病后，可用钢尺压紧在搭缝处，用刀沿边裁割搭接部分，并处理平整

(3)油漆质量缺陷分析，见表 2-23。

表 2-23　油漆质量缺陷分析

序号	质量问题	原因分析	防治措施
1	油漆流坠（或流挂）	油漆中稀释剂过多降低油漆黏度，漆料不能附着在物体表面而流淌下坠。涂刷的漆膜太厚，聚合与氧化未完成，由于漆自重造成流坠。施工环境温度过低，湿度过大，漆质干性较慢。使用稀释剂挥发太快，或太慢，造成流坠。基层表面不平，油漆厚薄不一致。棱角、转角、线角等处油漆过厚，漆刷太大、刷毛太长、太软，油漆厚薄不均，造成流坠。喷涂油漆时，选用喷嘴孔径太大，喷枪距离物面太近或距离不能保持一致，喷漆的气压太小或太大。油漆中含颜料过多，或者不均匀等	选用优良的油漆材料和适当的稀释剂。涂漆前，表面清理干净。表面凹凸不平修补到位。施工温度适宜，以 15～25 ℃、相对湿度 50%～70% 为最适宜的施工环境。选用适宜的油漆黏度。每次涂刷的漆膜不宜太厚，一般在 50～70 μm，喷涂油漆应还要薄一些。使用喷涂时，喷枪距离物体控制在 250～300 mm，气压保持在 0.3～0.4 MPa。选择比较适合的刷；涂刷应先开油、再横刷、再斜刷、最后顺油；待漆膜干燥后再刷
2	漆膜粗糙	漆料在制造中研磨不够、颜料过粗、用油不足。漆料调制搅拌不均匀，过筛不细致。施工环境不清洁，空气中含尘土。涂刷前表面打磨不光滑，有灰尘、砂粒在漆膜上。漆桶、刷子不洁净等。使用喷涂方法时，枪口小，气压大，喷枪与物面距离太远，温度较高。灰粒被带入油漆中	选用优良的漆料；储存时间长的、材料性能不明的涂料，应做样板试验，合格后再使用。漆料必须调制、搅拌均匀，并过筛。刮风或有尘土的场所不得进行施工。基层在涂饰前，凹凸不平处应刮抹腻子，并打磨光滑。漆桶边缘不应有旧漆皮并经常保持洁净

续表 2-23

序号	质量问题	原因分析	防治措施
3	漆膜皱纹	漆料中含桐油太多,造成漆膜尚未流平而黏度变稠,出现皱纹。刷油时高温或太阳暴晒以及催干剂过多使漆膜内外干燥不均。漆料中挥发溶剂较快。底漆过厚,未干透或黏度太大,造成外干里不干,形成皱纹	注意选择漆料,选用不易产生皱纹的漆料。漆料中加入催干剂必须适量,宜选用含铅或锌的催干剂。在高温、日光暴晒及寒冷、风大的气候条件下不宜涂刷油漆。对于黏度大的漆料可以适当地加稀释剂
4	漆膜起泡	基层潮湿,水分蒸发而造成漆膜起泡。底层漆膜未干就刷面漆。金属表面处理不好,凹处积聚潮气或底漆膜残存的溶剂受热蒸发。喷涂施工时,压缩空气中含有水蒸气,与油料混在一起。施工环境温度太高,或日光强烈使底漆未干透,遇到蒸汽	在潮湿及经常接触水的部位刷耐水油漆。含水率较高的木材等基层不要刷油漆,待烘干后刷。木材含有芳香油等时,应将其挖除,点片漆后刷底漆。当基层有潮气或底漆上有水时必须将水擦净,待潮气散干后再做油漆。漆料黏度不宜太大,一次涂膜不宜过厚,喷漆时压缩空气要过滤,防止潮气侵入

(4)洁具质量缺陷分析。

①蹲便器不平,左右倾斜。原因:稳装时,正面和两侧垫砖不牢,焦渣填充后,没有检查,抹灰后不好修理,造成高水箱与蹲便器不对中。

②高、低水箱拉、扳把不灵活。原因:高、低水箱内部配件安装时,3 个主要部件在水箱内位置不合理。高水箱进水、拉把应放在水箱同侧,以免用时互相干扰。

③零件镀铬表层被破坏。原因:安装时使用管钳。应采用平面扳手或自制扳手。

④坐便器与背水箱中心没对正,弯管歪扭。原因:画线不对中,坐便器稳装不正或先稳背水箱,后稳坐便器。

⑤坐便器周围离开地面。原因:下水管口预留过高,稳装前没修理。

⑥立式小便器距墙缝隙太大。原因:甩口尺寸不准确。

⑦洁具溢水失灵。原因:下水口无溢水眼。

另外,应注意,通水之前,将器具内污物清理干净,不得借通水之便将污物冲入下水管内,以免管道堵塞。

严禁使用未经过滤的白灰粉代替白灰膏稳装卫生设备,避免造成卫生设备胀裂。

二、施工现场危险源的识别分析

正确认识施工现场的危险源特别是建筑施工的重大危险源并采取相应控制措施,是促进安全生产管理的有效手段。项目经理部在项目实施前组成危险源辨识小组,辨识小组由安全、施工、技术、职业卫生等方面的管理和技术人员组成。辨识与评价成员应接受过《职业安全健康管理体系》及危险源辨识、风险评价知识的培训。危险源的辨识从范围上讲应包括施工现场内受到影响的全部人员、活动和场所。

危险源辨识的方法有系统安全分析法和直接经验法。施工现场危险源的辨识主要采用直接经验法,通过对照有关标准、规范、检查表,依靠辨识评价人员的经验和观察分析能力,或采用类比的方法,进行危险源的辨识。比如施工现场安全管理人员在安全检查时,根据《建筑施工安全检查标准》(JGJ 59—2011)进行对照评分,扣分的地方往往是施工现场存在危险源的地方,这就是一种直接经验法。

(一)施工现场与物有关的不安全要素分析

在建筑生产活动中,与物有关的不安全要素,即物的故障,是事故产生的直接因素。导致事故发生的物的不安全因素主要表现在发生故障、误操作时的防护、保险、信号等装置缺乏、缺陷,以及设备、设施在强度、刚度、稳定性、人机关系上有缺陷两方面,不仅包括机器设备的原因,而且包括钢筋、脚手架的高空坠落等物的因素。

物之所以成为事故的原因,是由于物质的固有属性及其具有的潜在破坏和伤害能力。如超载限制或起升高度限位安全装置失效,使钢丝绳断裂、重物坠落;安全带及安全网质量低劣,为高处坠落事故提供了条件;电线和电气设备绝缘损坏、漏电保护装置失效,造成触电伤人,短路保护装置失效,又造成配电系统的破坏;空气压缩机泄压安全装置故障使压力进一步上升,导致压力容器爆裂;通风装置故障使有毒有害气体侵入作业人员呼吸道等。

(二)施工现场与人有关的不安全要素分析

与人有关的不安全因素有以下几个原因:一是教育原因,包括缺乏基本的文化知识和认知能力,缺乏安全生产的知识和经验,缺乏必要的安全生产技术和技能等;二是身体原因,包括生理状态或健康状态不佳,如听力、视力不良,反应迟钝,疾病、醉酒、疲劳等生理机能障碍等;三是态度原因,如不积极和不认真的态度,怠慢、反抗、不满等情绪,消极或亢奋的工作态度等。

施工现场安全事故的发生发展过程可描述为具有一定因果关系的事件的连锁过程:

(1)人员伤亡的发生是事故的结果;

(2)事故的发生原因是人的不安全行为或物的不安全状态;

(3)人的不安全行为或物的不安全状态是由于人的缺点造成的;

(4)人的缺点是由于不良环境诱发或者是由先天的遗传因素造成的。

施工现场安全事故因果连锁过程可概括为以下五个因素:

(1)遗传因素及社会环境:遗传因素及社会环境是造成人的性格上缺点的原因。遗传因素可能造成鲁莽、固执等不良性格;社会环境可能妨碍教育,助长性格的缺点发展。

(2)人的缺点:人的缺点是使人产生不安全行为或造成机械、物质不安全状态的原因,它包括鲁莽、固执、过激、神经质、轻率等先天缺点,以及缺乏安全生产知识和技术等后天缺点。

(3)人的不安全行为或物的不安全状态:是指那些曾经引起过事故,可能再次引起事故的人的行为或机械、物质的状态,它们是造成事故的直接原因。

(4)事故:是指物体、物质、人或放射线的作用或反作用,使人受到伤害或可能受到伤害的，出乎意料的、失去控制的事件。

(5)伤害：由于事故直接产生的人身伤害。

施工现场安全生产管理应遵循人本原理，在管理中必须把人的因素放在首位，体现以人为本的指导思想。一切管理活动都是以人为本展开的，人既是管理的主体，又是管理的客体，每个人都处在一定的管理层面上，离开人就无所谓管理；在管理活动中，作为管理对象的要素和管理系统各环节，都是需要人掌管、运作、推动和实施的。

(1)动力原则：推动管理活动的基本力量是人，管理必须有能够激发人的工作能力的动力。对于管理系统，有3种动力，即物质动力、精神动力和信息动力。

(2)能级原则：单位和个人都具有一定的能量，并且可以按照能量的大小顺序排列，形成管理的能级，就像原子中电子的能级一样。在管理系统中，建立一套合理能级，根据单位和个人能量的大小安排其工作，发挥不同能级的能量，保证结构的稳定性和管理的有效性。

(3)激励原则：管理中的激励就是利用某种外部诱因的刺激，调动人的积极性和创造性，以科学的手段，激发人的内在潜力，使其充分发挥积极性、主动性和创造性。人的工作动力来源于内在动力、外部压力和工作吸引力。

(4)行为原则：需要与动机是人的行为的基础，人的行为规律是需要决定动机，动机产生行为，行为指向目标，目标完成需要得到满足，于是又产生新的需要、动机、行为，以实现新的目标。安全管理工作的重点是防止人的不安全行为。

(三)施工现场管理缺失要素分析

施工现场人的不安全行为或物的不安全状态是事故的直接原因，但它们只不过是其背后的深层原因的征兆和管理缺陷的反映，只有找出背后的深层原因，改进企业管理，才能有效地防止事故。

施工现场安全管理中的控制是指损失控制，包括对人的不安全行为和物的不安全状态的控制，它是安全管理工作的核心。人的不安全行为和物的不安全状态是操作者在生产过程中的错误行为及生产条件方面的问题。操作者的不安全行为及生产作业中的不安全状态等现场失误是由企业领导者及安全工作人员的管理失误造成的。管理人员在管理工作中的差错或疏忽、企业领导人决策错误或没有做出决策等失误对企业经营管理及安全工作具有决定性的影响。管理失误反映企业管理系统中的问题，它涉及管理体制，即如何有组织地进行管理工作，确定怎样的管理目标，如何计划、实现确定的目标等方面的问题。管理体制反映作为决策中心的领导人的信念、目标及规范，决定着各级管理人员安全工作的轻重缓急、工作基准及指导方针等重大问题。

施工现场完全依靠工程技术上的改进来预防事故既不经济，也不现实。只有通过提高安全管理工作水平，经过较长时间的努力，才能防止事故的发生。管理者必须认识到只要生产没有实现高度安全化，就有发生事故及伤害的可能性，因而他们的安全活动中必须包含针对事故因果连锁中所有因素的控制对策。

在安全管理中，企业领导者的安全方针、政策及决策占有十分重要的地位。它包括生产及安全的目标，职员的配备，资料的利用，责任及职权范围的划分，职工的选择、训练、安排、指导及监督，信息传递，设备器材及装置的采购、维修及设计，正常及异常时的操作规程，设备的维修保养等。

管理上的欠缺，使得能够导致安全事故的基本原因出现。管理系统是随着生产的发展而不断发展完善的，十全十美的管理系统并不存在。

第八节　装饰施工质量、职业健康安全与环境问题的调查分析概述

一、施工质量问题的类别、原因和责任分析

（一）施工质量问题的类别

根据国家有关规定，凡是工程质量不合格，必须进行返修、加固或报废处理，由此造成直接经济损失低于5 000元的称为质量问题；直接经济损失在5 000元以上（含5 000元）的称为工程质量事故。

（二）施工质量问题的成因

装饰施工质量问题最基本的因素主要有以下几个方面。

1. 违背建设程序

建设程序是工程项目建设过程及其客观规律的反映，不按建设程序办事，例如，边设计、边施工，无图施工，不经竣工验收就交付使用等常是导致装饰工程质量问题的重要原因。

2. 违反法规行为

例如，无证设计，无证施工，越级设计，越级施工，工程招、投标中的不公平竞争，超常的低价中标，非法分包，转包、挂靠，擅自修改设计等行为。

3. 设计差错

例如，盲目套用图纸，采用不正确的结构方案，计算简图与实际受力情况不符，荷载取值过小，内力分析有误，沉降缝或变形缝处置不当，悬挑结构未进行抗倾覆验算，以及计算错误等，都是引发装饰施工质量问题的原因。

4. 施工与管理不到位

主要表现为不按图施工或未经设计单位同意擅自修改设计，例如，将幕墙立柱的铰接做成刚接，将简支梁做成连续梁，导致结构破坏；不按有关的施工规范和操作规程施工，墙面干挂石材全部采用云石胶固定，胶体的脆性形变导致石材脱落；施工组织管理紊乱，不熟悉图纸，盲目施工；施工方案考虑不周，施工顺序颠倒；图纸未经会审，仓促施工；技术交底不清，违章作业；疏于检查、验收等。

5. 使用不合格的原材料、制品及设备

诸如，幕墙骨架采用冷镀锌钢材，耐久性降低；后置埋件的螺栓采用非标准件，锚固长度不足，抗拉拔力不能满足设计要求；制作基层的木夹板开胶，引起面层装饰板鼓包；水泥受潮、过期、结块，砂石含泥量及有害物含量超标，造成砂浆强度不足，从而导致墙面砖脱落等质量问题。

6. 自然环境因素

空气温度、湿度、暴雨、大风、洪水、雷电、日晒等均可能成为质量问题的诱因。

7. 使用不当

对建筑物或设施使用不当也易造成质量问题，例如，未经校核验算就任意对建筑物加层，任意拆除承重结构部位，任意在结构物上开槽、打洞、削弱承重结构截面等。

（三）施工质量问题的责任分析

发生的质量问题不论是否由施工单位造成，通常都是先由施工单位负责实施处理。对因设计单位等非施工单位责任引起的质量问题，应通过建设单位要求设计单位或责任单位提出处理方案，处理质量问题所需的费用或延误的工期，由责任单位承担；若质量问题属施工单位责任，施工单位应承担各项费用损失和合同约定的处罚，工期不予顺延。

二、安全问题的类别、原因和责任分析

（一）建筑施工中的危险源分类

综合考虑起因物、引起事故的诱导性原因、致害物、伤害方式等，建筑施工中的危险源主要有五大类：

（1）高处坠落：如人员从临边、洞口，包括楼板边、电梯井口、楼梯口等处坠落，从脚手架上坠落；吊篮在安装、拆除过程中坠落。

（2）物体打击：人员受到同一垂直作业面的交叉作业中和通道口处坠落物体的打击。

（3）触电：对经过或靠近施工现场的输电线路没有或缺少保护，在搭设钢管架时触碰这些线路，造成触电；使用的各类手持电动工具，其电线破皮、老化，开关箱内又无漏电保护器等，造成触电。

（4）机械伤害：如切割机保护罩丢失，使用过程中锯片伤人。

（5）坍塌：如外墙脚手架失稳倒塌。

（二）施工生产过程中的危险和有害因素

1. 人的因素

（1）心理、生理性危险和有害因素；

（2）行为性危险和有害因素。

2. 物的因素

（1）物理性危险和有害因素；

（2）化学性危险和有害因素；

（3）生物性危险和有害因素。

3. 环境因素

（1）室内作业场所环境不良；

（2）室外作业场所环境不良；

（3）地下（含水下）作业环境不良；

（4）其他作业环境不良。

4. 管理因素

（1）职业安全卫生组织机构不健全；

（2）职业安全卫生责任制未落实；

(3)职业安全卫生管理规章制度不完善;

(4)职业安全卫生投入不足;

(5)职业健康管理不完善;

(6)其他管理因素缺陷。

(三)建筑施工中的安全问题责任分析

(1)生产经营单位的安全生产违法行为:分为作为和不作为。作为是指责任主体实施了法律禁止的行为而触犯法律,不作为是指责任主体不履行法定义务而触犯法律。如生产经营单位未按照规定设立安全生产管理机构或者配备安全生产管理人员,未按照规定对从业人员进行安全生产教育和培训等。

对这种安全生产违法行为设定的法律责任是处以罚款、没收违法所得、责令限期整改、停产停业整顿、责令停止建设、责令停止违法行为、吊销证照、关闭等行政处罚;导致发生生产安全事故给他人造成损害或者其他违法行为造成他人损害的,承担赔偿责任或者连带赔偿责任;构成犯罪的,依法追究刑事责任。

(2)从业人员的安全生产违法行为:如生产经营单位的决策机构、主要负责人、个人经营的投资人不依照法律规定保证安全生产所必需的资金投入,致使生产经营单位不具备安全生产条件;生产经营单位主要负责人对生产安全事故隐瞒不报、谎报或拖延不报等。

对这种安全生产违法行为设定的法律责任是处以降职、撤职、罚款、拘留等行政处罚;构成犯罪的,依法追究刑事责任。

三、环境问题的类别、原因和责任分析

对设计、施工和管理活动中的环境进行识别、评价,编制《重要环境因素清单》,制定《环境因素辨识和评价控制程序》、《能源与资源消耗控制程序》、《污水、废气、固体废弃物、噪声及粉尘的管理控制程序》等文件,使那些对环境具有或可能具有重大影响的因素和影响员工职业健康安全的风险因素得到有效控制。

(一)环境因素类别

识别环境因素必须覆盖公司管理和生产活动的各个方面,分析活动的输入(能源、水、化学品、主要原材料、纸张等)、输出(产品、副产品、废水、废气、废热、固体废弃物、噪声、油污等)、作业过程(危险作业、特种作业等)和涉及的人员(员工、合同方、供应方、其他相关方人员等)。环境因素从以下几个方面进行识别:

(1)向大气排放的污染物;

(2)向水体排放的污染物;

(3)产生噪声污染的环境因素;

(4)造成土壤污染的环境因素;

(5)固体废弃物(包括有毒有害废物)的管理;

(6)引起放射性污染的环境因素;

(7)原材料及资源的利用;

(8)法律、法规要求;

(9)公众关注的其他环保问题。

(二)重要环境问题产生的原因

(1)违反相关法律法规或污染物超标排放;

(2)潜在的环境事故或紧急状态;

(3)扔弃已列入《国家危险废物名录》的固体废弃物;

(4)治污技术难度大且需要的高昂投资不到位;

(5)对周边环境有重大影响,社区强烈关注,相关方协调不到位;

(6)对有考核指标的部门跟踪不到位。

(三)建筑施工中的环境问题责任分析

(1)排放污染物超过国家或者地方规定的污染物排放标准的企业事业单位,依照国家规定缴纳超标准排污费,并负责治理。

(2)建设项目的防污设施没有建成或者没有达到国家规定的要求,投入生产或者使用的,由批准该建设项目的环境影响报告书的环境保护行政主管部门责令停止生产或者使用,可以并处罚款。

(3)未经环境保护行政主管部门同意,擅自拆除或者闲置防治污染的设施,污染物排放超过规定排放标准的,由环境保护行政主管部门责令重新安装使用,并处罚款。

(4)对造成环境污染事故的企业事业单位处以罚款,并责成其排除危害,对直接受到损害的单位或者个人赔偿损失;情节严重的,对有关责任人员由其所在单位或者政府主管机关给予行政处分。

(5)对经限期治理逾期未完成治理任务的企业事业单位,除依照国家规定加收超标准排污费外,可以根据所造成的危害后果处以罚款,或者责令停业、关闭。

(6)造成重大环境污染事故,导致财产重大损失或者人身伤亡等严重后果的,对直接责任人员依法追究刑事责任。

第九节　施工记录及工程技术资料编制概述

一、施工日志及施工记录填写与编制

(一)施工日志填写与编制

1.施工日志填写要求

施工日志是施工活动的原始记录,是编制施工文件、积累资料、追溯责任、总结经验的重要依据,由项目工程部具体负责。

(1)装饰装修工程施工单位应指定专人负责从工程开工起至完工止的逐日记录,保证施工日志的真实、连续和完整。工程施工期间若有间断,应在日志中加以说明,可以在停工的最后一天或复工第一天的日志中描述。

(2)施工日志应记录与工程施工有关的生产、技术、质量、安全、资源配置等情况以及施工过程中发生的重大、重要事件,如工程停/复工、分部/单位工程验收、分包工程验收、建设行政或上级主管部门大检查、工程创优检查、工程质量事故勘查与处理等情况。

(3)施工日志填写的主要内容如下:

①每日的天气、温度情况；

②当日生产情况：施工部位，施工内容，施工机具和材料的准备，人员进退场的情况，专业工程的开工、完工时间；

③隐检、预检情况；

④质量验收情况（参加单位、人员、部位、存在问题）；

⑤原材料进场检查、验收情况（数量、外观、产地、标号、牌号、合格证份数和是否已通过复试等）；

⑥施工方案、技术交底等技术文件下发与责任落实情况；

⑦工程资料的交接（对象及主要内容）情况；

⑧施工过程中发生的问题：设计文件与实际施工不符，变更施工方法，质量、安全、设备事故（或未遂事故）发生的原因、处理意见和处理方法；

⑨外部会议或内部会议记录；

⑩上级部门或单位领导到工地现场检查指导情况（对工程所作的决定或建议）；

⑪其他特殊情况（停电、停水、停工、窝工等）；

(4)施工日志应由施工单位留存归档。

2. 施工日志示例1

施工日志示例如表2-24所示。

表2-24　施工日志(1)

施工日志			编号	03－C1－126	
工程名称	××大厦A幢		日期	2012年8月18日	
天气状况		风力		最高/最低温度	
白天	夜间	白天	夜间	白天	夜间
晴	多云	1～2级	1～2级	30 ℃	16 ℃
生产情况记录：(施工部位、施工内容、机械作业、班组工作、生产存在问题等) (1)地面工程：首层大厅地砖施工，完成30%；2层走廊地砖施工，完成30%；4层走廊地砖施工，完成100%。 (2)墙面抹灰工程：12层墙面抹灰施工，完成75%；3、6层楼梯间踏步抹灰，完成60%。 (3)墙面涂饰工程：B01层涂料施工，完成30%；6～10层墙面腻子施工，完成60%；11层粉刷石膏施工，完成40%。 (4)墙面饰面板、砖工程：2层卫生间墙砖施工，完成80%；8层办公区墙砖施工，完成60%。 (5)轻质隔墙工程：6～8层隔墙龙骨、石膏板安装，完成60%。 (6)吊顶工程：B01、B02、8、9层封板，完成80%；10层走廊吊顶主龙骨施工，完成80%；10层办公室吊顶施工，完成60%。 (7)门窗工程：1～2层门油漆，完成40%；2～11层防火门安装，完成80%；7～10层装饰门安装，完成70%。					

续表 2-24

技术质量安全工作记录:(技术质量安全活动、检查评定验收、技术质量安全问题等) 质量检查与验收情况: (1)隐蔽工程检查:3~5 层电梯厅墙面石材龙骨安装隐检;4~6 层办公区吊顶龙骨安装隐检;2~4 层防火门安装隐检。上述隐蔽工程验收均通过。 (2)质量验收情况:首层电梯厅石材安装检验批质量验收;2~3 层办公区吊顶检验批质量验收;3~5 层涂饰工程检验批质量验收。上述检验批验收均通过。 技术质量安全问题: (1)个别操作人员未按规定系安全带和佩戴安全帽。 (2)现场使用的碘钨灯的灯架高度不够(低于 2.4 m)。 上述问题已责成有关人员整改。

施工单位名称	××装饰工程公司	记录人	×××

3. 施工日志示例 2

施工日志示例如表 2-25 所示。

表 2-25　施工日志(2)

<table>
<tr><td colspan="4">施工日记</td><td>日期</td><td colspan="2">2012 年 10 月 20 日</td></tr>
<tr><td rowspan="2">今日气象</td><td rowspan="2">温度</td><td rowspan="2">最高:8 ℃
最低:-4 ℃</td><td rowspan="2">风力:3 级
风向:偏南风</td><td rowspan="2">上午:晴天
下午:晴天</td><td colspan="2">形象进度</td></tr>
<tr><td colspan="2">停工</td></tr>
<tr><td colspan="7">今日施工活动情况</td></tr>
<tr><td>施工小组</td><td>人数</td><td>施工内容及部位</td><td>完成任务情况</td><td>质量评定</td><td colspan="2">施工负责人</td></tr>
<tr><td></td><td></td><td></td><td></td><td></td><td colspan="2"></td></tr>
<tr><td colspan="7">主要事项记录</td></tr>
<tr><td colspan="7">今天对东立面、北立面的后置埋件做现场拉拔试验,化学螺栓与膨胀螺栓检验荷载均超过设计值(12.6 kN 与 5 kN),均合格。参加人员:实验室两人(贾主任、张工)、监理单位代表(郑××)、甲方代表(杨××)、施工单位代表(史××、许××、段××)。
外墙停工待料(立柱材料)第十一天。</td></tr>
<tr><td colspan="7">记录人:×××</td></tr>
</table>

(二)施工记录填写与编制

1. 隐蔽工程检查记录基本规定

(1)隐蔽工程检查记录所反映的部位、时间、检查要求等应与相应的施工日志、方案和交底、试验报告、检验批质量验收等反映的内容相一致。

(2)隐检项目:应体现分项工程和施工工序名称,如地面防水层铺设、门预埋件安装、吊顶吊杆和龙骨安装、轻质隔墙龙骨安装等。

(3)隐检部位:应体现楼层、轴线及建筑功能房间或区域名称,如楼梯间、公共走廊、会议室、餐厅。

(4)隐检依据:施工图、图纸会审记录、设计变更或洽商记录、施工质量验收规范、施工组织设计、施工方案等。

（5）隐检内容：应严格反映施工图的设计要求，按照施工质量验收规范的自检规定（如原材料复验、连接件试验、主要施工工艺做法等）。若文字不能表达清楚，宜采用详图或大样图表示。

（6）检查意见和检查结论：由监理单位填写。应明确所有隐检内容是否全部符合要求。隐检中第一次验收未通过的，应注明质量问题和复查要求。未经检查或验收未通过的，不允许进行下道工序的施工。

（7）复查结论：由监理填写，主要是针对第一次检查存在的问题进行复查，描述对质量问题的整改情况。

（8）签字栏：本着谁施工、谁签认的原则，对于专业分包工程应体现专业分包单位名称，分包单位的各级责任人签认后再报请总包签认，总包签认后再报请监理签认，各方签认后生效。

（9）隐蔽工程检查记录由项目专业工长填报，项目资料员按照不同的隐检项目分类汇总整理。施工单位、监理单位、建设单位各留存一份。

2. 吊顶隐蔽工程检查记录填写与编制

（1）房间净高和基底处理。安装龙骨前应对房间净高和洞口标高进行检查，结果应符合设计要求，基层缺陷应处理完善。

（2）预埋件和拉结筋设置：数量、位置、间距、防腐及防火处理、埋设方式、连接方式等应符合设计及规范要求。预埋件应进行防锈处理。

（3）吊杆及龙骨安装：龙骨、吊杆、连接杆的材质、规格、安装间距、连接方式必须符合设计要求、规范规定及产品组合要求。吊杆距主龙骨端部距离不得大于300 mm，当吊杆长度大于1.5 m时，应设置反支撑。金属吊杆、龙骨表面的防腐（锈）处理以及木质龙骨、木质吊杆的防火、防腐处理应符合设计要求和相关规范的规定。

（4）填充材料的设置：品种、规格、铺设厚度、固定情况等应符合设计要求，并应有防散落措施。

（5）吊顶内管道、设备安装及水管试压：管道、设备及其支架安装位置、标高、固定应符合设计要求，管道试压和设备调试应在安装饰面板前完成并验收合格，符合设计要求及有关规范、规程规定。

（6）吊顶内可能形成结露的暖卫、消防、空调等管道的防结露措施应符合设计要求及有关规范、规程规定。

（7）重型灯具、电扇及其他重型设备严禁安装在吊顶工程的龙骨上。

吊顶隐蔽工程检查记录示例见表2-26。

3. 细部隐蔽工程检查记录填写与编制

（1）木制品的防潮、防腐、防火处理应符合设计要求。

（2）预埋件（后置埋件）埋设及节点的连接，橱柜、护栏和扶手预埋件或后置埋件的数量、规格、位置、防锈处理以及护栏与预埋件的连接节点应符合设计要求。

（3）橱柜内管道隔热、隔冷、防结露措施应符合设计要求。

细部隐蔽工程检查记录示例见表2-27。

表 2-26 吊顶隐蔽工程检查记录

<table>
<tr><td colspan="3">隐蔽工程检查记录</td><td colspan="2">编号</td><td>03 – C5 – 001</td></tr>
<tr><td colspan="2">工程名称</td><td colspan="4">× × 大厦 A 幢</td></tr>
<tr><td colspan="2">隐检项目</td><td>吊顶工程
（暗龙骨吊顶安装）</td><td colspan="2">隐检日期</td><td>2012 年 6 月 27 日</td></tr>
<tr><td colspan="2">隐检部位</td><td colspan="4">F07 ~ F10 层客房吊顶</td></tr>
<tr><td colspan="6">隐检依据：施工图图号 装施 – AK – 01、装施 – DD – 07 ，设计变更/洽商（编号 / ）及有关国家现行标准等。
主要材料名称及规格/型号： U38 × 1.0 主龙骨，U50 × 0.6 副龙骨，M8 镀锌金属吊杆，M8 内膨胀管</td></tr>
<tr><td colspan="6">隐检内容：
（1）M8 内膨胀管吊点间距 900 ~ 1 200 mm，吊杆与内膨胀管连接坚固，吊杆垂直。
（2）M8 镀锌金属吊杆长度符合设计要求。
（3）主龙骨两端头距离墙 150 ~ 200 mm，间距 900 ~ 1 200 mm，主龙骨的悬臂端部大于 300 mm。
（4）副龙骨间距为 400 mm，与主龙骨连接牢固。
（5）吊顶起拱高度为短跨度的 1/200。
（6）边龙骨由 12 mm × 50 mm 木方沿吊顶标高在四周固定。木方做防腐处理，采用气钉固定，将 50 mm 龙骨背扣固定在木方上。
隐检内容已做完，请予以检查。
申报人：× × ×</td></tr>
<tr><td colspan="6">检查意见：
经检查材料的规格、材质、安装间距及连接固定方式符合设计要求。龙骨平直稳定，方格尺寸准确，吊杆、龙骨表面已进行处理，同意进行下道工序。
检查结论： ☑同意隐蔽 □不同意，修改后进行复查</td></tr>
<tr><td colspan="6">复查结论：
复查人： 复查日期</td></tr>
<tr><td rowspan="3">签字栏</td><td rowspan="2">建设（监理）单位</td><td>施工单位</td><td colspan="3">北京市 × × 装饰公司</td></tr>
<tr><td>专业技术负责人</td><td colspan="2">专业质检员</td><td>专业工长</td></tr>
<tr><td>× × ×</td><td>× × ×</td><td colspan="2">× × ×</td><td>× × ×</td></tr>
</table>

表 2-27　细部隐蔽工程检查记录

<table>
<tr><td colspan="3">隐蔽工程检查记录</td><td>编号</td><td>03 - C5 - 001</td></tr>
<tr><td>工程名称</td><td colspan="4">××大厦 A 幢</td></tr>
<tr><td>隐检项目</td><td colspan="2">细部工程
（窗帘盒制作与安装）</td><td>隐检日期</td><td>2012 年 6 月 20 日</td></tr>
<tr><td>隐检部位</td><td colspan="4">F04 层房间⑩～②/S 轴线</td></tr>
<tr><td colspan="5">隐检依据:施工图图号 精装修 B03 - 01 ,设计变更/洽商(编号 /)及有关国家现行标准等。
主要材料名称及规格/型号:1 220 mm×2 440 mm×17 mm 细木工板,ϕ8 膨胀螺栓,ϕ8 全丝吊杆,防腐防火涂料</td></tr>
<tr><td colspan="5">隐检内容:
窗帘盒制作与安装隐检内容主要为检查埋件及其连接方法:
(1)所用 1 220 mm×2 440 mm×17 mm 细木工板做复试检测合格,检验报告编号:2012 - 049 - 4。各种材料的质保资料完整。
(2)连接件安装:用 70 mm 宽的细木工板条做连接件,用自攻螺丝将其固定在幕墙横向钢结构上。
(3)顶板安装:把窗帘盒 200 mm 宽底板用枪钉固定在细木工板连接件上。
(4)侧板连接:在混凝土上打入ϕ8 膨胀螺栓,通过大吊连接件与ϕ8 全丝吊杆连接,吊杆间距为 1 000 mm,在大吊上用 30 mm 长木螺丝固定侧板。
(5)侧板与顶板连接:用枪钉将侧板与顶板连接。
(6)五金件做防锈、防腐处理,细木工板满涂防腐、防火涂料。
隐检内容已做完,请予以检查。
申报人:×××</td></tr>
<tr><td colspan="5">检查意见:
经检查所用材料品种、材质、规格符合设计要求,安装牢固,符合设计要求及质量验收规范。
检查结论:　☑同意隐蔽　□不同意,修改后进行复查</td></tr>
<tr><td colspan="5">复查结论:

复查人:　　复查日期</td></tr>
<tr><td rowspan="3">签字栏</td><td rowspan="2">建设(监理)单位</td><td>施工单位</td><td colspan="2">北京市××装饰公司</td></tr>
<tr><td>专业技术负责人</td><td>专业质检员</td><td>专业工长</td></tr>
<tr><td>×××</td><td>×××</td><td>×××</td><td>×××</td></tr>
</table>

4. 防水工程试水检查记录填写与编制

(1)有防水要求的建筑地面工程的基层和面层,立管、套管、地漏处严禁渗漏,坡向正确、排水通畅,无积水,按有关规定做泼水、蓄水检查并做好记录。

(2)蓄水时间不少于 24 小时;蓄水最浅水位不应低于 20 mm;水落口及边缘封堵应严密,不得影响试水。

(3)防水工程检查记录内容应包括工程名称、检查部位、检查日期、蓄水时间、蓄水深度、检查内容、管沟及门洞口的封堵、管道及地漏处有无渗漏等。检查结果由施工单位质量员或监理单位验收时填写。

(4)防水工程试水检查记录由施工单位、监理单位、建设单位留存。

防水工程试水检查记录示例见表2-28。

表2-28　防水工程试水检查记录示例

<table>
<tr><td colspan="2">防水工程试水检查记录</td><td>编号</td><td>03 - C5 - 010</td></tr>
<tr><td>工程名称</td><td colspan="3">××大厦A幢</td></tr>
<tr><td>检查项目</td><td>F01层淋浴间、卫生间</td><td>检查日期</td><td>2012年8月6日</td></tr>
<tr><td rowspan="2">检查方式</td><td>☑第一次蓄水
□第二次蓄水</td><td>蓄水时间</td><td>从2012年8月5日8时
至2012年8月6日8时</td></tr>
<tr><td colspan="3">□淋水　　□雨期观察</td></tr>
<tr><td colspan="4">检查方法及内容:
防水隔离层施工完成,按规范规定做蓄水检查:
(1)在门口处用水泥砂浆做挡水墙,现有地漏干管上口高于蓄水面,无需封堵,进行蓄水,地面最高处蓄水深度不小于20 mm,蓄水时间为24小时。
(2)检查方法:在地下一层查看同部位是否有渗漏水现象。</td></tr>
<tr><td colspan="4">检查结果:
经检查,第一次蓄水检查无渗漏现象,坡向正确,检查合格,符合规范要求。</td></tr>
<tr><td colspan="4">复查结论:

复查人:　　　　　　　　　　　　　　复查日期</td></tr>
</table>

<table>
<tr><td rowspan="3">签字栏</td><td rowspan="2">建设(监理)单位</td><td>施工单位</td><td colspan="2">北京市××装饰公司</td></tr>
<tr><td>专业技术负责人</td><td>专业质检员</td><td>专业工长</td></tr>
<tr><td>×××</td><td>×××</td><td>×××</td><td>×××</td></tr>
</table>

5. 交接检查记录填写与编制

(1)建筑装饰装修工程在主体结构验收合格,并对基体或基层验收后施工,主要检查结构标高、轴线偏差、结构构件尺寸偏差,相邻楼地面标高,房间净高、门窗洞口标高及尺寸偏差,水、暖、电等管线、设备及其支架标高,填充墙体、抹灰工程质量等,确定是否具备进行装饰装修工程施工的条件。

(2)交接检查记录由移交单位先行填报,其中表头和交接内容由移交单位填写;检查结果由接收单位填写。

(3)复查意见:由见证单位填写。

(4)见证单位意见:指见证单位综合移交和接收方意见形成的仲裁意见。

(5)见证单位规定:当在总包管理范围内的分包单位之间移交时,见证单位为总包单位;当在总包单位和其他专业分包单位之间移交时,见证单位为建设(监理)单位。

(6)移交单位、接收单位、见证单位三方共同签认后生效。

(7)工程交接检查记录由施工单位和见证单位留存。

工程交接检查记录示例见表2-29。

表 2-29　工程交接检查记录

<table>
<tr><td colspan="3">交接检查记录</td><td colspan="2">编号</td><td>03 – C5 – 003</td></tr>
<tr><td>工程名称</td><td colspan="5">× × 大厦 A 幢</td></tr>
<tr><td>移交单位名称</td><td colspan="2">北京市 × × 装饰公司</td><td colspan="2">接收单位名称</td><td>北京市 × × 机电安装公司</td></tr>
<tr><td>交接部位</td><td colspan="2">F04 ~ F10
空调机房设备基础</td><td colspan="2">检查日期</td><td>2012 年 5 月 29 日</td></tr>
<tr><td colspan="6">交接内容：
(1)设备基础尺寸偏差；
(2)设备基础标高偏差；
(3)埋件标高、位置、深度、垂直度等偏差；
(4)防水层施工质量等。</td></tr>
<tr><td colspan="6">检查结果：
以上检查内容中各项实测偏差符合规范规定，防水层已通过隐蔽工程检查，具备进行机电设备安装工程施工的条件。</td></tr>
<tr><td colspan="6">复查结论：

复查人：　　　　　　　　　　　　　　　　　　　　　　　　复查日期</td></tr>
<tr><td colspan="6">见证单位意见：
检查内容与结果符合要求，同意移交。
见证单位名称：× × × 监理公司</td></tr>
<tr><td rowspan="2">签字栏</td><td colspan="2">移交单位</td><td colspan="2">接收单位</td><td>见证单位</td></tr>
<tr><td colspan="2">× × ×</td><td colspan="2">× × ×</td><td>× × ×</td></tr>
</table>

6. 幕墙注胶检查记录填写与编制

(1)对于现场打注幕墙密封胶的，施工单位应对现场注胶情况进行检查，由专业工长负责检查并填写幕墙注胶记录，施工单位自检通过后，报请监理单位进一步检查。

(2)注胶应饱满、密实、连续、均匀、无气泡，宽度和厚度应符合设计要求和技术标准的规定。

(3)《玻璃幕墙工程技术规范》(JGJ 102—2003)强制性条文规定，对于玻璃幕墙(除全玻璃幕墙外)，不应在现场打注硅酮结构密封胶。

(4)幕墙注胶检查记录由施工单位、建设单位留存。

幕墙注胶检查记录示例见表 2-30。

二、分部分项工程施工技术资料及工程施工管理资料整理

(一)施工技术资料

以北京市某房屋建筑工程装饰装修工程为例，其施工技术资料见表 2-31。

表 2-30　幕墙注胶检查记录

幕墙注胶检查记录		编号	03－07－C5－011
工程名称	××大厦 A 幢	检查项目	幕墙注胶检查记录
检查部位	F03 ~ F05 层北立面	检查日期	2012 年 9 月 2 日
检查依据： (1)《建筑装饰装修工程质量验收规范》(GB 50210—2001)； (2)《玻璃幕墙工程质量检验标准》(JGJ/T 139—2001)； (3)《玻璃幕墙工程技术规范》(JGJ 102—2003)。			
检查内容： (1)DC791 硅酮建筑耐候密封胶现场复试报告(编号为 BETC－HJ－2012－J－64)； (2)密封胶表面光滑,无裂缝现象,接口处厚度和颜色一致； (3)注胶饱满、平整、密实,无缝隙； (4)密封胶黏结形式、宽度符合设计要求,厚度不小于 3.5 mm。			
检查结论： 经检查,幕墙注胶符合设计及施工规范要求。			
复查结论： 复查人：　　　　　　　　　　　　　复查日期			
施工单位	北京市××装饰公司		
专业技术负责人	专业质检员	专业工长	
×××	×××	×××	

表 2-31　施工技术资料

序号	施工资料分类	施工资料组成内容	技术管理要求
1	施工管理资料	(1)工程概况表	单位工程开工前填报的工程概况表未包括装饰装修工程概况时,应填报
		(2)建设工程质量事故调查笔录、建设工程质量事故报告书	发生质量事故时应及时填报
		(3)施工现场质量管理检查记录	正式施工前填报,总监理工程师审批
		(4)企业资质证书及相关专业人员岗位证书	应严格审查施工单位是否在其资质允许的范围内承揽工程,以及岗位证书的有效性
		(5)见证记录	按照本工程合同约定或审批通过的施工技术文件要求执行
		(6)施工日志	按谁施工、谁负责编制的原则
		(7)施工总结	包括技术、管理、经营等方面的专项总结或综合性总结,重点突出工程创新、先进性、特色

续表 2-31

序号	施工资料分类	施工资料组成内容	技术管理要求
2	施工技术资料	(1)装饰装修工程施工组织设计(或施工方案)	在正式施工前编制完成,并报监理单位审批通过后实施
		(2)技术交底	在正式施工前编制完成,分级编制并实施
		(3)图纸会审记录	在正式施工前完成,有关各方签认齐全,属于正式施工设计文件
		(4)设计变更通知单、工程洽商记录	应及时办理,分包洽商应通过总包审查后办理,各方签认通过后方可参照执行

(二)施工现场质量管理检查记录填写与编制

1. 施工现场质量管理检查记录填写与编制

(1)对每个单位(或子单位)工程,在开工前应填报施工现场质量管理检查记录;如果装饰装修工程作为一个(或若干)标段招标,则在每个标段施工前,根据本标段实际情况填报施工现场质量管理检查记录。

(2)装饰装修工程实行总承包管理的,应由总包单位填报施工现场质量管理检查记录。

(3)建设单位依法直接分包的装饰装修工程(如精装修),应由专业分包单位填报施工现场质量管理检查记录。

(4)施工单位现场负责人填写施工现场质量管理检查记录,报项目总监理工程师(或建设单位项目负责人)检查,并作出检查结论。

(5)主要检查内容包括:

装修装饰工程的质量管理制度和质量检验制度;

装饰装修现场各级管理人员质量责任制、分包单位管理制度、材料及设备管理制度;

施工现场主要操作人员岗位证书;

装饰装修施工单位资质;

施工图、施工组织设计及方案等施工技术文件;

装饰装修工程相关现行国家、行业、地方、企业规范标准;

实验室设置情况,计量器具鉴定情况。

(6)表头部分:填写参与工程建设各责任方的主要概况。可统一填写,不需要具体人员签名,只明确各负责人职务。

工程名称应填写工程名称全称,与合同文件中的名称一致,各参加单位(建设、设计、监理、施工)应填写单位全称,并与合同或协议、签章上的名称一致。

(7)检查项目部分:应填写各检查项目文件的名称和编号,并将文件(原件或复印件)附于表后,供检查。

现场质量管理制度、质量责任制:施工企业应建立健全适应于自身发展的质量管理、责任制度,如质量检查验收制度、工序交接检查制度、质量分析例会制度、质量奖惩制度、不合格项处置办法等。现场质量管理制度内容应健全,有针对性、时效性等。质量责任制应落实到位。

专业工种岗位证书:以当地建设行政主管部门的规定为准。专业工种的岗位证书应齐全、有效。

分包方资质与分包单位管理制度:资质文件应齐全,核查分包单位是否在资质允许的业务范围内承揽工程,分包单位资质是否已经通过报审,具有《分包单位资质报审表》。专业分包以及总包对分包均应建立管理制度。

施工图审查情况:装饰装修工程的深化施工图,涉及主体和承重结构改动或增加荷载的,应由原建筑设计单位或具备相应资质的设计单位审查。

施工技术标准:应按照设计文件和施工方案的编制依据填报,可以选用国家、行业、地方标准,也可以使用企业标准(应经过批准和备案)。核查项目配备的规范、标准是否满足本工程的使用要求。

工程质量检验制度:包括主要原材料进场检验制度和施工过程的施工试验检验制度等。

(8)检查项目内容:可直接填写有关资料的名称和编号。

(9)检查结论由总监理工程师或建设单位项目负责人填写,总监理工程师或建设单位项目负责人对施工单位报送的各项资料进行验收核查,合格后签署核查意见,明确是否符合要求。如验收核查不合格,施工单位必须限期整改,否则不准许开工。

(10)施工现场质量管理检查记录应由施工单位和监理单位留存并归档。

2. *施工现场质量管理检查记录示例*

施工现场质量管理检查记录示例见表2-32。

表2-32 施工现场质量管理检查记录

<table>
<tr><td colspan="4">施工现场质量管理检查记录</td><td>编号</td><td colspan="2">03 - C1 - 001</td></tr>
<tr><td colspan="2">工程名称</td><td colspan="5">× ×大厦A幢</td></tr>
<tr><td colspan="2">开工日期</td><td colspan="2">2012年2月20日</td><td>施工许可证
(开工证)</td><td colspan="2">11(建)2012—2048</td></tr>
<tr><td colspan="2">建设单位</td><td colspan="2">× × × ×</td><td>项目负责人</td><td colspan="2">× × ×</td></tr>
<tr><td colspan="2">设计单位</td><td colspan="2">× ×建筑设计研究院</td><td>项目负责人</td><td colspan="2">× × ×</td></tr>
<tr><td colspan="2">监理单位</td><td colspan="2">北京市× ×监理公司</td><td>总监理工程师</td><td colspan="2">× × ×</td></tr>
<tr><td colspan="2">施工单位</td><td>北京× ×装饰工程公司</td><td>项目经理</td><td>× × ×</td><td>项目技术负责人</td><td>× × ×</td></tr>
<tr><td>序号</td><td colspan="2">项目</td><td colspan="4">内容</td></tr>
<tr><td>1</td><td colspan="2">现场质量管理制度</td><td colspan="4">各项质量管理制度完善健全</td></tr>
<tr><td>2</td><td colspan="2">质量责任制</td><td colspan="4">质量责任制已落实</td></tr>
<tr><td>3</td><td colspan="2">主要专业工种操作上岗证书</td><td colspan="4">测量工、电焊工、电工等要求持证上岗的工种均能持有效证件,已通过审查</td></tr>
<tr><td>4</td><td colspan="2">分包方资质与分包单位的管理制度</td><td colspan="4">× ×装饰装修公司等专业装饰公司资质已经过资质报审,企业各项管理制度齐全</td></tr>
</table>

续表 2-32

序号	项目	内容
5	施工图审查情况	—
6	地质勘察资料	—
7	施工组织设计、施工方案及审批	装饰装修工程施工组织设计已编制完成,已通过施工技术文件审批
8	施工技术标准	项目配备相关国家、行业、地方、企业装饰装修工程规范、标准40余项,经核查齐全、有效,满足施工要求,详细名录见施工组织设计
9	工程质量检验制度	有完整的装饰装修工程检验制度、工程试(检)验计划,有见证试验取样及送检计划、质量验收与报验管理制度
10	搅拌站及计量设置	—
11	现场材料、设备存放与管理	按材料、设备性能要求制定管理措施、制度,设置相应库房与存放场地
⋮		
检查结论: 通过对上述项目的检查,项目部施工现场质量管理制度明确到位,质量责任制措施得力,主要专业工种操作上岗证书齐全,精装修施工方案、专项施工方案已经过逐级审批,现场工程质量检验制度及现场材料、设备的管理制度齐全。符合要求,工程质量有保障。 总监理工程师:××× (建设单位项目负责人)　2012年2月15日		

注:本表由施工单位填写,施工单位和监理单位各保存一份。

(三)见证记录填写与编制

1. 见证记录填写要求

装饰装修工程应按照现行规范规定或合同约定实行有见证试(检)验。通常情况下,装饰装修工程实行有见证取样和送检的项目包括:建筑外窗的"三性"检验;安全玻璃安全性能检验;后置埋件的拉拔强度检验;室内用石材、瓷砖放射性检验;室内用人造木板甲醛检验;防水材料检验。

(1)正式施工前,施工单位应编制有见证取样试验计划、施工试(检)验方案,明确装饰装修工程应见证试验项目、见证试验比例、取样数量等,并报送监理单位审查确认。

(2)有见证取样和送检次数不得少于试验总数的30%,试验总数在10次以下的不得少于2次。

(3)见证记录应由(监理单位或建设单位)见证人员填写,一式三份,其中施工单位、监理单位和检测单位各一份,不得缺项、缺章。

(4)见证记录应由见证人员、取样人员分别签字,送检时随试验委托合同单位和试件一起提交检测单位。

(5)取样数量填写应明确具体,如×樘(门窗)、×t(防水涂料),符合现行试验检验规范要求。

(6)见证记录中宜将与试样相关的特征参数一一列入，如试样(试件)品种、规格和试件标号、类型、牌号、等级等。

(7)重要工程或工程重要部位可以增加有见证取样和送检次数，有见证试样应在现场施工试验中随机抽检，不得另外增加。

(8)见证记录应由项目试验员负责收集，项目资料员负责分类编目整理，监理单位、施工单位留存并归档。

2. 见证记录示例

见证记录示例见表2-33。

表2-33　见证记录

见　证　记　录
编　号：石材－006
工程名称：××大厦(A幢)
取样部位：F01～F12公共区电梯间墙面、地面
样品名称：白麻花岗岩　　取样数量：一组
取样地点：F01层门厅　　取样日期：2012年10月15日
见证记录：现场随机取样，在进场花岗岩中取样品一组，规格为300 mm×300 mm，试件编号为BK－006，符合见证取样及送检规定。
有见证取样和送检印章：有见证取样和送检专用章
取　样　人　签　字：×××
见　证　人　签　字：×××
填制日期：2012年10月15日

第十节　工程信息资料的专业软件处理概述

一、利用专业软件录入、输出、汇编施工信息资料

利用软件编制施工资料，关键是掌握施工资料的分类与编号，便于检索、查询。

(一)工程资料的组成

工程资料的组成如图2-11所示。

(二)施工资料分类

施工资料分类如图2-12所示。

(三)幕墙工程施工资料分类及组成内容示例

幕墙工程施工资料分类及组成内容示例见表2-34。

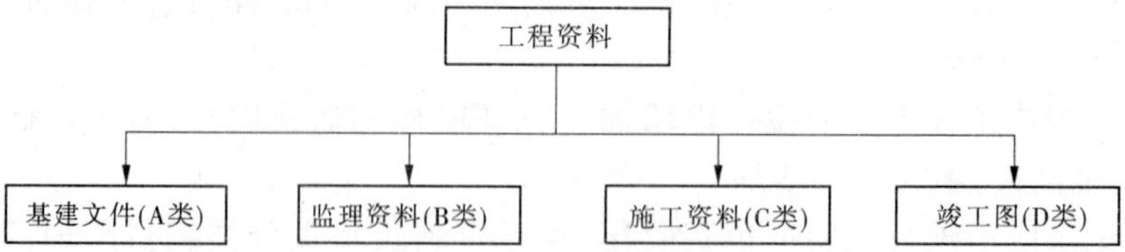

图 2-11 工程资料的组成

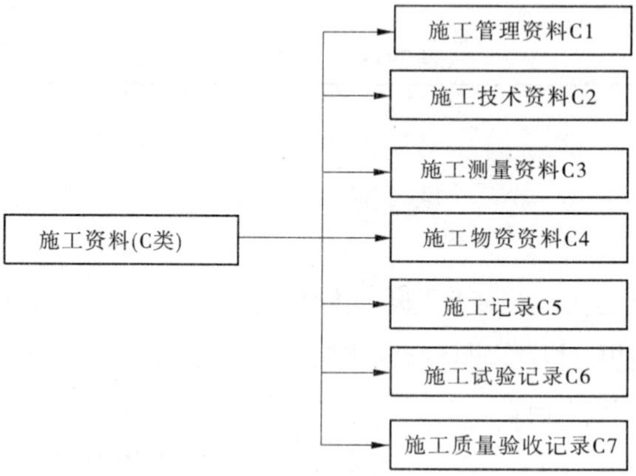

图 2-12 施工资料分类

表 2-34 幕墙工程施工资料分类及组成内容

序号	施工资料分类（类别）	施工资料组成内容
1	施工管理资料（C1）	（1）工程概况表
		（2）建设工程质量事故调（勘）查笔录、建设工程质量事故报告书
		（3）施工现场质量管理检查记录
		（4）企业资质证书及相关专业人员岗位证书
		（5）见证记录（结构胶、安全玻璃、幕墙性能检测及后置埋件等）
		（6）施工日志
		（7）施工总结
2	施工技术资料（C2）	（1）幕墙工程设计计算书
		（2）幕墙工程施工组织设计（或施工方案）
		（3）（方案、分项、“四新”）技术交底
		（4）图纸会审记录
		（5）设计变更单、工程洽商记录
3	施工测量资料（C3）	（1）幕墙工程施工测量记录
		（2）幕墙工程垂直度测量记录

续表 2-34

序号	施工资料分类（类别）	施工资料组成内容
4	施工物资资料（C4）	(1)结构黏结及密封材料合格证、检验报告、进场检验记录、复验报告
		(2)铝合金材料合格证、检验报告、进场检验记录、复验报告
		(3)玻璃合格证、检验报告、进场检验记录、复验报告
		(4)石材合格证、检验报告、进场检验记录、复验报告
		(5)钢材合格证、检验报告、进场检验记录、复验报告
		(6)保温、防火、隔声材料合格证、检验报告、复验报告
5	施工记录（C5）	(1)隐蔽工程检查记录
		(2)幕墙基层检查记录
		(3)幕墙安装施工记录
		(4)幕墙注胶施工记录
		(5)幕墙淋水检查记录
		(6)交接检查记录
6	施工试验记录（C6）	(1)后置埋件现场拉拔强度性能试验报告
		(2)抗风压性能、空气渗透性能、雨水渗漏性能及平面变形性能检验报告
		(3)结构胶的混匀性试验记录及拉断试验记录
		(4)防雷装置连接测试记录
7	施工质量验收记录（C7）	(1)检验批质量验收记录
		(2)幕墙分项工程质量验收记录
		(3)幕墙子分部工程质量验收记录
8	幕墙工程竣工图	

(四)建筑工程的分部(子分部)工程、分项工程划分

建筑工程的分部(子分部)工程、分项工程划分应符合现行《建筑工程施工质量验收统一标准》的要求。

表 2-35 为建筑工程的分部(子分部)工程、分项工程划分示例。

(五)幕墙工程施工资料编号的组成

幕墙工程施工资料编号为 9 位,各部分之间用横线隔开(见图 2-13)。

××—××—××—×××→共 9 位编号
①　②　③　④

图 2-13　幕墙工程施工资料编号的组成

①——分部工程代号,共 2 位,幕墙工程隶属于装饰装修工程,根据现行标准的规定,装饰装修分部工程代号为 03;

②——子分部工程代号,共 2 位,根据现行标准的规定,幕墙子分部工程代号为 07。

③——类别编号，共2位。

④——顺序号，共3位。

表2-35 建筑工程的分部（子分部）工程、分项工程划分

分部工程代号	分部工程名称	子分部工程代号	子分部工程名称	分项工程
01	地基与基础			
02	主体结构			
03	建筑装饰装修	01	地面	整体面层：基层，水泥混凝土面层，水泥砂浆面层，水磨石面层，防油渗面层，水泥钢（铁）屑面层，不发火（防爆的）面层；板块面层：基层，砖面层（陶瓷锦砖、缸砖、陶瓷地砖和水泥花砖面层），大理石面层和花岗岩面层，预制板块面层（预制水泥混凝土、水磨石板块面层），料石面层（条石、块石面层），塑料板面层，活动地板面层，地毯面层；木竹面层：基层、实木地板面层（条材、块材面层），实木复合地板面层（条材、块材面层），中密度（强化）复合地板面层（条材面层），竹地板面层
		02	抹灰	一般抹灰，装饰抹灰，清水砌体勾缝
		03	门窗	木门窗制作与安装，金属门窗安装，塑料门窗安装，特种门窗安装，门窗玻璃安装
		04	吊顶	暗龙骨吊顶，明龙骨吊顶
		05	轻质隔墙	板材隔墙，骨架隔墙，活动隔墙，玻璃隔墙
		06	饰面板（砖）	饰面板安装，饰面砖粘贴
		07	幕墙	玻璃幕墙，金属幕墙，石材幕墙
		08	涂饰	水性涂料涂饰，溶剂型涂料涂饰，美术涂饰
		09	裱糊与软包	裱糊、软包
		10	细部	橱柜制作安装，窗帘盒、窗台板和暖气罩制作与安装，门窗套制作与安装，护栏和扶手制作与安装，花饰制作与安装
04	建筑屋面			
05	建筑给水、排水及采暖			
06	建筑电气			
07	智能建筑			
08	通风与空调			
09	电梯			

示例如下：

幕墙工程淋水检查记录		编号	03-07-C5-001
工程名称			
检查部位		检查日期	

(1)对于同一分部工程、同一类别、同一表格的施工资料，顺序号(3位)应按资料形成时间的先后顺序，用阿拉伯数字从001开始连续标注。

(2)当同一施工表格(如隐蔽工程检查记录、预检记录等)涉及多个分部、分项工程时，顺序号应根据分部、分项工程和检查项目的不同，分别归类，并从001开始连续标注。

示例如下：

隐蔽工程检查记录		编号	03-07-C5-001
工程名称	××大厦A幢		
检查部位	预埋件埋设	检查日期	×年×月×日

隐蔽工程检查记录		编号	03-07-C5-001
工程名称	××大厦A幢		
检查部位	变形缝构造节点处理	检查日期	×年×月×日

隐蔽工程检查记录		编号	03-07-C5-001
工程名称	××大厦A幢		
检查部位	幕墙防雷装置安装	检查日期	×年×月×日

二、利用专业软件加工处理施工信息资料

(一)单位工程施工资料组卷方法

(1)一般工程分九大分部、六个专业，每个专业再按照资料的类别以C1~C7顺序排列。每个专业根据资料数量的多少组成一卷或多卷，要遵循施工资料自然形成规律，保持资料内容之间的联系。

(2)每个专业施工单位提交给监理单位的报审、报验(B类)资料以及监理单位向施工单位移交的资料，可组成一卷或多卷，案卷题名为“质量控制报审报验监理管理资料”。

单位工程施工资料组卷框架如图2-14所示。

(二)专业工程施工资料组卷方法

(1)对于特大型、大型建筑工程通常由多个专业分包施工，为了分清各专业分包单位质量责任，保证专业施工资料的完整性，由专业分包独立施工的分部、子分部、分项工程应单独组卷，如幕墙工程、业主分包精装修工程等。

专业工程施工资料组卷名称如图2-15所示。

(2)由总包单位负责施工或总包合约管理范围内的装饰装修工程施工资料，经检查合格后，原则上应与结构资料合并，分类编制组卷。

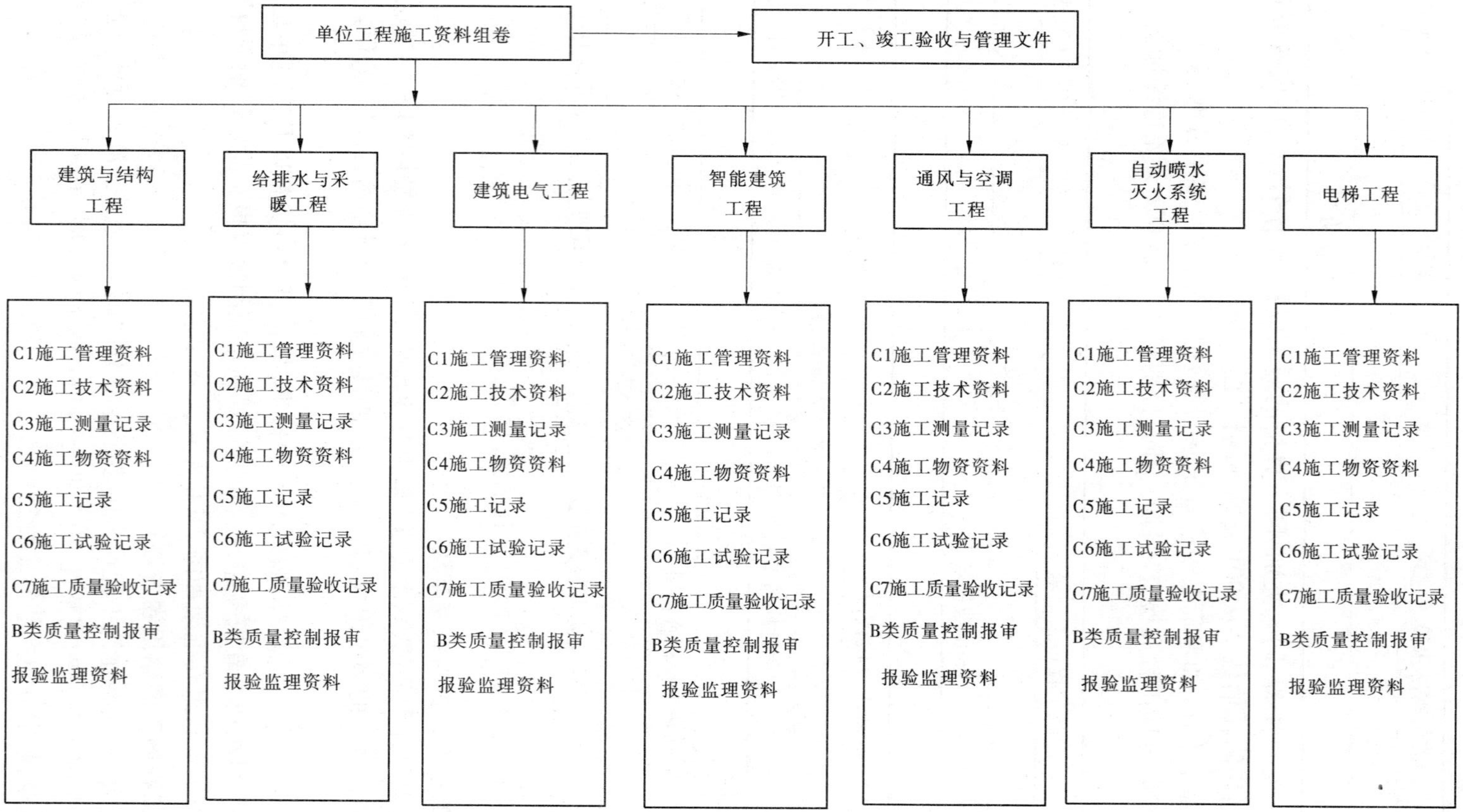

图2-14 单位工程施工资料组卷框架

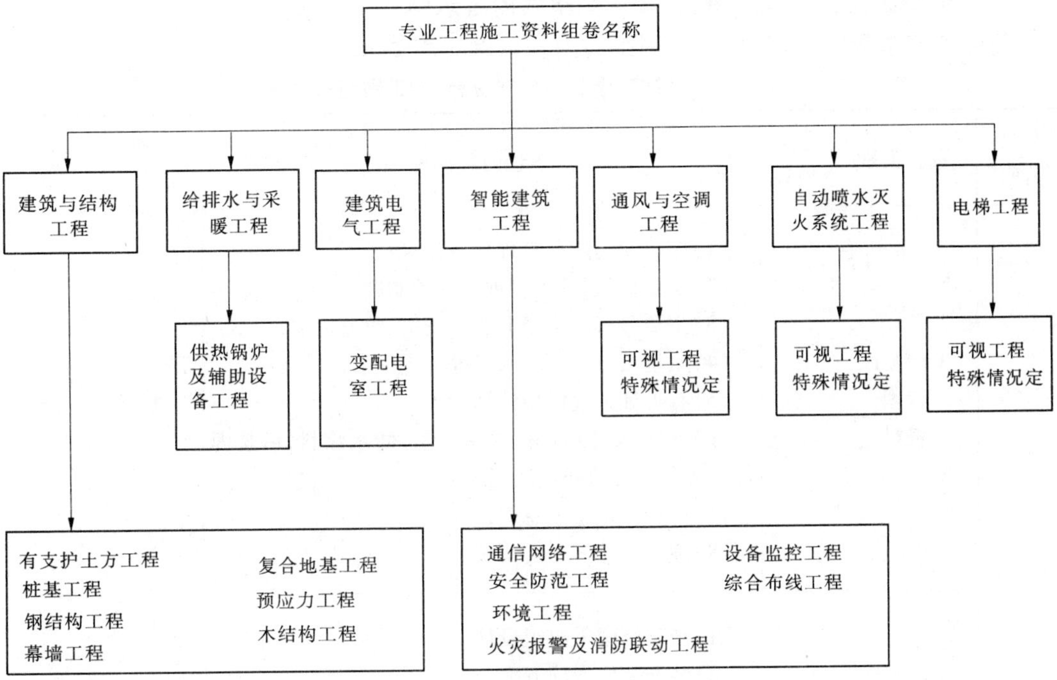

图 2-15　专业工程施工资料组卷名称

(3)对于工程规模大、装饰装修标准高，由业主依法分包的精装修工程(不属于总包单位合约管理范围内的)，为便于精装修工程质量验收和质量责任的追溯，在特殊情况下，可以单独分类、整理。如有多家精装修分包单位施工资料，可将同类资料合并整理，注意合并时应在备注栏注明装修施工单位名称。

(4)装饰装修施工单位向监理单位提交的报审、报验(B 类)资料和监理单位向施工单位移交的资料，可组成一卷或多卷，案卷题名为"质量控制报审报验监理管理资料"，排列于施工资料之后。

装饰装修工程施工资料组卷框架见图 2-16。

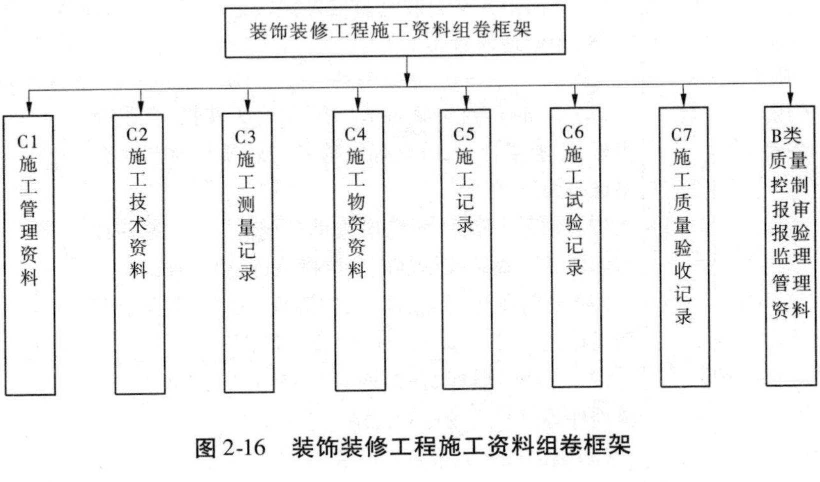

图 2-16　装饰装修工程施工资料组卷框架

(三)装饰装修工程施工资料、竣工图组卷内容示例

装饰装修工程施工资料、竣工图组卷内容示例见表2-36。

表2-36 装饰装修工程施工资料、竣工图组卷内容

专业名称	资料类别	分类编号	案卷内容摘要	专业册号	页数
建筑与结构装饰装修工程	C1 施工管理资料	—	(1)施工现场质量管理检查记录; (2)质量检验、报验管理等各种制度; (3)主要参建施工企业资质证书、营业执照; (4)质量员、焊工、防水工等上岗证书; (5)有见证试验送检计划; (6)水泥、花岗石材、人造木板、防水涂料、后置埋件等各种试件取样见证记录; (7)有见证试验汇总表; (8)施工日志等	1	365
	C2 施工技术资料	—	(1)精装修施工组织设计; (2)装饰装修专项方案; (3)专项方案技术交底; (4)分项工程技术交底; (5)设计变更通知单、工程洽商记录	2	378
	C4 施工物资资料	1	(1)保温材料、水泥、砂石、型钢、管材、铝合金型材、玻璃、木质门、特种门、密封条、胶等产品合格证、检验报告; (2)保温材料、型钢、管材、铝合金型材、玻璃、木质门、特种门等各种材料进场检验记录; (3)保温材料、水泥、砂石进场复验报告; (4)硅酮耐候密封胶复验报告; (5)中空玻璃复验报告	3	313
		2	(1)纸面石膏板、金特KT板、复合天花板、孔眼吸声板、铝塑复合板、玻璃棉板等各种轻质板材产品合格证、检验报告; (2)陶瓷墙砖、釉面瓷质内墙砖、瓷质地砖等各种饰面砖、胶、瓷砖胶粘剂产品合格证、检验报告; (3)轻钢龙骨、膨胀螺栓、锚固件、吊杆、铝合金凹型通槽龙骨等产品合格证、检验报告; (4)各种轻质板材、饰面砖、轻钢龙骨、膨胀螺栓、锚固件等材料进场检验记录; (5)锚固件复验报告	4	305

续表 2-36

专业名称	资料类别	分类编号	案卷内容摘要	专业册号	页数
建筑与结构装饰装修工程	C4 施工物资资料	3	(1)防静电全钢地板、中密度埃特板、亚麻油地板、人造石台面板、天然花岗石材、防静电活动地板、地毯等产品合格证、检验报告； (2)钢骨架、龙骨、膨胀螺栓、建筑胶等产品合格证、检验报告； (3)各种板块材料、钢骨架、龙骨、螺栓等材料进场检验记录； (4)天然花岗石材、亚麻地板、膨胀螺栓等复验报告	5	410
	C5 施工记录	1	(1)外墙保温板做法、内墙涂料基层处理隐蔽检查记录； (2)地面找平层做法、地面保温层做法、地面防水隔离层做法隐蔽检查记录； (3)铝合金门窗埋件安装、钢制防火门框安装、木门埋件安装、特种门安装隐蔽检查记录； (4)吊顶龙骨、吊件安装隐蔽检查记录； (5)轻质隔墙龙骨安装、玻璃隔断安装隐蔽检查记录； (6)饰面板埋件、龙骨安装隐蔽检查记录； (7)细部工程、(窗帘盒、窗台板、护栏)骨架埋件安装隐蔽检查记录	6	300
		2	(1)防水地面试水记录； (2)交接检查记录	7	178
	C6 施工试验记录	—	(1)饰面砖样板件黏结强度检测报告； (2)后置埋件拉拔检测报告； (3)铝合金外窗(抗风压、气密、水密)性能检测报告	8	123
	C7 施工质量验收记录	1	(1)装饰装修分部工程质量验收记录； (2)外墙保温工程子分部、分项、检验批质量验收记录； (3)地面工程子分部、分项、检验批质量验收记录； (4)抹灰工程子分部、分项、检验批质量验收记录； (5)门窗工程子分部、分项、检验批质量验收记录	9	384
		2	(1)吊顶工程子分部、分项、检验批质量验收记录； (2)轻质隔墙工程子分部、分项、检验批质量验收记录； (3)饰面板(砖)工程子分部、分项、检验批质量验收记录； (4)涂饰工程子分部、分项、检验批质量验收记录； (5)裱糊工程子分部、分项、检验批质量验收记录； (6)细部工程子分部、分项、检验批质量验收记录	10	249

续表 2-36

专业名称	资料类别	分类编号	案卷内容摘要	专业册号	页数
建筑与结构装饰装修工程	B类质量控制报审报验监理管理资料	—	(1)分包单位资质证明; (2)工程技术文件报审表; (3)装修施工进度计划报审表; (4)各种物资进场报验表; (5)装饰装修分项/分部报验表; (6)不合格项处置记录; (7)工作联系单	11	298
	装饰装修竣工图	1	(1)装修设计说明、房间材料用表; (2)地下、地上各层平面布置图; (3)铺装、吊顶、门图及电梯前室地材布置图; (4)精装墙面立面图	12	36
		2	(1)大会议室、走道、淋浴间、卫生间地面做法详图; (2)顶棚、吊顶布置图; (3)墙面做法详图; (4)细部节点详图	13	50

本章小结

1. 使用经纬仪、水准仪进行室内外定位放线和放线复核。

2. 装饰工程施工段的划分,装饰工程施工顺序的确定,交叉施工面施工工序的控制,装饰工程成品保护的控制。

3. 应用横道图方法编制一般单位工程、分部(分项)工程、专项工程施工进度计划,进行资源平衡计算,优化横道图进度计划,识读建筑工程施工网络计划,编制月、旬(周)作业进度计划和资源配置计划,施工进度计划的实施与调整。

4. 基础装修、装修水电改造工程量计算,用工程量清单计价法进行综合单价的计算。

5. 防火防水工程、吊顶工程、墙面装饰工程、楼地面装饰工程施工质量控制点确定、质量控制文件编制与质量交底。

6. 脚手架工程、垂直运输机械、高处作业、常用施工机具、施工用电、通风防毒、油漆、保温、电焊等危险作业、明火作业等安全防范技术文件的编制及交底,生产生活废水、噪声和固体废弃物防治技术文件编制及交底。

7. 装饰工程的质量缺陷分析,施工现场不安全要素、管理缺失要素、与人有关的不安全要素分析。

8. 施工质量问题、安全问题、环境问题的类别、原因和责任分析。

9. 施工日志及施工记录填写与编制,分部分项工程施工技术资料及工程施工管理资料整理。

10. 利用专业软件录入、输出、汇编施工信息资料,利用专业软件加工处理施工信息资料。

参考文献

[1] 吴松勤.装饰装修与幕墙工程资料管理及组卷范本[M].北京:中国建筑工业出版社,2007.

[2] 中国建筑第七工程局.建设工程施工技术标准[M].北京:中国建筑工业出版社,2007.

[3] 中国建筑工程总公司.建筑装饰装修工程施工工艺标准[M].北京:中国建筑工业出版社,2003.

[4] 中华人民共和国建设部. 建筑装饰装修工程质量验收规范(GB 50210—2001)[S].北京:中国建筑工业出版社,2002.

[5] 中华人民共和国建设部. 建筑内部装修防火施工及验收规范(GB 50354—2005)[S].北京:中国计划出版社,2005.

[6] 中华人民共和国住房和城乡建设部. 建筑工程资料管理规程(JGJ/T 185—2009)[S].北京:中国建筑工业出版社,2009.

[7] 中华人民共和国住房和城乡建设部. 建设工程工程量清单计价规范(GB 50500—2008)[S].北京:中国计划出版社,2008.

[8] 河南省建筑工程标准定额站. 河南省建设工程工程量清单综合单价(B 装饰装修工程)[S].北京:中国计划出版社,2008.

[9] 王鹏.装饰装修工长一本通[M].北京:中国建材工业出版社,2011.

[10] 李良因.建筑工程施工放线快学快用[M].北京:中国建材工业出版社,2013.

[11] 吕铮.装饰装修工长[M].武汉:华中科技大学出版社,2013.

[12] 屈明飞.装饰装修工程施工图识读快学快用[M].北京:中国建材工业出版社,2011.

[13] 北京土木建筑学会.建筑工程施工组织设计与施工方案[M].3 版. 北京:经济科学出版社,2008.

[14] 陈晋楚.建筑装饰施工员必读[M].北京:中国建筑工业出版社,2009.

[15] 中国建筑股份有限公司.施工现场危险源辨识与风险评价实施指南[M].北京:中国建筑工业出版社,2008.

[16] 万方建筑图书建筑资料出版中心.河南省建筑工程施工资料表格填写范例[M].北京:清华同方光盘电子出版社,2008.

[17] 全国一级建造师执业资格考试用书编写委员会.建筑工程管理与实务[M].北京:中国建筑工业出版社,2010.

[18] 中国建设监理协会.建筑工程进度控制[M].北京:中国建筑工业出版社,2003.

[19] 中国安全生产协会注册安全工程师工作委员会,中国安全生产科学研究院.安全生产法及相关法律知识[M].北京:中国大百科全书出版社,2011.

[20] 中国安全生产协会注册安全工程师工作委员会,中国安全生产科学研究院.安全生产管理知识[M].北京:中国大百科全书出版社,2011.

[21] 侯君伟,王玲莉.装饰工长[M].北京:中国建筑工业出版社,2008.

[22] 冯美宇.建筑装饰施工组织与管理[M].武汉:武汉理工大学出版社,2010.

[23] 刘鉴秾,危道军.建筑装饰施工组织[M].北京:机械工业出版社,2009.

[24] 王立霞,刘天萍.施工组织设计[M].北京:中国建筑工业出版社,2006.

[25] 赵仲琪.建筑施工组织[M].北京:冶金工业出版社,2003.

[26] 李源清.建筑工程施工组织设计[M].北京:北京大学出版社,2011.

[27] 翟丽旻,姚玉娟.建筑施工组织与管理[M].北京:北京大学出版社,2009.
[28] 穆静波.建筑装饰装修工程施工组织设计与进度管理[M].北京:中国建筑工业出版社,2002.
[29] 中国建筑装饰协会培训中心.建筑装饰装修工程质量与安全管理[M].北京:中国建筑工业出版社,2005.